矿石矿物磁选

刘秉裕　编著

北　京

冶 金 工 业 出 版 社

2020

内 容 提 要

本书共分 3 篇：第 1 篇介绍了选矿的基本知识和基本概念、基本参数及其计算，说明选矿的基本过程，破碎筛分工艺流程、磨矿分级工艺流程及其基本计算；第 2 篇介绍了我国铁矿资源概况、我国铁矿的工业类型及典型选矿工艺流程；第 3 篇介绍了矿石矿物磁选，内容包括与磁选有关的基本概念和磁量、矿物磁性及其影响因素。同时重点介绍了强磁性矿物弱磁选的磁选设备和弱磁性矿物强磁选的磁选设备及其使用情况，近二十多年我国磁选设备的新进展。

本书可作为高职高专选矿工程专业教材，也可作为选矿厂岗位工人的培训教材，并可供选矿工程技术人员参考。

图书在版编目 (CIP) 数据

矿石矿物磁选/刘秉裕编著. —北京：冶金工业出版社，2020.2
ISBN 978-7-5024-8348-7

Ⅰ.①矿… Ⅱ.①刘… Ⅲ.①磁力选矿
Ⅳ.①TD924

中国版本图书馆 CIP 数据核字 (2020) 第 016933 号

出 版 人 陈玉千
地 址 北京市东城区嵩祝院北巷 39 号 邮编 100009 电话 (010)64027926
网 址 www.cnmip.com.cn 电子信箱 yjcbs@cnmip.com.cn
责任编辑 杜婷婷 刘林烨 美术编辑 郑小利 版式设计 孙跃红
责任校对 郭惠兰 责任印制 李玉山
ISBN 978-7-5024-8348-7
冶金工业出版社出版发行；各地新华书店经销；三河市双峰印刷装订有限公司印刷
2020 年 2 月第 1 版，2020 年 2 月第 1 次印刷
169mm×239mm；15.75 印张；303 千字；238 页
99.00 元
冶金工业出版社 投稿电话 (010)64027932 投稿信箱 tougao@cnmip.com.cn
冶金工业出版社营销中心 电话 (010)64044283 传真 (010)64027893
冶金工业出版社天猫旗舰店 yjgycbs.tmall.com
(本书如有印装质量问题，本社营销中心负责退换)

作 者 简 介

　　刘秉裕——辽宁科技大学教授，现任鞍山金裕丰选矿科技有限公司董事长、总工程师。"磁选柱""悬磁干选机"原始研制发明人，享受国务院政府特殊津贴，全国综合利用委员会委员。20世纪90年代在分析国内外以往各种磁重选矿设备优缺点基础上，于1990~1992年发明研制出一种新型电磁式磁重选矿设备，并将其命名为磁选柱，同时注册了"金裕丰"品牌商标。

前　言

　　矿石中不同矿物的磁性不同，利用不同矿物之间磁性的差异性，在不均匀磁场中实现分离的方法称为磁选。磁选法被广泛应用于黑色金属矿石的选矿、有色金属矿石和稀有金属矿石的选矿、重介质选矿中介质的回收、从非金属矿物原料中去除含铁杂质、从破碎机给矿中除去铁物、从冶炼钢渣中回收废钢以及从生产和生活污水中除去污染物等。

　　基于此，作者本着探究、实用、理论与实践相结合的原则撰写了本书。

　　本书内容包括选矿概论、选矿基本知识、基本概念、主要参数及其计算、选矿基本过程和磁选相关的基本概念和磁量、强弱磁性矿物磁性及其影响因素，介绍了分选强磁性矿物的弱磁场磁选设备，分选弱磁性矿物的强磁场磁选设备以及它们的分类和应用。在此基础上，重点介绍了近20多年来我国磁选设备的新进展以及以选矿从业者的角度潜心研制的新型高效磁选设备，包括适用于磁铁矿石高效干选的悬磁干选机、适合细粒磁铁矿湿式精选的磁选柱、可按品位分级的Grade品位分级机及磁筛等，并介绍了这些新型设备的用途及其应用情况。

　　由于作者水平所限，书中不妥之处，敬请读者批评指正。

作　者

2019 年 4 月

目　录

第1篇　选矿的基本知识和基本概念

第2篇　铁矿床和铁矿石

第3篇　矿石矿物磁选

第 1 篇

选矿的
基本知识和基本概念

1 矿物、矿石、选矿概述

1.1 矿物、矿石概述

1.1.1 矿物和矿物性质

矿物是指地壳中由于自然的物理化学作用或生物作用，所生成的自然元素（金、铜、硫磺、石墨等）和自然化合物（如磁铁矿、赤铁矿、黄铜矿、石英、方解石等），其成分比较均一。自然界中除少数矿物为液体（如汞—水银）外，多数为固体。固体矿物都具有一定的晶体结构和物理化学性质，如磁铁矿呈黑色，结晶为八面体，相对密度为 4.9~5.2，具有强磁性，莫氏硬度 5.5~6.5，主要化学成分为 Fe_3O_4；石英，三方晶系，晶体无色，或呈白色或乳白色，玻璃光泽，相对密度 2.22~2.65，莫氏硬度为 7，无磁性，化学成分为 SiO_2。根据这些性质识别，可选分和利用这些矿物。

直接与选矿有关的矿物性质主要有相对密度、磁性、导电性、润湿性等。相对密度是指矿物质量与 4℃ 时同体积的水的质量比值；密度是单位体积矿物的质量。它们都是重选的依据。导电性是指矿物的导电能力，分为良导体、半导体和非导体。它们是电选的依据。

矿物的磁性是指矿物被磁铁吸引或排斥的性质。一般矿物可分为强磁性矿物（如磁铁矿和磁黄铁矿）、弱磁性矿物（如赤铁矿、菱铁矿等）和非磁性矿物（如金刚石、石英等）。矿物磁性是磁选的依据。

润湿性是指矿物表面被水润湿的性质。一般能被水润湿的矿物称为亲水性矿物（如石英、方解石等）；反之，不易被水润湿的矿物称为疏水性矿物（如辉钼矿、石墨等）。矿物的自然润湿性主要取决于矿物的结晶构造。不同润湿性的矿物具有不同的可浮性，许多矿物可以用选矿药剂改变其可浮性。可浮性是浮选的依据。

1.1.2 矿石

矿石是指含有可利用价值元素或化合物的各种矿物的固态集合体。矿石在地壳中集中赋存的区域称为矿床；埋藏较浅，覆盖层较薄可以从地表开采的矿床叫"露天矿"；埋藏较深，必须深入地下开采的矿床叫"井下矿"。

矿石分为金属矿石和非金属矿石。金属矿石又分为单金属矿石（如铁矿石等）和多金属矿石（如铁铜矿物共生、铜铅锌矿物共生矿石等）；非金属矿石如硅石矿、萤石矿、高岭土矿等。

人类能够在地壳中开发的有利用价值的矿石集中区域称为矿体或矿床。矿床由地质工程师们找矿发现，并圈定其所在位置、勘探其储量及规模，之后再由采矿工程师们确定采矿方法（如露采和地下采）及采运方式等。

1.2　选矿工艺过程

1.2.1　概述

采出的矿石是各种矿物的集合体，其中含有两类矿物，分别是含有有价元素（如金、银、铜、铁、锡、铀；硅、硫、磷等）的"有用矿物"和不含有价元素的"无用脉石矿物"（如各类铝硅酸盐矿物长石、石英、绿泥石、透闪石等）。矿石不能被直接利用，必须经过选矿把有用矿物和无用矿物分开，剔除无用的脉石矿物（尾矿），产出含有有用矿物的精矿，精矿才可成为冶炼等生产进程中的原料。对于"有用矿物"的界定是随着技术进步发生变化的。

矿石中的"有用矿物"和脉石矿物的破碎—筛分、磨矿—分级以及选分过程称为选矿。

选矿工艺系统包括：破碎筛分，磨矿分级，选别，产品处理（包括浓缩、过滤、环水—尾矿输送等）。

矿床中的矿物都是经过久远的年代冷凝结晶而形成的，其结晶粒度（晶体颗粒大小）一般都很细，最大只有 3~5mm，大都为细粒或微细粒结晶，结晶粒度只有几微米至几十微米（0.005~0.1mm）。要把它们分开，首先必须通过破碎、磨矿把它们磨开，然后再用适合的方法将其分开，这种碎磨分开过程称为选矿。

选矿厂通常包括破碎筛分车间、磨矿选别车间、浓缩过滤车间、环水及尾矿库回水车间等。

采出的矿石一般粒度（块度）很大或较大（露采 1000~1500mm；地下采 200~350mm，甚至 400mm），需要经过粗碎—（中碎）—细碎，经过筛分，粗粒返回再碎，细粒才可以去磨矿、分级、选别。

1.2.2　选矿工艺过程——工艺流程

选矿过程可以用四种图示加以表示，即：工艺过程方框图；工艺过程设备联系图；工艺过程线流程图；工艺过程数质量流程图。下面举例给予介绍。

选矿过程方框图如图 1-1 所示；选矿工艺过程设备联系图如图 1-2 所示。其中，图 1-1 和图 1-2 各作业是对应的。

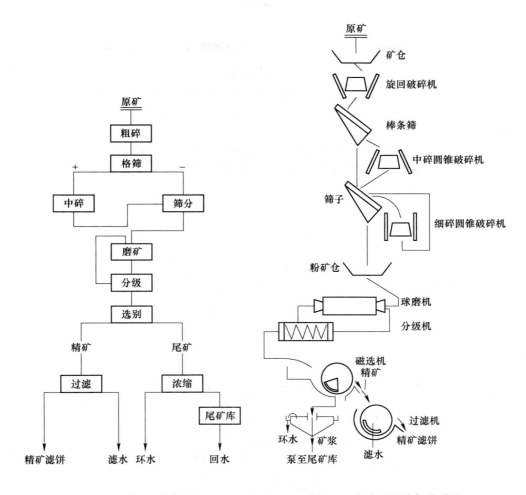

图 1-1　选矿过程方框图　　　　图 1-2　选矿过程设备联系图

　　选矿过程方框图和选矿过程设备联系图主要是给非选矿工作，或不太深入了解选矿工艺的人员（如上级领导、一般工人及其他人员）观看的，由于相对简单、形象，容易让人看懂。

　　给选矿工作者，或比较了解选矿工艺的人员看的选矿工艺流程图为：各作业标有设备名称，或还标有数据、标有设备名称规格尺寸、数质量的线流程简图（或繁图）。下面给出三个范例加以说明。

　　选矿过程线流程如图 1-3~图 1-5 所示。

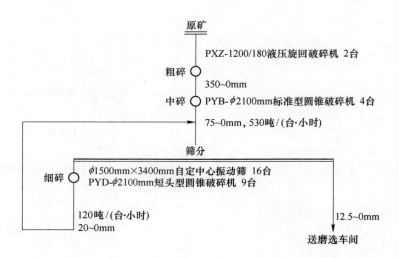

图 1-3　某选矿厂破碎筛分工艺流程图

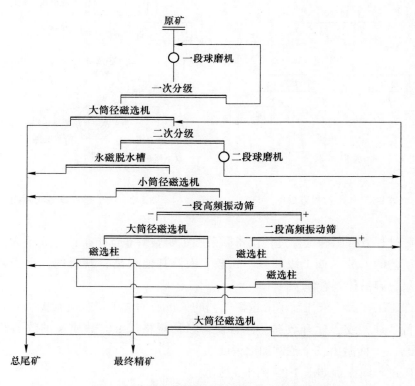

图 1-4　某选矿厂磨矿分级选别线工艺流程图

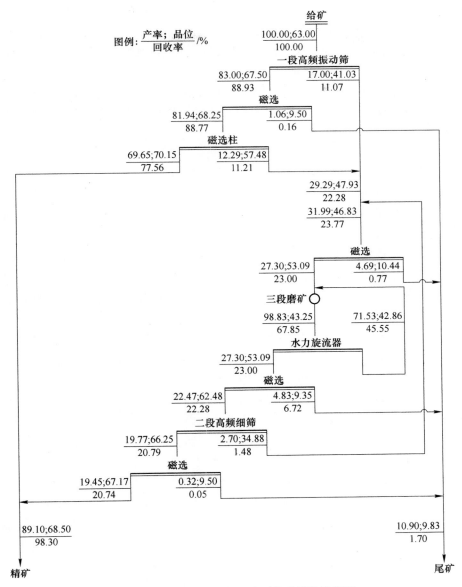

图 1-5　某选矿厂细筛给矿选别数质量线流程图

图 1-3 是某选矿厂破碎筛分工艺线流程图。该流程图中各作业标出了作业名称（或设备名称）及其规格型号，并画出了产物的走向和去向；图 1-4 是某选矿厂磨矿分级选别线工艺线流程图，该流程图中各作业标出了作业名称和设备名称，并画出了产物的走向和去向；图 1-5 是某选矿厂细筛给矿细筛分级、磁选以及中矿再磨再选的工艺数质量线流程图，该流程图各作业不仅标出了作业名称和

设备名称，画出了产物的走向和去向，还标出了各作业的产物数质量（产率、品位和回收率）。图 1-5 称为数质量线工艺流程图，由此图不仅可看出物料的来龙去脉，经过什么设备，而且可以看到其数量（原给矿的质量分数—产率给出），以及质量（铁品位）的变化情况。

通过看这些流程图可以了解该选矿厂的工艺状况和采用的设备及规格，也可以了解其各产物的数质量情况。通过学习分析其各方面情况，可积累经验或给予评说。

1.3 各作业车间的任务

各作业车间的任务有：

（1）破碎车间的任务。该任务是把大块矿石变成小块矿石（粒度范围为 20~0mm 或 6~0mm）。

（2）磨矿选别车间的任务。该任务是把原矿石（破碎的最终产品）通过球磨机磨细，再通过分级机把不合格的粗粒返回再磨，分出来的合格细粒级去选分，由选分产出精矿和尾矿。精矿矿浆（带水的精矿）进行过滤，产出最终精矿。

（3）尾矿车间的任务。该任务是将尾矿（含大量水和无用矿物的矿浆）进行脱水浓缩（使用浓密机或过滤机），脱出来的水循环利用，被浓缩或过滤的尾矿矿浆或滤饼输送到尾矿库或尾矿堆场。

选矿基本过程分为 5 个环节，分别为破碎筛分、磨矿分级、选别、产品处理和浓缩环水以及尾矿库和回水，以下分别介绍这五个环节。

（1）破碎筛分。由图 1-2 可知，从原矿开始，矿车（自卸翻斗火车或翻斗汽车）把采场运来的原矿卸到原矿仓里（原矿受矿仓），原矿受矿仓的块矿石进入粗碎破碎机（旋回破碎机），将大块矿石破碎，粗碎排矿再经过棒条格筛将粒度 ≥250~350mm 的粗矿块隔在筛上给入中碎破碎机（圆锥破碎机），格筛的筛下和中碎破碎机的排矿一起进入细碎前的筛分机（筛子），筛子的筛上产物进入细碎破碎机（细碎圆锥破碎机），细碎机的排矿返回筛子给矿，筛下为破碎段合格产品（粒度一般为 8~20mm），其通常用皮带机运至磨矿分级选别厂房（主厂房）作为磨选的原矿。

（2）磨矿分级和选别。磨矿分级和选别一般配置在同一个厂房里（主厂房）。主厂房通常分两个工段，第一个是磨矿分级工段，第二个是选别工段。两个工段设在一个厂房里，便于上下协同联系，尽可能提高磨矿分级效率和选别效率，提高选矿产品的质量和数量，获得较佳的经济效益。

（3）产品处理。产品处理包括精矿的脱水过滤和尾矿的浓缩环水。精矿通过过滤机产出滤饼，滤饼水分要求尽可能低一些，通常磁选为 9% 左右，精矿过滤水分越高，粒度越细。尾矿浓缩通常采用浓缩机（大井—沉淀池）进行尾矿处理，浓缩机是大面积的沉降池，其作用是把粗细尾矿矿粒尽可能沉降到池底，再把沉降到池底的尾矿浆用渣浆泵打到尾矿库进行沉降堆存。浓缩机的沉清水—溢流作为选矿厂的环水循环利用。

（4）尾矿库和回水。这一环节涉及回水、占地和跑洪等问题，各个选矿厂都特别重视。无论是浮选、重选或磁选，选矿厂都需要用大量水，每吨原矿需消耗 $5m^3$ 以上的水。而我国水资源相对短缺，因此在生产过程中必须尽量少用新水，多用环水（厂内浓缩机溢流水）和回水（尾矿库澄清返至选矿厂的水）。环水是选矿厂厂区内浓缩池溢流出来的水，要想多用环水，既要保证环水质量（含尘尽可能少），又要提高池底流浓度，以便多往外溢出环水。其办法是采用高效浓缩机或采用少量凝聚剂加速沉降，提高浓密效果和底流浓度。浓缩机底流用泵打到尾矿库。

2 破碎筛分流程

2.1 常用破碎筛分流程

常用破碎筛分工艺流程如图 2-1 所示。

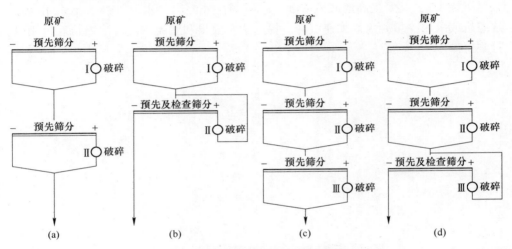

图 2-1 常用破碎筛分工艺流程图

(a) 二段开路；(b) 二段一闭路；(c) 三段开路；(d) 三段一闭路

目前，中小型选矿厂多用二段或三段破碎流程；大型选矿厂多采用三段破碎流程；个别大型选矿厂因采出的原矿块度过大，采用四段开路破碎流程。为了适应多碎少磨理念，近年来许多大型选矿厂在细碎或中碎后，采用高压辊磨机进行超细滚压细碎，它与筛子构成闭路，产出粒度小于 6mm，甚至能得到 3mm 的最终产品。该辊磨机的使用可降电省耗，降低成本。

每段破碎之前一般都预先筛分或预先检查筛分，把小于筛孔的矿粒筛到筛下，以减少进入破碎机的矿量。进入破碎机前设置的筛分称为预先筛分；破碎机排料进行的筛分称为检查筛分；预先筛分和检查筛分结合起来的筛分称为预检筛分，预检筛分设置在破碎机前，破碎机排矿用皮带返回到筛子给矿；破碎机排矿返到筛子上的带有预检筛分的破碎流程称为闭路破碎。

如图 2-2 所示，该磁铁矿选矿厂在粗碎或中碎后添加了大块干选，在细碎后添加了细粒干选。干选的目的是剔除采矿过程中混入的围岩夹石，以去除不含磁铁矿的废石，从而减少入磨的原矿量，降低磨选成本。

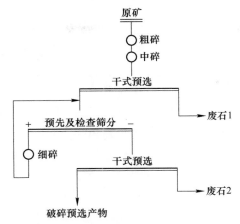

图 2-2 带两段干式预选的三段一闭路破碎工艺流程图

2.2 破碎筛分过程中的工艺参数

2.2.1 破碎比和磨碎比

破碎比（或磨碎比）是破碎（或磨碎）机给矿中的最大块尺寸 D 与该段破碎（或磨矿）机产品中的最大矿块尺寸 d 的比值。计算式为：

$$i = \frac{D}{d} \tag{2-1}$$

式中 i——破碎比（或磨碎）比。

D 和 d 均用同一单位给出，单位为 mm（或 cm）。它的大小说明矿石经过破碎（或磨碎）矿后，其粒度缩小的倍数，衡量矿石在各段破碎（或磨碎）机工作中粒度变化的均衡分配情况。矿粒众多，不能一块一块地测量尺寸，一般矿块的最大尺寸以其 95% 过方形筛孔尺寸的筛孔来确定。粗碎的最大矿块无法去筛，则用米尺测量。

破碎（或磨碎）不止一段，而是多段。对于多段破、磨的总破（磨）碎比，其计算式为：

$$i_{总} = i_1 \times i_2 \times \cdots \times i_n \tag{2-2}$$

式中 $i_{总}$——多段破碎或多段磨碎的总破碎比（或总磨碎比）；

$i_1 \sim i_n$——从第 1 段到第 n 段的破碎比（或磨碎比）。

式（2-2）中，破碎比（或磨碎比）根据情况，可以是 n 段（$n=1, 2, \cdots$）。破碎设备的破碎比有一个适宜范围，过大或过小都会影响其工作效率，因此应选择适当的破碎设备进行生产。

2.2.2 筛分效率

　　破碎机的碎矿腔及排矿口是圆弧形（圆锥破碎机）或长条形的（颚式破碎机），在排矿时，排矿口增大，因此排出来的矿块大小不一。为了获得某一粒度下的合格产品，需要用筛分机对破碎产物进行筛分控制粒度。

　　筛分的基本参数有筛孔尺寸、筛子倾角、旋转振动次数和筛分效率等。筛孔尺寸根据工艺设计给出，一般格筛（如棒条筛）多用在粗碎或中碎，粗碎或中碎格筛每根棒条间距为 50~200mm，倾角为 30°~55°；对于中细碎产物，多用自定中心振动筛或圆振动筛，其筛孔有方孔、长方孔、圆孔和六角形孔。筛子与水平倾角为 15°~25°。用于中碎产品的筛孔多半为 60~75mm；用于细碎的筛孔多半为 8~15mm。近年来为了做到"多碎少磨"，能更细碎地提高筛分效率，筛孔尺寸逐渐变小。用于磨矿细粒分级的细筛筛孔一般为 0.074~0.4mm。

　　筛分作业中常以生产能力和筛分效率来衡量其工作好坏。前者是量指标，后者是质量指标。所谓筛分效率，是指实际得到的筛下产品质量与筛分给矿中小于筛孔尺寸粒级的质量之比，用百分数或小数表示。筛分效率的计算公式为：

$$E = \frac{Q_1 \times \beta}{Q \times \alpha} \times 100\% \tag{2-3}$$

式中　　E——筛分效率，%；

　　　　Q——原矿的质量，kg（或 t）；

　　　　Q_1——筛下产品的质量，kg（或 t）；

　　　　β——筛下产物中小于筛孔尺寸粒级的含量（质量分数），%；

　　　　α——筛分原矿中小于筛孔尺寸的粒级含量（质量分数），%。

　　实际生产中，筛分过程是连续的，故将筛分原矿质量 Q 和筛下产品质量 Q_1 进行直接称量是很困难的。因此，筛分效率一般不直接用式(2-3)计算，而是利用原矿和筛上产物中小于筛孔尺寸的粒级含量间接求出。根据概念导出的筛分效率计算公式为：

$$E = \frac{100(\alpha - \vartheta)}{\alpha(100 - \vartheta)} \times 100\% \tag{2-4}$$

式中　　E——筛分效率，%；

　　　　α——给矿中小于筛孔尺寸的粒级含量（质量分数），%；

　　　　ϑ——筛上产品中残存的小于筛孔尺寸的粒级含量（质量分数），%。

　　由式(2-4)可看出，不需要称量筛下产物和筛子给矿中小于筛孔粒级的质量，就可计算出筛分效率。分别取筛给和筛上代表性矿样，并对矿样用筛孔（生产中所用的筛子筛孔）仔细筛分，确定小于筛孔尺寸的粒级含量，将其带入公式即可算出筛分效率。

在进行筛分效率测定和计算时必须考虑到下述两种情况：

（1）在连续不断的工业生产中，由于筛底磨损或筛面质量不高，筛下产物中小于筛孔尺寸的粒级含量 β 不可能等于100%，总会有部分大于筛孔的颗粒进入筛下；

（2）在工业生产中，筛下产物中会存在部分大于筛孔尺寸的产物，因而这部分产物须按给矿（即原物料）中粗细粒级的比例进行配矿，从筛下产物中除去大于筛孔的量。考虑上述两个因素，把式（2-4）修正为：

$$E = \frac{(\alpha - \vartheta)(\beta - \alpha) \times 100}{\alpha(\beta - \vartheta)(100 - \alpha)} \times 100\% \tag{2-5}$$

式中　E——筛分效率,%。

α、β、ϑ——分别为筛给、筛下和筛上产物中小于标准筛孔的含量（质量分数）,%。

其中，α、β、ϑ 分别为由筛分给矿、筛下产物和筛上产物取的代表性矿样经标准筛孔筛子筛分计算确定。

2.2.3　破碎筛分循环负荷

闭路破碎时，破碎机排矿中不合格产品的质量（即检查筛分筛上产物的质量）与破碎机新给矿量的比值，称为循环负荷，用符号 C 表示。循环负荷可以利用一些参数进行计算。首先画出流程图，以图2-3中的预检筛分闭路破碎流程为例进行推导计算。先把图2-3(a)中的预检筛分进行分解，分解后的流程如图2-3(b)所示。

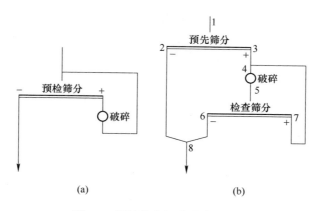

图 2-3　预检筛分闭路破碎流程图

(a) 分解前；(b) 分解后

由图2-3(b)导出的循环负荷计算式为：

$$C = \frac{Q_7}{Q_3} \qquad (2\text{-}6)$$

式中 C——破碎筛分循环负荷；

Q_7 和 Q_3——筛上产物质量和破碎机新给矿质量，kg(或 t)。

其中，Q_7 和 Q_3 在现场很难进行测量，经分析推导，可用几个相关参数加以计算，即：

因为 $$Q_3 = Q_6 = Q_5 \beta^d E$$

所以有 $$\frac{Q_5}{Q_3} = \frac{1}{\beta^d E}$$

由物料平衡关系有 $$Q_7 = Q_5 - Q_6$$
$$Q_6 = Q_3$$

所以有 $$C = \frac{Q_7}{Q_3} = \frac{Q_5 - Q_6}{Q_3} = \frac{Q_5}{Q_3} - \frac{Q_6}{Q_3}$$

由此可推出 $$C = \frac{1}{\beta^d E} - 1 \qquad (2\text{-}7)$$

式中 E——检查筛分的筛分效率,%；

β^d——破碎机排矿中小于筛孔尺寸（d）颗粒的含量（质量分数）,%；

$Q_1 \sim Q_7$——各产物的质量，kg(或 t)；

β^d——破碎机排矿（筛分相给矿）中小于筛孔的含量（质量分数）,%；

E——筛分效率,%。

其中，β^d 可通过取筛分机给矿代表性矿样，用现场同样筛孔的方孔筛子进行筛分试验取得，E 可通过查表或根据经验给出。

由式(2-7)可计算出该破碎流程的循环负荷。其中，循环负荷与破碎机排矿中合格产品的含量及筛分效率成反比。

例如，假定破碎机排矿中小于筛孔矿粒的含量（质量分数）为 50%，筛分效率为 85%，则循环负荷为 $C = \frac{1}{\beta^d E} - 100\% = \frac{1}{50\% \times 85\%} - 100\% = 135\%$

3 磨矿分级流程

3.1 概述

磨矿作业的检验参数主要包括球磨转速率、球荷充填率、装球加球制度和磨矿浓度等；分级作业检验的主要参数包括分级溢流浓度、细度（粒度）、返砂比和循环负荷等。

在磨矿分级作业中，磨矿机通常与分级机组成闭路机组，分出合格的粒级去选别，返回的粗粒级去再磨。常用的磨矿分级流程是一段或二段闭路流程。

根据分级产物的不同，可分为预先分级、检查分级和控制分级。预先分级的任务是将入磨原矿中的合格产物事先分出，从而提高磨矿效率；检查分级的任务是将磨矿机排矿中的不合格产物分出，返回磨机再磨，同时，它可以控制合格产物中的最大粒度，减少过磨现象，提高磨矿效率；控制分级的任务是控制分级机（如检查分级）的溢流，分出混入其中的不合格产物，使其符合下一作业的要求。

为减少分级作业环节，常把预先分级和检查分级结合起来，放在磨机前面，该合二为一的分级作业称为预检分级。磨矿机排矿自流进入分级机（对螺旋分级机）或用泵打入旋流器，而分级机的返砂或沉砂返回到磨机给矿。分级机的溢流为磨矿分级机机组的合格产物。

典型磨矿分级工艺流程如图 3-1 所示。

图 3-1(a) 是选矿厂常见的一段闭路磨矿工艺流程，其设有检查分级。若给矿粒度较细，合格品在 15% 以上时，可采用添加了预先分级的一段闭路磨矿工艺流程（见图 3-1(b)）。预先分级的溢流和检查分级的溢流合到一起去分选作业。若对最终磨矿产品要求比较细时，应采用添加了溢流控制分级的一段闭路磨矿工艺流程（见图 3-1(c)）。

图 3-2(a) 是两段全闭路磨矿工艺流程，适用于要求磨碎到 -0.075mm（含量 75% 左右）或更细的中大型选矿厂。但是，两段磨矿负荷不易均衡分配。

图 3-2(b) 是预检合一的两段一闭路磨矿工艺流程，其特点是生产能力较大。该流程第一段采用棒磨机，增大磨机给矿粒度，使破碎流程在开路情况下有效地工作，但它只在设计大型选矿厂时才有条件被采用。一段或两段磨矿流程的选择，主

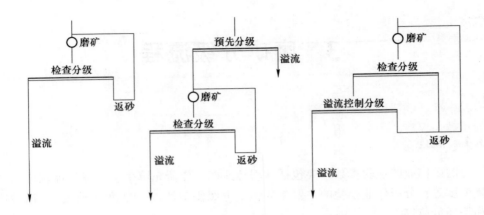

图 3-1 一段闭路磨矿工艺流程图

（a）常见型工艺流程图；（b）添加预先分级的工艺流程图；（c）添加溢流控制分级的工艺流程图；

要根据给矿粒度和所要求的磨矿产品粒度确定。一段磨矿流程比较简单，便于配置，基建投资也低，易于看管。当磨矿产品粒度较粗（-0.075mm 60%以下）时，均可采用一段磨矿；当磨碎比很大，磨矿粒度细度要求-0.075mm 70%以上时，应考虑采用两段磨矿流程。

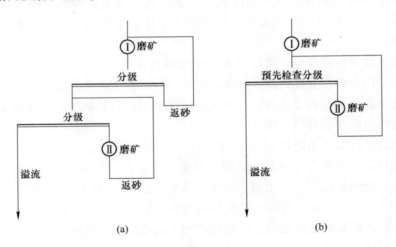

图 3-2 两段闭路磨矿流程

（a）常见型两段全闭路磨矿工艺流程图；（b）预检合一的两段一闭路磨矿工艺流程

目前由于原矿的矿物结晶粒度微细，许多大型铁矿选矿厂对于细筛筛上产物以及其他中矿的再磨均采用再磨机（第三段磨矿机）进行再磨再选。

3.2 磨矿分级流程的工艺参数

3.2.1 球磨转速率

在理解球磨转速率之前，首先要了解临界转速。临界转速的定义为：球磨机里的钢球，经研究有三种运转状态，一是离心运转状态，此时处于球磨机最外层的钢球，在离心力的作用下贴着内筒壁运转，球磨机的转速刚刚使钢球贴着内筒壁运转的起步速度即为临界转速，其公式为：

$$n_0 = \frac{42.4}{\sqrt{D}} \tag{3-1}$$

式中　n_0——磨机的临界转速，r/min；

　　　D——磨机筒体内的有效直径，即磨机筒体规格直径减去两倍衬板平均厚度，m。

目前，在国内生产的球磨机的工作转速一般为临界转速的 80% ~ 85%，即 $n_实 = (80\% \sim 85\%) n_0$。

棒磨机的工作转速稍低一些。同时，球磨机转速不同，其里面的钢球运动状态也不同。根据不同的转速率，球磨里的钢球群分为三种运动状态，分别是离心运转状态、抛落运转状态和泻落运转状态。

钢球在超临界转速下时处于离心运动状态；在接近但低于临界转速下，钢球没被带到筒体内最高处即落下时，处于抛落运动状态；在小于临界转速较多的情况下时处于泻落状态。粗磨原矿时，因矿块粒度较大，钢球处于抛落和泻落的混合状态；细磨时处于泻落状态。

抛落状态下，钢球被带到接近最高点处抛落后可砸击矿块，使其变成小块；泻落状态下，处于钢球之间的小块和小粒度矿石可在钢球群的滚动摩擦下磨剥变细。

检验球磨机工作状况的参数还有球磨利用系数和球磨作业率等参数。

3.2.2 磨矿循环负荷、返砂比

磨矿循环负荷的概念与碎矿循环负荷类似。通常在闭路磨矿循环中，从分级机返回到磨矿机再磨的粗粒物料称作返砂。返砂比是分级机返回到球磨机给矿的粗粒部分矿量与给入球磨机的原矿质量的比值。磨矿分级流程如图 3-3 所示。

返砂比的公式为：

$$C = \frac{S}{Q} \times 100\% \tag{3-2}$$

式中　C——返砂比，%；

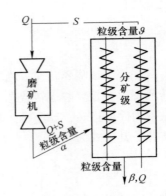

图 3-3　磨矿分级流程循环负荷计算示意图

S——返砂的质量，kg（或 t）；

Q——磨机原给矿质量，kg（或 t）。

以一段闭路磨矿为例（见图 3-3），根据物料流和粒级质量的平衡关系可得：

$$(Q + S)\alpha = Q\beta + S\vartheta \qquad (3\text{-}3)$$

式中　Q——给入磨机的原矿量，t/h；

S——返砂量，t/h；

α——磨机排矿（分级机给矿）中指定粒级含量（质量分数），%；

β——同一指定粒级在分级机溢流中的含量（质量分数），%；

ϑ——同一指定粒级在分级机返砂中的含量（质量分数），%。

根据式（3-3）整理，得：

$$S = \frac{Q(\beta - \alpha)}{\alpha - \vartheta} \qquad (3\text{-}4)$$

则返砂比 C 为：

$$C = \frac{S}{Q} \times 100\% = \frac{\beta - \alpha}{\alpha - \vartheta} \times 100\% \qquad (3\text{-}5)$$

不同磨矿条件下适宜返砂比数值见表 3-1。

表 3-1　不同磨矿条件下适宜返砂比的范围

磨 矿 条 件		返砂比
磨机和分级机自流配置	第一段粗磨至 0.5~0.3mm	150~350
	第一段粗磨至 0.3~0.1mm	250~600
	第二段由 0.3~0.1mm 以下	200~400
磨矿机和分级机非自配置	—	150~400

3.2.3　球磨作业率

球磨作业率是指球磨机在某一段时间内实际运转时数与同一段时间日历小时数比值的百分数，用 μ 符号表示。其计算公式为：

$$\mu = \frac{球磨运转小时数}{同期日历小时数} \times 100\% \qquad (3\text{-}6)$$

3.2.4　球磨利用系数

球磨利用系数是指球磨机每立方米体积每小时的原矿处理量，用符号 q 表示。其计算式为：

$$q = \frac{Q}{V} \qquad (3\text{-}7)$$

式中　q——球磨机利用系数，t/m^3h；

　　　Q——球磨机每小时平均原矿处理量，t/h；

　　　V——球磨机有效容积，m^3。

3.2.5　特定粒级球磨利用系数

为了考查通过磨机的矿量中新生成级别的含量情况，引入特定粒级利用系数概念，用 q_{-d} 表示，$-d$ 表示小于某个粒度。现场常用$-0.075mm$表示新生成细粒级的情况，其表达式为：

$$q_{-0.075mm} = \frac{Q(\beta_2 - \beta_1)}{V} \qquad (3\text{-}8)$$

式中　$q_{-0.075mm}$——按新生成$-0.075mm$粒级计算的磨机生产能力，t/m^3h；

　　　β_2——分级机溢流（闭路时）或磨机排矿中（开路时）$-0.075mm$级别的含量（质量分数），$\%$；

　　　β_1——磨机给矿中$-0.075mm$级别的含量（质量分数），$\%$；

　　　V——磨机的有效体积，m^3。

q_{-d} 可实际反映出矿石的性质及操作条件对磨机生产能力的影响。因此可供设计部门在新建选矿厂计算磨机生产能力，或生产厂在比较处理不同矿石以及同一类型矿石，但规格不同磨机的生产能力时借鉴。

3.2.6　分级效率

分级效率是指分级机溢流中某一粒度级别占分级机给矿中同一粒级质量的百分数。其计算公式为：

$$E_1 = \frac{\beta(\alpha - \vartheta)}{\alpha(\beta - \vartheta)} \times 100\% \qquad (3\text{-}9)$$

式中 E_1——分级量效率,%;

α、β、ϑ ——分级机给矿、溢流、返砂中某一粒级的含量（质量分数）,%。

式(3-9)只考虑了进入溢流中细粒级的含量,而未考虑溢流中混入的粗粒级的量。若既考虑分级过程量的效果,又考虑分级产物的好坏,可用下式计算分级效率:

$$E_2 = \frac{100(\alpha - \vartheta)(\beta - \alpha)}{\alpha(\beta - \vartheta)(100 - \alpha)} \times 100\% \qquad (3\text{-}10)$$

式中 E_2——分级质效率,%。

4 影响磨矿—分级机组工作的主要操作因素

影响磨矿—分级机组工作过程的操作因素很多，大致可概括成三类：

（1）矿石性质。包括矿石硬度、含泥量、给矿粒度和所要求的磨矿产品细度等。

（2）磨机结构。包括磨机形式、规格、转速、衬板形状等。

（3）操作条件。包括磨矿介质（形状、尺寸、相对密度、配比及充填率）、磨矿浓度、返砂比以及分级效率。

这三类因素中，有些参数（如设备类型、规格、磨机转速、给矿粒度等）通常情况下是固定值，在生产过程中不能轻易变动；有些因素则是通过调整，使机组能够在适宜条件下运行。下面重点分析操作方面的影响因素。

4.1 磨矿介质入装制度

磨矿试验表明，球形和长棒形介质效果最好，因而常用。球形介质磨矿时，碰撞和磨剥为点接触，磨矿效率高，宜于细磨。但球磨与棒磨比较，球形介质部分物料易于过磨。当给矿粒度在 30mm 以下，磨矿产品粒度上限在 1mm 以下时，采用棒磨效果好（棒磨为线接触）。许多现场采用柱球（短棒）作为磨矿介质。将棒和球两者优点结合起来，适合于细磨，效率也高。介质相对密度、硬度和耐磨性也是重要因素，相对密度大，砸击磨剥力量大，硬度大耐磨，球耗低。同时还须考虑价格因素，即总体单耗价位应该低。

4.2 介质尺寸

介质尺寸主要依据矿石性质和粒度来确定。矿石硬度大，则给矿粒度粗介质尺寸应大一些，否则应小一些。

装球尺寸与给矿粒度的关系见表 4-1。

表 4-1 装球尺寸与给矿粒度的关系

给矿最大粒度	12~18	10~12	8~10	6~8	4~6	2~4	1~2	0.5~1
补球最大尺寸/mm	120	100	90	80	70	60	50	40

4.3 球荷（介质）充填率

球荷充填率是指磨矿介质（钢球、钢段、钢棒）占磨矿机容积的百分数，它与磨机转速关系较大。充填率影响介质的运动状态。当充填率低时，磨机实际临界转速较高，介质实现"泻落式"工作状态的转速也高；当充填率很高时，即使低速运行，介质也可能产生抛落。不同充填率与适宜的磨机转速见表4-2。

表 4-2 适宜转速率

介质充填率/%	适宜转速率/%	介质充填率/%	适宜转速率/%	介质充填率/%	适宜转速率/%
32~35	76~80	38~40	78~82	42~45	80~84

注：表4-2中的关系值仅供参考，实际值应在实践试验中进行确定。

最适宜的介质充填率应在一定转速下，其机械能转换到磨碎的能力最大。实践上应经试验确定。运行中为保持适宜的介质配比和充填率，应定期补加介质。

4.4 分级效率和返砂比

闭路磨矿时，分级效率和返砂比对磨矿—分级机组工作影响显著。分级效率越高，返砂中合格粒级越少；过磨现象越轻，磨矿效率越高。目前常用的分级设备均存在分级效率较低等问题，因此，研制和改进分级设备，提高分级效率是提高磨矿作业指标的重要措施之一。返砂比增大有利于磨机产量的提高，但也不能过大，过大会引起磨机和分级机过载，从而破坏正常运行。格子型球磨机返砂比过大，会引起"涨肚"。实践表明，当返砂比由100%增大到400%~500%时，磨机生产能力增高20%~30%。返砂比具体应根据矿石性质确定，不好磨的矿石，应适当小一点，好磨的应大一点。

4.5 磨矿浓度

磨矿浓度通常用矿浆中固体物料的含量（质量分数）表示。它不仅影响磨矿机生产能力、产品质量、电耗和排矿粒度，还间接影响分级溢流细度。磨矿浓度过低时，磨机内固体矿量减少，导致钢球上不挂矿而使磨矿效果变差，流速大，粗粒易从中排出，从而使磨机产品变粗；磨矿浓度过高时，矿浆流动性变差，易导致钢球砸击磨剥能力下降，磨机能力也随之下降，还会产生"干涨"现象。所谓"干涨"，是因为磨矿浓度过高，致使矿浆流动性变差流不出所致。

适宜的磨矿浓度应通过试验来确定。实践中产品为粒度在0.15mm以上，或相对密度较大的矿石时，磨矿浓度一般为75%~85%。细磨时，粒度小于0.15mm，或相对密度较小时，磨矿浓度一般为65%~75%。在两段磨矿过程中，第一段磨矿浓度为75%~85%，第二段为65%~75%。湿式自磨机（或湿式棒磨机）的磨矿浓度一般为65%~70%。

5 磨矿分级流程考查计算

为了了解生产现场流程中各作业环节的数质量变化情况，以便发现问题并解决问题，专业人员需要定期或不定期进行流程考查。流程考查分为全流程考查和局部（如某个作业或某几个作业）流程考查。无论全流程考查还是局部流程考查，都需要事先拟定详细计划。流程考查从大的范围讲，分为破碎筛分流程考查、磨矿分级流程考查、选别流程考查和浓缩环水回水流程考查等。以磨矿分级选别过滤考查为例来说明其考查过程和基本内容。

5.1 磨矿分级流程考查的基本内容

磨矿分级流程考查的基本内容主要包括：
（1）磨矿作业的生产能力——选矿厂的原矿处理量；
（2）磨矿分级作业浓度和细度（如-0.075mm 含量）；
（3）磨矿作业的循环负荷；
（4）原矿及磨矿产品中计算级别的含量（通常为-0.075mm 或-0.045mm）；
（5）磨矿分级返砂比和返砂中小于计算级别（如-0.075mm）的含量。

5.2 磨矿—分级流程考查举例

以下面两个典型磨矿流程为例，给出相应的考查方法和计算方法。

例 1：给矿为原矿的一段磨矿流程（见图5-1）。

磨机为 $\phi2700mm \times 3600mm$ 格子型球磨机，容积为 17.7m³。现场取样测得 $Q_1 = 65t/h$；$\beta^1_{-0.075mm} = 8\%$，$\beta^4_{-0.075mm} = 45\%$，$\beta^5_{-0.075mm} = 4\%$（各 β 值右上角号码为样号）。

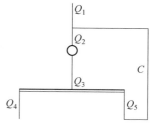

图 5-1 具有检查分级的
一段磨矿流程

Q_1 为原给矿，$Q_2 = Q_3 = Q_1(1+C)$，$Q_5 = CQ_1$，$Q_4 = Q_1$。

流程考查中，Q_1 可由给矿计量秤读出，而 $Q_4 = Q_1$。

Q_5 是返砂矿量，不能直接测得，需计算出返砂比取得，即用返砂比公式加以计算，据式（3-2），得：

$$C = \frac{\beta_4 - \beta_3}{\beta_3 - \beta_5} \times 100\% \tag{5-1}$$

式中 C——返砂比；

β_3、β_4、ϑ_5——磨机排矿、分级溢流和返砂中 -0.075mm 含量（质量分数），%。

其中，β_3、β_4、ϑ_5 的含量由现场磨机排矿、分级溢流和分级返砂点取代表性矿样，并对该三个试样进行 -0.075mm 套筛，获得：$\beta_1 = 20\%$，$\beta_4 = 45\%$，$\beta_5 = 4\%$，代入式(5-1)中，得：

$$C = \frac{\beta_4 - \beta_3}{\beta_3 - \beta_5} \times 100\% = \frac{0.45 - 0.2}{0.2 - 0.04} \times 100\% = 156.25\%$$

则 $Q_4 = Q_1 = 65\text{t/h}$

$$Q_5 = Q_1 C = 65 \times 156.25\% = 101.56(\text{t/h})$$

$$Q_2 = Q_3 = Q_1 + Q_5 = 65 + 101.56 = 166.56(\text{t/h})$$

球磨利用系数为：

$$q = \frac{Q_1}{V} = \frac{65}{17.7} = 3.67(\text{t/m}^3\text{h})$$

球磨机按 -0.075mm 计的球磨利用系数为：

$$q_{-0.075\text{mm}} = \frac{Q_1(\beta_4 - \beta_1)}{V} = \frac{65 \times (0.45 - 0.08)}{17.7} = 1.359(\text{t/m}^3\text{h})$$

最后将取得的相关数据填到流程图中，并将考查数据与以往好数据进行对比，看其好坏，分析原因并提出改进意见。

例 2：中间给矿量 $Q_1 = 40\text{t/h}$ 的预检分级磨矿流程（见图 5-2）

假定现场考查取样点所取代表性矿样 -0.075mm 含量为：$\beta_1 = 60\%$，$\beta_3 = 85\%$，$\beta_4 = 12\%$，$\beta_5 = 30\%$。

其他矿量需要先计算出循环负荷 C 后，才能计算。这里需要变通一下才能算出所要求的其他参数。磨机循环负荷是其分级返砂量与新给矿量的比值，而磨机的新给矿量是预先分级的返砂量。为了计算出预先分级的返砂量，必须将合一的预检分级展开成预先分级和检查分级，然后由展开后的检查分级求出其返砂量。展开的磨矿分级流程如图 5-3 所示。

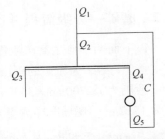

图 5-2　给矿为中间产物的预检分级二段磨矿分级流程图

展开的检查分级有如下量平衡关系：

因为 $Q_5 = Q_6 + Q_7$

所以 $(Q_6 + Q_7)\beta_5 = Q_6\beta_5 + Q_7\beta_5$

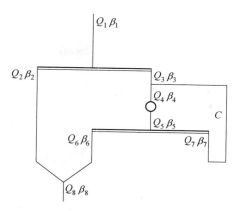

图 5-3 计算预检分级的一段磨矿展开流程

于是有
$$Q_7 = \frac{Q_6(\beta_6 - \beta_5)}{\beta_5 - \beta_7}$$

又因为
$$Q_3 = Q_6$$

$$C = \frac{Q_7}{Q_3} = \frac{Q_7}{Q_6} = \frac{\beta_6 - \beta_5}{\beta_5 - \beta_7}$$

因此
$$C = \frac{\beta_6 - \beta_5}{\beta_5 - \beta_7} \times 100\% = \frac{0.85 - 0.30}{0.30 - 0.12} \times 100\% = 305.56\%$$

同时 $Q_1\beta_1 = Q_2\beta_2 + Q_3\beta_3$，$Q_2 = Q_1 - Q_3$，由此可推出：

$$Q_1\beta_1 = \beta_2(Q_1 - Q_3) + Q_3\beta_3$$

即
$$Q_1(\beta_2 - \beta_1) = Q_3(\beta_2 - \beta_3)$$

于是
$$Q_3 = Q_1\frac{\beta_2 - \beta_1}{\beta_2 - \beta_3} = 40 \times \frac{0.85 - 0.60}{0.85 - 0.12} = 13.7(\text{t/h})$$

其他矿量分别为：

$$Q_7 = Q_3 C = 13.7 \times 3.0556 = 41.86(\text{t/h});$$

$$Q_4 = Q_5 = Q_4 = Q_3 + Q_7 = 13.7 + 41.86 = 55.56(\text{t/h});$$

$$Q_2 = Q_1 - Q_3 = 40 - 13.7 = 26.3(\text{t/h})$$

$$E = \frac{\beta_2(\beta_5 - \beta_7)}{\beta_5(\beta_2 - \beta_7)} \times 100\% = \frac{0.85 \times (0.30 - 0.12)}{0.30(0.85 - 0.12)} \times 100\% = 69.86\%$$

$$q_{-0.075\text{mm}} = \frac{Q_4(\beta_5 - \beta_4)}{V} = \frac{55.56 \times (0.30 - 0.12)}{18.5} = 0.541(\text{t/m}^3\text{h})$$

如图 5-2 所示，$Q_1 \sim Q_5$ 分别为 $Q_1 = 40\text{t/h}$，$Q_2 = 95.56\text{t/h}$，$Q_3 = 40\text{t/h}$，$Q_4 = 55.56\text{t/h}$，$Q_5 = 55.56\text{t/h}$。最后将结果填在图 5-2 和图 5-3 中。

其他磨矿分级流程可参考 1990 年版《选矿设计手册》中第 99 页相关流程计算式加以计算。

6 选别流程计算

6.1 选别作业的参数指标及其计算

选别作业的参数有：原矿品位、精矿产率、精矿品位和回收率；尾矿产率、尾矿品位和回收率。这些都是选矿厂按一定制度选取的。其选取办法是通过确定按时取代表性矿样的取样点，对其进行制样化验取得品位、粒度、浓度等参数，并进行计算和记录。

对于单个选别作业，用下述符号表示：

原矿品位——α，%；精矿品位——β，%；尾矿品位—ϑ，%；

原矿产率—γ_α，%；精矿产率——γ_k，%；尾矿产率——γ_ϑ，%；

精矿回收率——ε_k，%；尾矿回收率——ε_ϑ，%。

对于连续多个选别作业流程的计算符号，通常在所用相关符号的右下角标出序号加以表示，如矿量、产率、回收率、矿浆浓度分别用 Q_i、γ_i、β_i、ε_i 和 C_i 表示。其中，$i=1$，2，3，…，n（$1\sim n$ 为产物编号）。

对于单个选别作业，按以下公式进行计算：

精矿产率：
$$\gamma_{精} = \frac{\beta_{精} - \beta_{尾}}{\beta_{给} - \beta_{尾}} \times 100\% \tag{6-1}$$

尾矿产率：
$$\gamma_{尾} = 100\% - \gamma_{精} \tag{6-2}$$

精矿回收率：
$$\varepsilon_{精} = \gamma_{精} \times \frac{\beta_{给} - \beta_{尾}}{\beta_{精} - \beta_{尾}} \tag{6-3}$$

尾矿回收率（损失率）
$$\varepsilon_{尾} = 100\% - \varepsilon_{精} \tag{6-4}$$

6.2 选别流程计算举例

6.2.1 单金属矿石单个选别作业数质量的计算

例：设定某个选矿厂处理的原矿是磁铁矿，目的金属是铁。

首先画出标有指标符号的工艺流程图（见图 6-1）。原矿（给矿）、精矿、尾矿品位分别为 $\beta_1 = 30\%$，$\beta_2 = 66\%$，$\beta_3 = 8\%$，则其精矿、尾矿的产率和回收率分别计算如下：

由式(6-1)~式(6-3)可得：

原给矿产率 $\gamma_1 = \dfrac{\beta_1 - \beta_3}{\beta_1 - \beta_3} \times 100\% = 100.00\%$ ；

原给矿回收率 $\varepsilon_1 = \gamma_1 \times \dfrac{\beta_1 - \beta_3}{\beta_1 - \beta_3} = 100.00\%$ 。

由式（6-3）和式（6-4）可得：

精矿产率 $\gamma_2 = \dfrac{\beta_1 - \beta_3}{\beta_2 - \beta_3} \times 100\% =$

$\dfrac{0.3 - 0.08}{0.66 - 0.08} \times 100\% = 37.93\%$ ；

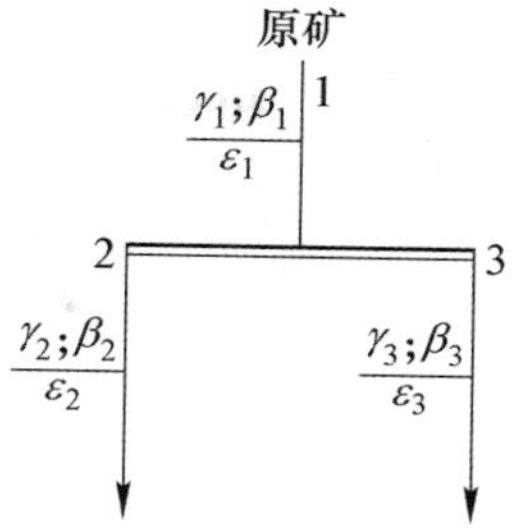

图 6-1 单金属铁一个选别作业的数质量流程图

1—给矿；2—精矿；3—尾矿

尾矿产率 $\gamma_3 = 100\% - \gamma_2 = 100\% - 37.93\% = 62.07\%$ ；

精矿铁回收率 $\varepsilon_2 = \gamma_2 \dfrac{\beta_2}{\beta_1} = 37.93\% \times \dfrac{0.66}{0.3} = 83.45\%$ ；

尾矿铁损失率 $\varepsilon_3 = 100\% - 83.45\% = 16.55\%$ 。

最后将上述指标分别填到流程图相应位置，即可完成流程计算任务。

这种计算也适用于具有多个选别作业的单金属两产品和头尾指标的计算。对于多个连续选别作业的计算，本作业的产率则需用该作业给矿、精矿和尾矿品位计算。精矿产率和回收率的计算式分别为：

精矿回收率 $\varepsilon_{精} = \gamma_{精} \times \dfrac{\beta_{精}}{\beta_{原给}}$ ；

尾矿回收率（损失率） $\varepsilon_{尾} = 100 - \varepsilon_{精}$ 。

6.2.2 单金属矿石多个连续选别作业数质量流程的计算

以某选矿厂磁选粗精矿进行实验室磁选柱精选—柱尾矿再磨再选磁选试验为例，其流程如图 6-2 所示。

首先，在计算之前须对给矿（现场磁选粗精矿）进行磁选柱精选试验，得到表 6-1 中的黑体字表示的给矿量、精矿量和其经化验的品位指标，其他指标需要计算得出。给矿（磁选粗精矿）化验 TFe 品位为 62.88%，-0.075mm 含量（质量分数）为 61.40%（通过-0.075mm 筛取得）。磁选柱精选结果列入表 6-1 中，黑体字数据是实验的原始指标。

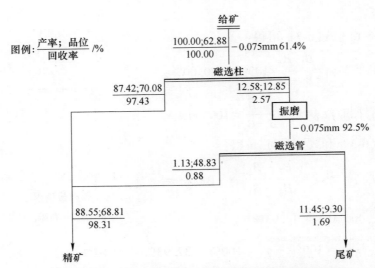

图例: $\dfrac{\text{产率；品位}}{\text{回收率}}$ /%

图 6-2　磁选粗精矿磁选柱精选—柱尾再磨磁选数质量流程

表 6-1　磁选粗精矿（给矿）磁选柱精选试验结果

产　物	质量/g	产率/%	品位/%	收率/%	品位提高/%	备　注
精　矿	171.34	87.42	70.08	97.43	7.20	给矿−0.075mm
尾　矿	24.66	12.58	12.85	2.57	—	61.40%
给　矿	196.00	100.00	62.88	100.00	—	—

磁选柱精矿产率用产物质量计算，即：

$$\gamma_{柱精} = \frac{171.34}{196} \times 100\% = 87.42\%$$

$$\gamma_{柱尾} = 100\% - 87.42\% = 12.58\%$$

由给、精、尾金属量平衡可得：

$$\gamma_{给}\beta_{给} = \gamma_{精}\beta_{精} + \gamma_{尾}\beta_{尾} \tag{6-5}$$

由式(6-5)可得：

$$\beta_{尾} = \frac{\gamma_{给}\beta_{精} - \gamma_{精}\beta_{精}}{\gamma_{尾}} = \frac{100 \times 62.88 - 87.42 \times 70.08}{12.58}\% = 12.85\%$$

由式(6-3)可得：

$$\varepsilon_{精} = \frac{\gamma_{精}\beta_{精}}{\beta_{给}} = \frac{87.42 \times 70.08}{62.88}\% = 97.43\%$$

其中，精矿品位提高了 $\Delta\beta = 70.08\% - 62.88\% = 7.20\%$。

磁选柱尾矿在磨至−0.075mm 含量（质量分数）为 92.5%后的磁选管分选指标见表 6-2。

表 6-2 磁选柱尾矿磨至−0.075mm 含量（质量分数）为 92.5%磁选管分选指标表

产　物	质量/g	产率/%	品位/%	回收率/%
精矿	2.02	8.98	48.83	34.13
尾矿	20.48	91.02	9.30	65.87
给矿	22.50	100.00	12.85	100.00

磁选管作业产率换算成对柱给产率为：

$$\gamma_{管} = \gamma_{管给} \times \gamma_{管作} = 12.58\% \times 8.98\% = 1.13\%$$

磁选管尾矿产率为：$\gamma_{管尾} = 12.58\% - 1.13\% = 11.45\%$

磁选柱尾矿回收率为：$\varepsilon_{柱尾} = \varepsilon_{柱给} - \varepsilon_{柱精} = 100.00\% - 97.43\% = 2.57\%$

将计算出的相关数据填入流程图后，试验数质量流程的计算任务完成。结论如下：

（1）磁选柱精产率和品位均很高，分别为 87.42%和 70.08%；品位比给矿品位提高了 7.2%；柱尾品位为 12.85%，品位较低，说明磁选柱精选效果好。

（2）磁选柱尾矿经细磨至−0.075mm 含量为 92.5%，再经磁选管选，其管精品位仅为 48.83%，品位太低。说明磁选管的给矿（柱尾）中磁铁矿大部分是与脉石的连生体，且结晶粒度极其微细，即使磨至（−0.075mm）含量（质量分数）为 92.5%也远未达单体解离；同时也说明磁选柱不仅可以分出单体脉石，还能分出连生体，这是磁选机和一般磁重选矿机做不到的。

（3）磁选粗精矿在粒度较粗，即−0.075mm 含量（质量分数）为 61.4%的情况下，只经一次磁选柱精选柱，精品位就能达到 70.08%。说明该磁铁矿原矿结晶粒度粗细不匀，绝大部分结晶粒度较粗，极少量结晶粒度极其微细。总体上该磁铁矿属于易选磁铁矿石，可考虑用该磁选粗精矿生产超级磁铁矿精矿。

在生产超级磁铁矿精矿的小型试验中，把精矿细磨至−0.075mm 含量（质量分数）为 71.2%时，磁选精矿的品位为 68.09%，经两段磁选柱精选后，精矿品位达到 72.13%。

6.2.3 现场细筛磁选中矿再磨再选流程

首先画出现场待考查工艺流程图，并对各作业产物进行编号，如图 6-3 所示。根据所考查工艺流程，对流程各取样点进行编号。

在现场流程平稳运行平衡条件下，对各取样点进行从原矿至精、尾矿顺序的取样，所取试样必须具有代表性。取样间隔 20min 左右，每套大样至少取 4~5 次小样，干矿总质量应够进行筛水析，化验 TFe 品位、MFe 品位，混匀后分为两份（用一份，备用一份）。所取试样通常都需要测定其浓度，因此事先将带有编号的烘干的样桶（或盆）称重，并记录在案；取样后，称量每个试样矿浆及其盛装容器（桶或盆）的总质量，并记录在案；为了防止错乱，需对试样桶依次进

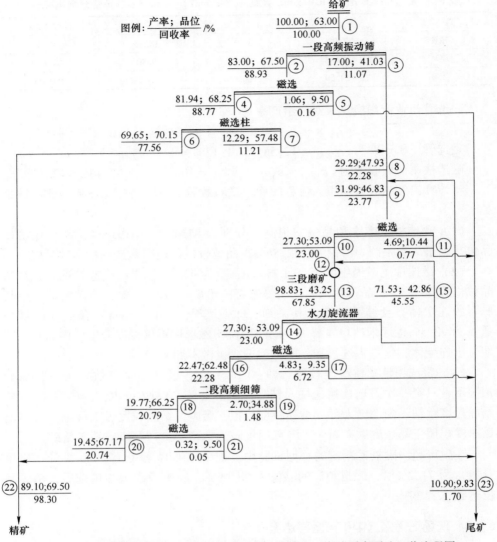

图 6-3 磁选低品位精矿—细筛—磁选—磁选柱精选—中矿再磨再选工艺流程图

行从 1 到 N 的编号（对应从原矿到精、尾矿产物），并在每个样桶里放上试样编号和产物名称，以防弄错。

试样通常需要测定浓度，为此应先对取样所用的桶或盆先进行称量，再测量矿浆与桶或盆的总质量和倒掉清水并烘干后的桶和干矿的总质量，并做好记录。

矿浆浓度用 C 表示，计算公式为：

$$C = \frac{（干矿 + 样桶）质量 - 样桶质量}{（矿浆 + 样桶）质量 - 样桶质量} \times 100\% \qquad (6\text{-}6)$$

将取样桶中的干矿抠出，捻细到不存在干团粒并反复混匀，保证其取少量（3~5g）也要具有代表性。下面以流程考查样化验取得的品位为例进行数质量计算。

6.2.3.1 计算所需的原始指标数

流程考查取样结果见表6-3。

表6-3 流程考查取样各样编号及铁品位表

样号	1	2	3	4	5	6	7	8	9	10	11	12
品位/%	63.00	67.50	41.03	68.25	9.50	70.15	57.48	47.93	46.83	53.09	10.44	43.25

样号	13	14	15	16	17	18	19	20	21	22	23	—
品位/%	43.25	53.09	42.86	62.48	9.35	66.25	34.88	67.17	9.50	69.50	9.83	—

原始指标数 N 的计算公式为：

$$N = C(n_p - a_p) \tag{6-7}$$

式中 N——流程基数按需要的必要而充分的原始指标数；

C——计算成分，计算单金属（如铁）质量和有用成分含量时，$C=2$；

n_p——分选产物数；

a_p——分选作业数。

在考查中取样了23个试样，但流程计算不会都用上，只会用到 N 个试样。其中，N 值可由式(6-9)计算得出。多取的试样品位是用来进行分析参考的，由于流考时某个试样可能有偏差，因此，多取的试样品位可以用来参考修正有疑问的试样品位。

在选矿厂设计过程中，应选取需保证或需要控制的指标（如品位、产率、回收率等）。其中，必须保证最终精矿品位和最终尾矿品位。原始指标数 N 一般按式（6-9）计算得出。

现场数质量流程考查时，只能选品位指标。因为现场取样只能取到试样经化验的品位和粒度，各个试样的产率和回收率不能直接得到。

由图6-3可知，取样点数有23个，按式（6-9）得出：$N = 2 \times (16 - 8) = 16$（个），即23个产物中只可选取16个品位指标。选取的试样编号产物为1、2、3、4、5、6、7、8、14、16、17、18、19、21、22、23，这16个品位指标作为流程计算的原始指标（见表6-3）。

6.2.3.2 具体计算

一段高频细筛筛下产物 $\gamma_2 = \dfrac{63.00 - 41.03}{67.50 - 41.03} \times 100\% = 83.00\%$

一段高频细筛筛上产物 $\gamma_3 = 100.00\% - 83.00\% = 17.00\%$

一段高频细筛筛下磁选作业 $\gamma_4 = \gamma_2 \dfrac{\beta_2 - \beta_5}{\beta_4 - \beta_5} = 83.00\% \times \dfrac{67.50 - 9.50}{68.25 - 9.50} = 81.94\%$

一段高频细筛筛下磁选尾矿 $\gamma_5 = \gamma_2 - \gamma_4 = 83.00\% - 81.94\% = 1.06\%$

磁选柱精矿产率 $\gamma_6 = \gamma_4 \dfrac{\beta_4 - \beta_7}{\beta_6 - \beta_7} = 81.94\% \times \dfrac{68.25 - 57.48}{70.15 - 57.48} = 69.65\%$

磁选柱尾矿产率 $\gamma_7 = 81.94\% - 69.65\% = 12.29\%$

加合产物 8 的产率 $\gamma_8 = \gamma_3 + \gamma_7 = 17.00\% + 12.29\% = 29.29\%$

加合产物 8 的品位 $\beta_8 = \dfrac{\gamma_3\beta_3 + \gamma_7\beta_7}{\gamma_8} = \dfrac{17.00 \times 41.03 + 12.29 \times 57.48}{29.29}\% =$

47.93%

以上 8 个产物的回收率用 $\varepsilon_i = \dfrac{\gamma_i\beta_i}{\beta_1}$ 计算，即：

$$\varepsilon_1 = \frac{\gamma_1\beta_1}{\beta_1} = \frac{100 \times 63.00}{63.00}\% = 100.00\%$$

$$\varepsilon_2 = \frac{\gamma_2\beta_2}{\beta_1} = \frac{83.00 \times 67.50}{63.00}\% = 88.93\%$$

$$\varepsilon_3 = \varepsilon_1 - \varepsilon_2 = 100.00\% - 88.93\% = 11.07\%$$

以此类推：
$$\varepsilon_4 = \frac{\gamma_4\beta_4}{\beta_1} = \frac{81.94 \times 68.25}{63.00}\% = 88.77\%$$

$$\varepsilon_5 = \varepsilon_2 - \varepsilon_4 = 88.93\% - 88.77\% = 0.16\%$$

$$\varepsilon_6 = \frac{\gamma_6\beta_6}{\beta_1} = \frac{69.65 \times 70.15}{63.00}\% = 77.56\%$$

$$\varepsilon_7 = \varepsilon_4 - \varepsilon_6 = 88.77\% - 77.56\% = 11.21\%$$

$$\varepsilon_8 = \varepsilon_3 + \varepsilon_7 = 11.07\% + 11.21\% = 22.28\%$$

由原给矿、终合精矿和终合尾矿品位计算精尾矿产率和回收率为：

$$\gamma_{22} = \frac{\beta_1 - \beta_{23}}{\beta_{22} - \beta_{23}} \times 100\% = \frac{63.00 - 9.83}{69.50 - 9.83} \times 100\% = 89.11\%$$

$$\varepsilon_{22} = \frac{\gamma_{22}\beta_{22}}{\beta_1} = \frac{89.11 \times 69.50}{63.00}\% = 98.30\%$$

$$\gamma_{23} = 100.00\% - 89.11\% = 10.89\%$$

$$\varepsilon_{23} = \varepsilon_1 - \varepsilon_{22} = 100.00\% - 98.30\% = 1.70\%$$

$$\gamma_{20} = \gamma_{22} - \gamma_6 = 89.11\% - 69.65\% = 19.46\%$$

$$\beta_{20} = \frac{\gamma_{22}\beta_{22} - \gamma_6\beta_6}{\gamma_{20}} = \frac{89.11 \times 69.50 - 69.65 \times 70.15}{19.46}\% = 67.17\%$$

最后一段磁选的作业精矿产率为

$$\gamma_{20}^{作} = \frac{\beta_{18} - \beta_{21}}{\beta_{20} - \beta_{21}} \times 100\% = \frac{66.25 - 9.50}{67.17 - 9.50} \times 100\% = 98.40\%$$

最后一段磁选给矿（二段细筛下）产率为：

$$\gamma_{18} = \frac{\gamma_{20}}{\gamma_{20}^{作}} \times 100\% = \frac{19.46}{98.40} \times 100\% = 19.78\%$$

$$\varepsilon_{18} = \frac{\gamma_{18}\beta_{18}}{\beta_1} = \frac{19.78 \times 66.25}{63.00}\% = 20.80\%$$

$$\gamma_{21} = \gamma_{18} - \gamma_{20} = 19.78\% - 19.46\% = 0.32\%$$

$$\varepsilon_{21} = \varepsilon_{18} - \varepsilon_{20} = 20.80\% - 20.74\% = 0.06\%$$

二段高频细筛筛下（最后一段磁选给矿）作业产率为：

$$\gamma_{18}^{作} = \frac{\beta_{16} - \beta_{19}}{\beta_{18} - \beta_{19}} \times 100\% = \frac{62.48 - 34.88}{66.25 - 34.88} \times 100\% = 87.98\%$$

$$\gamma_{16} = \frac{\gamma_{18}}{\gamma_{18}^{作}} \times 100\% = \frac{19.78}{87.98} \times 100\% = 22.48\%$$

$$\varepsilon_{16} = \frac{\gamma_{16}\beta_{16}}{\beta_1} = \frac{22.48 \times 62.48}{63.00}\% = 22.29\%$$

$$\gamma_{19} = \gamma_{16} - \gamma_{18} = 22.48\% - 19.78\% = 2.70\%$$

$$\gamma_9 = \gamma_8 + \gamma_{19} = 29.29\% + 2.70\% = 31.99\%$$

$$\beta_9 = \frac{\gamma_8\beta_8 + \gamma_{19}\beta_{19}}{\gamma_8 + \gamma_{19}} = \frac{29.29 \times 47.93 + 2.70 \times 34.88}{29.259 + 2.70}\% = 46.83\%$$

$$\gamma_{10} = \gamma_{14} = 27.30\%$$

$$\beta_{10} = \beta_{14} = 53.09\%$$

$$\gamma_{11} = \gamma_9 - \gamma_{10} = 31.99\% - 27.30\% = 4.69\%$$

$$\beta_{11} = \frac{\gamma_{23}\beta_{23} - \gamma_5\beta_5 - \gamma_{17}\beta_{17} - \gamma_{21}\beta_{21}}{\gamma_{11}}$$

$$= \frac{10.89 \times 9.83 - 1.06 \times 9.50 - 4.83 \times 9.35 - 0.32 \times 9.50}{4.69}\% = 10.40\%$$

水力旋流器下磁选精矿作业产率为：

$$\gamma_{16}^{作} = \frac{\beta_{14} - \beta_{17}}{\beta_{16} - \beta_{17}} \times 100\% = \frac{53.09 - 9.35}{62.48 - 9.35} \times 100\% = 82.33\%$$

$$\gamma_{14} = \frac{\gamma_{16}}{\gamma_{16}^{作}} \times 100\% = \frac{22.48}{82.33} \times 100\% = 27.30\%$$

$$\varepsilon_{14} = \frac{\gamma_{14}\beta_{14}}{\beta_1} = \frac{27.30 \times 53.09}{63.00}\% = 23.01\%$$

将计算结果填到流程图中，完成数质量流程计算。流程考查工作量最大的两项任务是各产物的筛析试验和磁析试验。

6.2.3.3　流程考查产物筛析试验

流程考查产物筛析试验工作量较大，一般磨机给矿、排矿、分级作业产物都须做筛析试验，甚至为了分析分选作业情况，对分选作业往往也需要做筛析试验。

A　分级作业筛析试验及分析

以细筛分级为例，细筛是一种按粒度分级的设备，在分级细磨磁铁矿磁选精矿时，其筛孔一般为 0.1~0.2mm，并具有流膜重选的作用。可将小于筛孔的品位高的细粒磁铁矿筛到筛下，并在磁铁矿选矿厂广泛应用，但其筛下产率仅为 35%~45%；筛上还有相当部分小于筛孔的细粒单体解离的磁铁矿未进入筛下，而是作为中矿与连生体一起进入再磨机再磨，从而导致已经单体解离的磁铁矿颗粒严重过磨，降低了真正需要再磨的连生体的磨矿效果，增加了精矿成本。

筛析是指用一套具有标准筛孔的套筛，在实验室震筛机上进行筛分实验，从而获得多个粒级产物的产率、品位指标。表 6-4、表 6-5 和表 6-6 分别是某厂细筛筛给物、细筛筛上产物和细筛筛下产物的筛析结果。

表 6-4　细筛给矿筛析试验结果

粒级/mm	产率/%		品位/%		铁分布/%	
	个别	负累积	个别	负累积	个别	负累积
+0.150	7.20	100.00	29.52	62.31	3.41	100.00
−0.15+0.106	12.60	92.80	52.38	64.86	10.59	96.59
−0.106+0.075	20.40	80.20	64.95	66.82	21.26	86.00
−0.075+0.058	7.60	59.80	66.48	67.45	8.11	64.74
−0.058+0.045	14.80	52.20	67.05	67.59	15.93	56.63
−0.045	37.40	37.40	67.81	67.81	40.70	40.70
合计	100.00	—	62.31	—	100.00	—

由表 6-4 分析细筛给矿筛析试验结果可知：

（1）总给矿品位为 62.3%，−0.075mm 和−0.045mm 含量（质量分数）分别为 59.80% 和 37.4%，从而可以看出磁铁矿总体粒度较粗。

（2）从粒级品位（个别品位）分布情况看，粗粒级品位低，细粒级品位高，矿品位随粒级数的下降呈先快升后渐升趋势，+0.150mm 和−0.150mm+0.106mm 两个粒级品位分别为 29.52% 和 52.38%。该两粒级里含连生体较多，+0.150mm

粒级中尤甚。

（3）从铁分布看，-0.045mm 粒级中含有 40.70%（质量分数）的铁；-0.106mm 粒级中含有 86.00%（质量分数）的铁，-0.045mm 粒级品位为 67.81%，-0.106mm 粒级品位为 66.82%。

表 6-5   细筛筛上产物筛析试验结果

粒级/mm	产率/%		品位/%		铁分布/%	
	个别	负累积	个别	负累积	个别	负累积
+0.150	10.00	100.00	23.81	60.51	3.93	100.00
-0.15+0.106	20.00	90.00	53.72	64.59	17.76	96.07
-0.106+0.075	18.40	70.00	65.14	67.69	19.81	78.31
-0.075+0.058	8.60	51.60	67.62	68.60	9.60	58.50
-0.058+0.045	11.20	43.00	68.38	68.80	12.66	48.89
-0.045	31.80	31.80	68.95	68.95	36.23	36.23
合计	100.00	—	60.51	—	100.00	—

由表 6-5 分析细筛筛上产物筛析结果可知：

（1）-0.075mm 和-0.045mm 含量（质量分数）分别为 51.60% 和 31.80%，筛给过程中两粒级含量（质量分数）分别为 59.80% 和 37.40%。通过对比可知，当粒度为-0.075mm 时，筛上过程中粒级含量（质量分数）比筛给过程中下降了 8.20%；当粒级为 0.045mm 时，下降了 5.60%，因此说明筛分效率不高。

（2）-0.045mm 粒级品位最高含量（质量分数）为 68.95%，-0.106mm 粒级品位为 67.69%，均比筛给过程中相应粒级品位高，分别高出 1.14% 和 1.15%，从而说明筛上产物中品位高的中细粒粒级未进入筛下。

表 6-6   细筛筛下产物筛析试验结果

粒级/mm	产率/%		品位/%		铁分布/%	
	个别	负累积	个别	负累积	个别	负累积
+0.150	—					
-0.15+0.106	8.20	100.00	55.26	66.93	6.77	100.00
-0.106+0.075	19.40	91.80	66.09	67.98	19.16	93.23
-0.075+0.058	9.40	72.40	67.42	68.48	9.47	74.07
-0.058+0.045	17.20	63.00	68.37	68.64	17.57	64.60
-0.045	45.80	45.80	68.74	68.74	47.03	47.03
合 计	100.00	—	66.93	—	100.00	—

由表 6-6 分析细筛筛下产物筛析结果可知：

（1）总筛下产物品位为66.93%，其-0.045mm和-0.075mm含量（质量分数）分别为45.80%和72.40%。

（2）-0.045mm和-0.106mm品位分别为68.74%和67.98%，但其+0.106mm粒级品位偏低，仅为55.26%。这说明尽管是筛下，其粗粒级也含有部分磁铁矿与脉石的连生体或少许矿泥。

（3）在铁分布中，-0.045mm和-0.106mm含量（质量分数）分别为47.03%和93.23%。

B　磁选柱给矿、精矿和尾矿的筛析试验及分析

某磁铁矿选矿厂的磁选柱给矿为磁选低品位精矿，对磁选柱作业的运行平衡状态下分别取其给矿、精矿和尾矿样，脱水烘干后，将3个样品捻细混匀，取原样化验，并分别取3个样（各100g）分别用实验室标准筛孔套筛用振筛机进行筛分试验。对筛好的各粒级试样分别进行称量、记录和计算，并把数据填写在事先准备好的表格中（见表6-7）。

表 6-7　该厂磁选柱现场分选指标

产物	产率/%	品位/%	回收率/%	备注
精 矿	87.64	65.81	94.53	品位提高4.80%
尾 矿	12.36	26.99	5.47	—
给 矿	100.00	61.01	100.00	—

C　对表6-8的分析

某磁铁矿选矿厂磁选柱产物筛析试验结果见表6-8。

表 6-8　某磁铁矿选矿厂磁选柱产物筛析试验结果

入筛产物	粒级范围/mm	个别产率/%	负累积产率/%	个别品位/%	负累品位/%	个别铁分布/%	负累积铁分布/%	粒级回收率/%
给　矿	+0.154	0.56	100.00	26.28	61.01	0.24	100.00	100.00
	-0.154+0.104	2.88	99.44	32.36	61.20	1.37	99.76	100.00
	-0.104+0.075	6.42	96.56	41.02	62.06	4.28	98.39	100.00
	-0.075+0.065	5.70	90.14	48.00	63.56	4.43	94.11	100.00
	-0.065+0.045	11.38	84.44	55.95	64.61	100.44	89.68	100.00
	-0.045	73.06	73.06	65.96	65.96	79.24	79.24	100.00
	合　计	100.00	—	61.01	—	100.00	—	—
精　矿	+0.154	0.41	100.00	34.86	65.81	0.21	100.00	85.27
	-0.154+0.104	2.15	99.59	43.68	65.93	1.43	99.79	87.55
	-0.104+0.075	5.13	97.44	53.07	66.42	4.14	98.36	92.29
	-0.075+0.065	5.13	92.31	57.03	67.17	4.45	94.22	92.79
	-0.065+0.045	10.88	87.18	63.29	67.76	10.46	89.77	93.86
	-0.045	76.30	76.30	68.40	68.40	79.31	79.31	95.15
	合　计	100.00	—	65.81	—	100.00	—	—

入筛产物	粒级 范围/mm	个别 产率/%	负累积 产率/%	个别 品位/%	负累 品位/%	个别铁 分布/%	负累积铁 分布/%	粒级回 收率/%
尾 矿	+0.154	1.61	100.00	10.87	26.99	0.65	100.00	14.73
	-0.154+0.104	8.18	98.19	11.58	27.25	3.51	99.5	12.45
	-0.104+0.075	15.86	90.01	13.79	28.68	8.103	95.84	7.71
	-0.075+0.065	10.10	74.35	15.96	31.85	5.972	87.737	7.21
	-0.065+0.045	15.66	64.25	20.38	34.35	11.825	81.765	6.14
	-0.045	48.59	48.59	38.85	38.85	69.94	69.94	4.85
合　计		100.00	—	26.99	—	100.00	—	—

a　对磁选柱给矿的分析

通过表 6-7 和表 6-8，可对磁选柱给矿作如下分析：

（1）磁选柱给矿品位为 61.01%，-0.075mm 产率为 90.14%，从而可以说明磁选柱给矿粒度较细，品位较低。其主要低在 +0.045mm 的各粒级上，+0.045mm 的五个粒级品位均在 56% 以下，且越粗品位越低，从 55.95% 一直降到 26.28%。说明磁选柱给矿中，+0.045mm 各粒级中均含大量未单体解离的磁铁矿与脉石的贫连生体，且越粗贫连生体含量越多。

（2）-0.045mm 粒级品位最高为 65.96%，磁选柱给矿中，铁主要分布在 -0.045mm 粒级中，占 79.24%（质量分数）；其次在 -0.065~0.045mm 粒级中，占 10.44%（质量分数），两粒级铁分布量达 89.68%（质量分数）。

b　对磁选柱精、尾矿的分析

通过表 6-7 和表 6-8，可对磁选柱精、尾矿作如下分析：

（1）在磁选柱给矿栏中，-0.075mm 粒级的累积产率为 90.14%。精矿产率为 87.64%，品位 65.81%，磁选柱精矿铁回收率为 94.53%；磁选柱尾矿产率为 12.36%，品位为 26.99%。

（2）在磁选柱精矿栏中，总精矿品位为 65.81%。其中，-0.104mm 的粒级加合品位为 66.42%；+0.065mm 四个粒级品位都在 58% 以下，但这 4 个粒级所占加合产率较少，仅为 12.82%；但 -0.065mm 粒级产率较高，达 87.18%，品位较高，达到 67.76%，把总品位拉到了 65.81%。

（3）在磁选柱尾矿栏中，粒级品位的变化规律是均粗低，细高，呈过渡态。-0.045mm 粒级品位较高，为 38.85%。由粗至细，粒级越粗品位越低，呈渐变态。品位最低为 +0.154mm 粒级，品位从 20.38% 渐变为 10.87%。

（4）在粒级回收率栏中，各粒级粒级回收率都在 85.27% 以上，且随着粒级变细，粒级回收率逐渐升高，最高达 95.15%；而磁选柱尾矿的粒级回收率刚好相反，其粒级回收率由粗至细迅速降低，由 14.73% 迅速降为 4.85%，从而说明磁选柱对细粒级及微细粒级回收效果较高。

　　D　粒级回收率的计算方法

　　粒级回收率的计算方法如下：

　　（1）求出磁选柱的精、尾矿产率，即：

$$\gamma_{柱精} = \frac{\beta_{柱给} - \beta_{柱尾}}{\beta_{柱精} - \beta_{柱尾}} \times 100\% = \frac{61.01 - 26.99}{65.81 - 26.99} \times 100\% = 87.64\%$$

$$\gamma_{尾} = 100\% - \gamma_{精} = 100\% - 87.64\% = 12.36\%$$

　　（2）将精、尾矿粒级产率回归为对磁选柱给矿该粒级的产率。其表达式为：

$$\gamma_{精回} = \gamma_{粒级} \times \gamma_{精} \tag{6-8}$$

$$\gamma_{尾回} = \gamma_{尾di} \times \gamma_{选尾} \tag{6-9}$$

式中　$\gamma_{精回}$——精矿各粒级对给矿的回归粒级产率，%；

　　　　$\gamma_{尾回}$——尾矿各粒级回归给矿的产率，%。

　　（3）计算粒级回收率。以表6-7中精尾矿的 +0.154mm 和 -0.045mm 粒级为例，进行粒级回收率的计算。

　　1）对精尾矿 +0.154mm 粒级进行粒级回收率计算，步骤如下：

　　由式（6-10）和式（6-11）可得：

$$\gamma^{精回}_{+0.154} = \gamma^{粒级}_{+0.154} \times \gamma_{选精} = 0.41 \times 0.8764 = 0.359324$$

$$\gamma^{尾回}_{+0.154} = \gamma^{粒级}_{+0.154} \times \gamma_{选尾} = 1.61 \times 0.1236 = 0.199$$

$$\Sigma\gamma^{回}_{精+尾} = 0.359324 + 0.199 = 0.558324，则：$$

$$\varepsilon^{精}_{+0.154} = \frac{0.359324 \times 34.86}{0.359324 \times 34.86 + 0.199 \times 10.87} \times 100\% = 85.27\%$$

$$\varepsilon^{尾}_{+0.154} = \frac{0.199 \times 10.87}{0.359324 \times 34.86 + 0.199 \times 10.87} \times 100\% = 14.73\%$$

　　2）对精尾矿 -0.045mm 粒级进行粒级回收率计算，同理可得：

$$\gamma^{精回}_{-0.045} = 76.3 \times 0.8764 = 66.86932$$

$$\gamma^{尾回}_{-0.045} = 48.59 \times 0.1236 = 6.005724$$

$$\varepsilon^{精}_{-0.045} = \frac{\gamma^{精回}_{-0.045} \times \beta^{精}_{-0.045}}{\gamma^{精回}_{-0.045} \times \beta^{精}_{-0.045} + \gamma^{尾回}_{-0.045} \times \beta^{尾}_{-0.045}} \times 100\%$$

$$= \frac{66.86932 \times 68.40}{66.86932 \times 68.40 + 6.006 \times 38.85} \times 100\% = \frac{4573.8615}{4573.8615 + 233.3333} \times 100\%$$

$$= 95.15\%$$

$$\varepsilon^{尾}_{-0.045} = 100\% - 98.15\% = 4.85\%。$$

　　其他粒级回收率也可按上述方法进行计算，全部计算完成后，将所计粒级回收率填至表6-7的粒级回收率栏中，并进行分析结论。

第 2 篇
铁矿床和铁矿石

7 我国铁矿资源概况

我国铁矿石储量为 463 亿吨，但已被利用及可供利用的储量仅为 256 亿吨，平均品位仅为 31.95%，比世界平均品位低 11%，且多为贫矿，贫矿占 94.3%。我国铁矿石的特点是贫、细、杂，都需要经过选矿富集或降杂处理。

我国铁矿按其成因类型可分为七大类，分别为：（1）岩浆晚期铁矿床（攀西地区，大庙铁矿）；（2）接触交代—热液铁矿床（大冶、邯邢地区等）；（3）鞍山式沉积变质铁矿床；（4）与火山—侵入活动相关的"宁芜地区铁矿床"；（5）沉积铁矿床（宣化、长阳等地铁矿床）；（6）风化淋滤型铁矿床（大宝山、铁坑铁矿等）；（7）吉林羚羊铁矿床等。

7.1 鞍山式铁矿

鞍山式铁矿分布最广，也是我国最主要的铁矿床类型。它不仅总储量和开采处理量最大（约占总储量的 50%），而且矿床储量规模较大，大中型铁矿储量占本类矿床的 90%。单个矿体的规模和厚度大，且埋藏不深，很多可以露天开采。本类矿床矿石类型以磁铁矿为主，矿床分布比较集中，因此该类矿的开发利用具有极大优势。

鞍山式铁矿只有少量富矿。物质组成相对简单。金属矿物主要是磁铁矿，其次是假象赤铁矿、赤铁矿、菱铁矿；脉石矿物由石英、绿泥石、角闪石、云母、白云石、长石、方解石等构成。

该类铁矿石含铁品位大多为 27%~34%，二氧化硅含量（质量分数）为 30%~50%。一般含硫、磷较低，也有个别高硫高磷的铁矿床，但很少有可供综合利用的伴生组分。

鞍山式铁矿除少数富矿为块状构造外，其他品位较低的矿石绝大多数为条带状或条纹状构造。条带宽一般为 0.5~3mm。矿石浸染粒度较细，结晶粒度大多数为 0.04~0.2mm，有些矿床的矿石晶粒多数为 0.015~0.045mm，如袁家村矿石。

该类型铁矿石虽属典型的单一铁矿石，但根据其所含磁铁矿和红铁矿（赤褐铁矿）比例的不同，又可分为磁铁矿石、红铁矿石和混合铁矿石。后两种属于难选铁矿石。

7.2　镜铁山式铁矿

镜铁山式铁矿产于甘肃省，分布于北祁连山西段中上元古生代镜铁山群中，已探明的铁矿床地点有数十个，其中镜铁山矿床最大，柳沟峡和白尖矿床为中型，余为小型。镜铁山群为陆源碎屑为主的夹有白云质大理石岩及铁矿层的浅海陆相沉积岩系，总厚度超过4km。按岩性组合特征可分为上下两个岩组。镜铁山群的下岩组是镜铁山式铁矿的赋存层位，属于绿片岩相浅变质岩系，其上部以杂色千枚岩与变质粉砂岩为主，夹镜铁—凌铁矿层及白云质大理岩，底部为中—厚层状石英岩。在镜铁山铁矿床中，铁碧玉岩与镜铁矿呈条带状共生。

镜铁山式铁矿床是铁质碧玉型铁矿床。矿石中主要的金属矿物为镜铁矿、菱铁矿、少量赤铁矿和褐铁矿，矿体深部偶尔有少量磁铁矿，其他共生有价矿物为重晶石。脉石矿物主要为碧玉、铁白云石，少量石英、方解石、白云石、绢云母等。

矿石含铁品位为30%～40%，二氧化硅含量（质量分数）为20%，硫含量（质量分数）为0.1%～2.8%。矿石呈条带状构造，其中条带由镜铁矿、菱铁矿、重晶石和碧玉组成。矿物浸染粒度较细，结晶粒度一般为0.02～0.5mm，须磨至-0.075mm占95%以上才可达单体解离。脉石矿物含铁较高，属于难选铁矿石。处理这类矿石的有酒钢选矿厂。

7.3　大西沟式铁矿

大西沟式铁矿属于沉积变质的菱铁矿类型，其矿石组成简单，以凌铁矿为主，其次为褐铁矿和少量磁铁矿。铁矿物中因类质同象作用含有一定数量的Mg^{2+}和Mn^{2+}，根据$MgCO_3$镁元素含量较高的特征，可将其称为菱镁铁矿。脉石矿物成分主要为石英和绢云母，其次为鲕绿泥石、方解石、白云石、白云母和重晶石等。款式以条带状结构为主，含铁量（质量分数）一般为27%～31%。处理这类矿石的有云南大红山铁矿。

7.4　攀枝花式铁矿

攀枝花式钒钛磁铁矿是一种半生有钒、钛、钴等多种元素的磁铁矿，其矿石储量占我国铁矿石储量的第二位（占15%左右），矿石可选性良好，嵌布粒度与一般磁铁矿有明显差别。

矿石中主要的金属矿物为含钒钛磁铁矿和钛铁矿，另外含有少量磁铁矿、赤铁矿、褐铁矿、针铁矿等；硫化物以磁黄铁矿为主；脉石矿物以钛普通辉石与斜长石为主。铁不但赋存于钒钛磁铁矿中，而且存在于钛铁矿、硅酸盐矿物和硫化矿物中。含钒钛磁铁矿一般呈自形、半自形或他形粒状产出，粒度较大，易破碎解离。钒钛磁铁矿是一种负荷矿物，它是由磁铁矿、钛铁晶石、镁铝尖晶石和铁钛矿片晶及微细粒磁黄铁矿片晶等组成的一种固溶体，相互嵌布极为微细，一般为几微米宽，几十微米长，机械选矿无法解离，只能作为一种复合体解离回收。纯钒钛磁铁矿中全铁含量（质量分数）一般为55%~61%。

钛元素主要赋存于钒钛磁铁矿和钛铁矿中，少量赋存于脉石中。由于钛在钒钛磁铁矿中呈固溶体存在，用机械方法无法分离，故铁精矿中含钛量很高，在选矿过程中很难回收利用钒钛磁铁矿中的钛，只能回收矿石中的钛铁矿。钛铁矿一般为粒状产出，常与钒钛磁铁矿紧密共生，分布于硅酸盐矿物颗粒之间，颗粒粗大，易破碎解离，是选矿综合回收的主要矿物。

硫化矿物主要以磁黄铁矿存在，约占硫化矿物总量的90%以上，它与钴、镍硫化物紧密共生，也需要回收。磁黄铁矿呈浸染状分布于氧化物、硅酸盐矿物颗粒之间，其分布不均，少量呈不规则状存在于钒钛磁铁矿和钛铁矿的裂隙中。

脉石矿物中，钛普通辉石与斜长石约占总量的90%以上，其中钛普通辉石约占脉石总量的55%~57%。其矿石硬度大，普氏硬度为10~16，属难磨矿石。

7.5　大冶式铁矿

大冶式铁矿是各类型铁矿床中矿点最多，分布最广的矿床，规模以中、小型为主。该类矿石占我国铁矿总储量的10%左右。

此类矿床矿石组分比较复杂，常伴生有铜、锡、钴、钼、硫、铅、锌、金等元素。矿石含铁品位较高，平均含铁品位在42%以上。该类矿床上绝大多数矿石为易选别的磁铁矿，故开采量较大。矿石中的铁矿物以磁铁矿为主，部分矿床为磁—赤铁矿石，或为赤铁矿、磁铁矿与菱铁矿的混合型矿石。金属矿物主要为磁铁矿，其次为赤铁矿、菱铁矿，有少量至微量黄铜矿、黄铁矿和磁黄铁矿等。磷含量一般较低，但矿中硫含量有较大变化，在百分之几到百分之十几之间。矿中往往有一些可供综合利用的伴生元素，如铜、钴、镍等。

矿石中，磁铁矿呈自形、半自形及他形晶粒状集合体与脉石交代，形成交代残余结构，在磁铁矿颗粒集合体中往往保留脉石残余体，成为磁铁矿的包裹物，而后期生成的碳酸盐又沿着磁铁矿晶体的中心向外交代，形成骸晶状结构。磁铁矿粒径大小不匀，一般粒径为0.1~0.5mm，最小0.01mm，最大可达2~3mm，磁铁矿具有多期形成的特征。黄铁矿呈自形、半自形和他形晶粒状集合体嵌布于脉石中，黄铁矿与磁铁矿关系比较密切，黄铁矿粒径一般为0.04~0.1mm，最小为0.002~0.02mm，最大为0.5~1mm。黄铜矿呈不规则的颗粒状及星点状嵌布于脉石中，也有的镶嵌在磁铁矿中呈包裹体出现，与辉铜矿、铜兰紧密共生，粒度在0.05~0.008mm之间，钴矿物以硫化钴、氧化钴两种形态存在，硫化钴主要共生于黄铁矿中，随黄铁矿的回收而得到综合利用。伴生铜、硫、钴的磁铁矿矿床，一般矿石硬度为 8~12，铁矿床中含钙、镁量比较高，含二氧化硅较低，所以其脉石矿物较软，铁矿床含铁品位也较高，一般为 36%~45%，富矿品位达 45%~55%，属于好选矿石。

处理该类型矿石的选矿厂有大冶、程潮、和金山店等选厂。

7.6　宁芜式铁矿

宁芜式铁矿的储量占我国铁矿石总储量的 6% 左右，一般含铁品位较高，矿石较易选。但有的矿区含有一定数量的菱铁矿、黄铁矿、硅酸铁等矿物，从而影响选矿效果。矿石中伴生的硫、磷、钒和铜、钴等可综合利用。

此类矿床大小不等。矿石矿物有的以磁铁矿为主，假象赤铁矿、赤铁矿为辅，也有的以赤铁矿、假象赤铁矿为主，菱铁矿含量因不同矿区而异。脉石矿物有石榴子石、透辉石、阳起石、磷灰石、碱性长石、黄铁矿及硬石膏等。矿石呈块状、浸染状、浸染网脉、角砾状、斑杂状、条纹条带状等构造。浸染状矿石一般含铁品位为 17%~30%，块状矿石一般含铁量（质量分数）为 35%~57%，含磷量（质量分数）为 0.01%~1.34%，含硫量（质量分数）为 0.03%~8% 或更高，五氧化二钒含量（质量分数）为 0.1%~0.3%。

该类矿石构造以致密块状与细粒浸染状为主。致密块状矿石中，在磁铁矿颗粒边缘及节理发育的地方，有赤铁矿形成边缘状结构及网格状结构。细粒浸染状结构的磁铁矿，一般呈他形晶粒状集合体浸染于脉石中与赤铁矿连生。磁铁矿大部分呈他形晶状集合体产出，少部分呈自形晶粒状及星点状嵌布于脉石中。粒度最大在 1.6mm 左右，一般为 0.4~0.1mm，最小在 0.08mm 左右。假象赤铁矿形状呈磁铁矿八面体晶性，多数嵌布在磁铁矿或赤铁矿交代附近的脉石中，粒度为 0.1mm 左右。赤铁矿含量仅次于磁铁矿，一般呈不规则的晶粒集合体嵌布于脉石中，粒度最大在 1.6mm 左右，一般为 0.09~0.2mm；也有的沿磁铁矿节理交代或在磁铁矿颗粒间裂隙充填，形成网状及网格状结构，脉宽不匀，在 0.01~0.1mm 之间。黄铁矿主要包含硫矿物，大部分呈不规则颗粒状及星点状嵌布在脉石中，少量黄铁矿与磁铁矿连生，接触界限清楚，粒度在 0.08mm 左右。磷灰石大部分呈自形、半自形晶体，少部分呈他形晶粒状产出，一般在 0.2~0.5mm 之间，其粒度不匀，最大在 1~1.8mm 之间，最小为 0.05mm，大部分与阳起石、绿泥石及磁铁矿连生，相互接触界限清楚而规则，少部分磷灰石在磁铁矿中呈包裹体出现。

处理此类型矿石的选矿厂有凹山、吉山、桃冲和梅山等选厂。

7.7　宣龙—宁乡式铁矿

宣龙—宁乡式铁矿属于沉积矿床。该类型的共同特点是矿体薄，分布面广，有些矿区后期断裂、褶皱发育。矿石多呈鲕状、块状构造，少数呈豆状、生状构造。有些鲕粒中由硅质和铁质构成的同心圆圈可达数十层之多，矿石选矿效果很差，属于难选的铁矿石。

本类铁矿储量约占我国铁矿总储量的10%，矿床规模大、中、小都有。

宣龙式铁矿中最具代表的是河北宣化庞家堡矿区。宣龙式铁矿石中的矿物以赤铁矿为主，菱铁矿次之，并有少量磁铁矿。一般全铁含量（质量分数）为30%~50%，二氧化硅含量（质量分数）为15%~27%，磷含量（质量分数）约在0.088%~0.134%，含硫量（质量分数）在0.1%以下，烧碱含量（质量分数）为8%~9%，其他组分含量甚微。

宁乡式赤铁矿、菱铁矿矿床是我国重要的浅海相沉积型铁矿，主要分布在湖北、湖南、云南、四川、贵州、广西、江西和甘肃等省、自治区。这些铁矿床规模一般为中等。矿石矿物由赤铁矿、菱铁矿、磁铁矿、褐铁矿、鲕绿泥石、含铁白云石、石英（玉髓）胶磷矿（细晶磷灰石）、方解石、黄铁矿、云母和黏土类等矿物组成。主要矿石类型为赤铁矿石，其中也包含部分磁铁矿、赤铁矿石和鲕绿泥石菱铁矿和赤铁矿混合矿石。

宁乡式铁矿的含铁量（质量分数）为30%~45%，平均铁品位为39.6%；矿石含磷普遍偏高，含量（质量分数）通常为0.4%~0.8%，极少矿区低于0.2%，个别矿区高达1.15%~3.03%；硫含量一般较低，少数矿床含硫很高，含量（质量分数）达0.5%~0.6%；二氧化硅含量变化较大，多数含量（质量分数）在15%~20%。湖南的清水、潞水、江西的河下等铁矿属于这类矿床。

宣龙—宁乡式铁矿石基本上可分为以下三类：

（1）自熔性矿石。如湖北的长阳，主要铁矿物为赤铁矿及菱铁矿，脉石矿物为方解石、白云石、绿泥石和胶磷矿。鲕状多呈椭圆形，少数呈拉长的扁球形；含铁磷较高，其中含磷量（质量分数）一般大于1%。

（2）酸性富矿石。如河北龙烟及湖南湘东铁矿，其主要脉石矿物为石英、绿泥石、玉髓和绢云母等，原矿品位较高，一般大于45%。

（3）酸性中、贫矿。如四川綦江、广西屯秋的贫鲕状铁矿，贵州的赫章，云南鱼子甸及鄂西官店、黑石板等地的贫鲕状铁矿，原矿含铁量较低，脉石矿物主要为硅酸盐。

处理这类矿石的选矿厂有宣化钢铁公司选矿厂及重庆綦江铁矿选厂等。

7.8 风化淋滤型铁矿

风化淋滤型铁矿床由各类原生铁矿、硫化物矿床以及其他含铁岩石经风化淋滤富集而成，称风化壳矿床。我国此类具有工业意义的矿床很少，目前已发现的有：

（1）多金属硫化矿床或黄铁矿矿床风化淋滤形成的褐铁矿床，如广东的大宝山铁矿；

（2）菱铁矿矿床风化淋滤形成的褐铁矿，如贵州的观音山铁矿、湖北的黄梅铁矿；

（3）含磁铁矿（或硫化物）钙铁榴石和钙铁辉石矽卡岩风化淋滤形成的褐铁矿，如江西的分宜和福建中南部某些铁矿床。

该类矿床以"铁帽"分布广泛为特征，矿体呈不规则的透镜状、扁豆状，也有似层状。规模以中小为主。矿石有致密块状、蜂窝状、葡萄状和土状等构造。

矿石矿物主要为褐铁矿，也包含部分针铁矿、赤铁矿、假象赤铁矿、软锰矿和硬锰矿等，在多金属硫化矿床铁帽中，还包含方铅矿、菱锌矿、水锌矿和孔雀石等。脉石矿物由石英、蛋白石、方解石、白云石和黏土矿物等组成。矿石含铁量（质量分数）为 25%～50%，平均含铁量（质量分数）为 40.3%。有的矿石中包含铅、锌、铜、砷、钴、镍、硫、锰、钨等元素，因此加大选矿难度。目前国内仅生产少量褐铁精矿。由于风化淋滤型铁矿中杂质多，工业利用上存在局限性，因此多作配矿用。

处理这类矿石的选矿厂有大宝山、铁坑铁矿选矿厂等。

7.9 包头白云鄂博式铁矿

包头白云鄂博式铁矿是我国独特类型的铁矿床，系沉积—热液交代变质矿床，是大型铁与多金属复合矿床。矿区由东、西矿体组成，已发现的元素有 71 种，形成矿物 129 种，主东矿体平均含铁品位为 36.48%，稀土氧化物品位为 5.18%，氟品位为 5.95%，铌氧化物品位为 0.129%。

根据主、东矿体的物质组成和矿石的可选性，矿石可划分为富铁矿、磁铁矿、萤石型中贫氧化矿和混合型（包括钠辉石、钠闪石、云母、白云石型）中贫氧化矿。

矿石类型不同，主要元素含量也不同。富铁矿、磁铁矿属于易选矿石；萤石型、混合型中贫氧化矿属于难选矿石。混合型矿石中的脉石主要为钠辉石、钠闪石和黑（金）云母等含铁硅酸盐矿物，比萤石型中贫氧化矿更难选。

有 90%～95% 的铁元素赋存在铁矿物中，形成五种铁矿物。其中磁铁矿、原生赤铁矿、假象赤铁矿占铁矿物的 90% 以上；90% 以上的稀土元素赋存在稀土矿物中，形成 12 种稀土矿物，主要为氟碳铈矿和独居铌矿物石，两者的比例随矿石类型的不同有所变化；85% 的铌元素赋存在铌矿物中，形成 12 种铌矿物，主要为钛铁金红石、铌铁矿、易解石、黄绿石；98% 的氟元素赋存于萤石和氟碳酸盐矿物中，95% 的氟元素呈萤石形态存在；99% 的磷元素赋存在独居石和磷灰石矿物之中，两者的比值随矿石类型不同而变化；98%的钾、钠元素赋存在钠辉石、钠闪石、云母和长石之中。

铁矿物中原生赤铁矿粒度最细，依次为褐铁矿、假象赤铁矿和磁铁矿。原生赤铁矿在 -0.043mm 中占有率为 80% 以上，稀土矿物在 -0.043mm 粒级中占有率为 50%，铌矿物（易解石除外）在 -0.02mm 粒级中占有率为 50% 以上。

处理这类矿石的选矿厂为包头钢铁公司选矿厂。

7.10 海南石碌铁矿

约 80% 的海南石碌铁矿集中在北—主矿体中。北—主矿体以富矿为主，矿石平均含铁品位为 50%，硫（黄铁矿和重晶石）的含量分布不匀，一般上部和中部含硫低，下部及边缘含硫高。磷含量一般较低，其他有害杂质甚微（见表 7-1 和表 7-2）。矿石按工业类型可分为平炉富矿、高炉低硫富矿、高炉高硫富矿、贫矿和次品矿五类，其中贫铁矿占 28%。

表 7-1 北—主矿体矿石的化学成分

元素	TFe	FeO	SiO$_2$	Al$_2$O$_3$	CaO	MgO	S	P	BaO	TiO$_2$	烧减
含量（质量分数）/%	53.15	1.988	12.442	2.266	1.324	0.518	0.493	0.019	0.857	0.493	1.507

表 7-2 矿石多元素分析结果

矿样	TFe	FeO	SFe	S	P	SiO$_2$	MgO	CuO	Al$_2$O$_3$	BaO	Na$_2$O	K$_2$O	烧减
1	32.20	2.57	—	0.33	0.028	39.70	0.37	0.67	6.45	1.03	—	1.21	3.03
2	35.04	1.04	34.30	0.61	0.025	37.86	0.42	1.10	4.28	1.48	0.028	1.23	1.30
3	41.66	1.17	41.30	0.20	0.027	31.70	0.40	0.38	3.55	0.94	-0.05	0.90	1.41
4	38.74	0.76	38.30	0.20	0.028	34.54	0.49	0.46	4.40	0.93	-0.05	1.04	1.34

海南贫铁矿石中金属矿物以赤铁矿为主，含少量的假象赤铁矿、磁铁矿、褐铁矿和黄铁矿。脉石矿物以石英为主，其中也包含部分绢云母、绿帘石、重晶石、透闪石、阳起石及黏土类高岭土等。矿石构造以块状及条带状为主，主要为砂状结构和细鳞片结构，其次是粒状结构，并有少量鲕状结构。多元素分析、矿物含量及物相分析见表 7-2~表 7-4。

赤铁矿和石英的结构构造如下：

（1）赤铁矿多呈自形晶鳞片状、块状和他形粒状。粒度一般微细，多分布在 0.01~0.03mm，细小者在 0.003~0.009mm，集合体粒度在 0.06~0.2mm。在变余砂状结构中，自形片状、他形粒状赤铁矿嵌布在石英、绢云母、绿泥石颗粒间隙中，或呈胶结物状与石英、绢云母、白云石胶结形成网状结构、网眼多被石英所充填。鳞片变晶结构中，铁矿物呈定向分布。微细粒状赤铁矿粒度一般在 0.005~0.057mm。呈浸染状分布于脉石中。在部分赤铁矿呈鲕状结构中，颗粒粒度为 0.035~0.1mm。

表 7-3 矿石矿物含量分析结果

矿样	含量（质量分数）/%							
	赤铁矿	磁铁矿	褐铁矿	黄铁矿	石英	云母类①	绿色矿物②	重晶石
1	42.96	6.38	1.72	0.62	28.67	11.98	2.17	1.27
2	44.86	1.57	1.14	1.48	28.99	10.13	6.74	1.27
3	53.24	2.08	0.48	0.15	37.44	0.79	2.94	0.90

注：①包括绢云母、黑云母和白云母；②包括绿帘石、绿泥石和透闪石—阳起石等矿物。

表 7-4 铁物相分析结果

矿样	含量（质量分数）/%				
	赤铁矿	磁铁矿	硅酸铁	黄铁矿	合计
1	26.85	4.20	1.08	0.16	32.29
2	32.49	1.14	1.21	0.30	35.04
3	38.33	0.38	0.75	0.04	41.50
4	37.15	0.74	1.03	0.05	38.97

（2）石英多呈他形粒状及半自形晶，一般嵌布粒度为 0.01~0.06mm，细者为 0.003~0.023mm，个别大粒在 0.2mm 左右。石英以细粒或微细粒单晶或集合体嵌布在铁矿集合体里，石英与绿帘石、阳起石、赤铁矿互相嵌布，有时杂赤铁矿鲕粒中呈核心嵌布。

上述情况表明，海南贫铁矿是属于微细粒难选氧化铁矿石。

7.11 吉林羚羊铁矿

吉林羚羊铁矿即为"大栗子"原生铁锰矿，主要分布在吉林省临江市大栗子镇地区。矿石被称为羚羊石或鲕绿泥石，也称为临江市铁锰矿石。

矿石全铁品位为 30%~40%，属中低品位酸性铁矿石。工艺矿物学研究表明，吉林临江羚羊铁矿石主要包含铁矿物为磁铁矿、褐铁矿、赤铁矿，另有一定量的黑锰矿、硅酸铁矿物。矿石构造呈浸染状、角砾状、网脉状、蜂窝状和胶状，铁矿物颗粒粗细不匀。矿石中含有少量硫化物，主要为黄铁矿、黄铜矿和磁黄铁矿；次生硫化物为斑铜矿、铜兰。另外，矿石中还有很少量的钴硫砷铁矿。脉石矿物主要为石英，硅酸铁矿物，如绿泥石等次之；次要矿物还有磷灰石、独居石、高岭石和金红石等。

吉林临江羚羊铁矿中的铁赋存于多种铁矿物之中，包括磁铁矿、褐铁矿、菱铁矿、赤铁矿、磁黄铁矿，原矿中的铁在各种铁矿物中的分布情况见表7-5。

表 7-5 羚羊铁矿石铁矿物构成

铁矿物	赤、褐铁矿	磁铁矿	菱铁矿	磁黄铁矿	黄铁矿	含铁硅酸盐
铁分布率/%	16.10	9.99	5.50	4.12	0.011	0.22

磁铁矿晶形相对较好，呈细粒或粗粒嵌布，粒度较适中，但磁铁矿细粒集合体中含有褐铁矿、赤铁矿，与石英关系密切。褐铁矿嵌布粒度不匀，结构构造较复杂。有些褐铁矿中含有铝、镁、钙、锡、锰等杂质，褐铁矿中所含的锰矿物为黑锰矿。脉石矿物以石英为主，石英与磁铁矿特别是与褐铁矿缜密共生。石英与磁铁矿及褐铁矿常常相互包裹，相互掺杂，且浸染粒度粗细不匀。

该类矿石由于选矿难度大，目前为止还没有建成生产。

8 我国的磁铁矿及其特点

我国的铁矿石大部分为磁铁矿，有很多大型磁铁矿（见表8-1），也有不少磁赤（赤铁矿、褐铁矿、菱铁矿）混合铁矿（见表8-2）。磁铁矿储量约占铁矿总储量的79.2%，因此磁选方法是我国铁矿石的最主要的选矿工艺方法之一。

磁铁矿石按其构成情况可分为三种：

（1）单一磁铁矿，如鞍钢的大孤山铁矿，弓长岭铁矿（一、二选车间），本钢南芬铁矿、歪头山铁矿，首钢水厂铁矿、大石河铁矿，太钢尖山铁矿、峨口铁矿，河钢司家营（矿床下部），鲁南铁矿，邯邢冶金矿山管理局的西石门、玉石洼铁矿、北洺河铁矿等。不同产地的鞍山式磁铁矿石所含的主要矿物组分相近，其化学组成见表8-1。

表 8-1 我国部分铁矿磁铁矿的化学组成

矿床	含量（质量分数）/%								矿石类型
	TFe	FeO	SiO_2	Al_2O_3	CaO	MgO	S	P	
大孤山	31.97	16.52	43.90	1.07	1.82	0.17	0.14	0.06	单一磁铁矿
弓长岭	29.11	12.30	50.52	2.77	1.32	1.874	0.135	0.034	单一磁铁矿
南芬	30.03	12.95	42.27	0.981	2.615	2.885	0.195	0.059	单一磁铁矿
歪头山	29.61	12.75	50.84	0.56	2.19	2.12	0.018	0.1	单一磁铁矿
大石河	27.87	10.08	51.20	0.75	1.54	2.39	0.02	0.048	单一磁铁矿
水厂	27.53	11.02	51.07	1.23	1.36	2.67	0.068	0.019	单一磁铁矿
尖山	35.55	13.76	均44.7	均1.29	均1.49	均1.53	均0.08	0.05	单一磁铁矿
峨口	29.20	—	47.28	1.54	2.46	1.81	0.14	0.060	单一磁铁矿
邯邢西石门	30.19	10.80	20.72	2.39	14.88	7.93	0.55	0.18	单一磁铁矿
邯邢玉石洼	40.95	14.07	13.63	2.02	6.50	9.55	—	0.035	单一磁铁矿
邯邢北洺河	55.95	—	8.42	1.24	3.06	3.52	2.01	—	单一磁铁矿
马钢凹山	29.85	13.77	32.03	7.56	5.57	3.76	0.182	0.282	单一磁铁矿
唐钢庙沟	32.32	12.47	47.34	1.73	1.54	2.30	<0.01	0.042	单一磁铁矿
唐钢司家营深部	—	—	—	—	—	—	—	—	单一磁铁矿
凌钢保国	37.8	9.4	40.60	1.70	0.45	0.23	0.014	0.086	单一磁铁矿
鲁南矿业选厂	31±2	—	—	—	—	—	—	—	单一磁铁矿
新疆金宝铁选厂	38.52	13.18	27.60	1.91	14.20	3.38	0.14	<0.01	单一磁铁矿

（2）磁赤（褐、凌）混合矿，其化学组成见表 8-2。

表 8-2　我国几家磁赤混合铁矿化学组成

矿床	含量（质量分数）/%								矿石类型
	TFe	FeO	SiO₂	Al₂O₃	CaO	MgO	S	P	
齐大山	29.28	5.66	52.94	1.65	1.01	1.02	0.07	0.09	混合矿
弓选三选	29.61	5.75	56.62	0.152	0.16	—	0.020	0.01	混合矿
袁家村	32.94	2.71	48.67	2.33	0.85	1.68	0.020	0.096	混合矿
司家营上部	33.79	4.45	49.08	3.68	1.29	0.64	0.017	0.043	混合矿
舞阳	28.84	3.29	50.48	1.25	2.33	0.93	0.022	0.130	混合矿

（3）含有其他可利用的半生成分的磁铁矿石，该类铁矿可分为以下几种：

1）含有有色金属和稀贵金属硫化物的磁铁矿，其化学组成见表 8-3，主要矿物含量见表 8-4。

表 8-3　含有色及稀贵金属的磁铁矿化学组成

矿床	含量（质量分数）/%														
	TFe	FeO	SiO₂	Al₂O₃	CaO	MgO	K₂O	Na₂O	S	P	Cu	Co	Au	烧减
大冶原生	55.3	—	7.20	0.93	0.04	2.78	—	—	1.65	0.048	0.54	—	—	—
大冶氧化	56.80	—	9.09	—	—	—	—	—	0.22	0.058	0.45	—	—	—
程潮	34~35	13±1	15±1	3.7±0.2	14.2	0.17	1.84	0.24	3.2	0.016	0.034	0.014	0.08	7~8
金山店	35.44	15.0	21.58	5.45	8.12	5.12	1.06	0.99	2.6	0.19	0.017	0.013	—	7.18
鲁中矿业	39.05	10.2	20.76	5.85	4.34	6.06	0.60	0.49		0.065	0.009		0.004	
福建潘洛	42.75	17.9	15.69	1.63	11.38	2.50	11.38	Zn 0.39	3.29	0.013	0.018	0.009	Mo 0.008	3.11

表 8-4　几个含有色及稀贵金属磁铁矿主要矿物含量

厂矿/矿物	含量（质量分数）/%									合计
	磁铁矿	假象赤铁矿	赤褐铁矿	黄铜矿	黄铁矿	硅酸铁	碳酸铁	Σ脉石	硫化铁	
大冶	68.46	—	2.05	1.04	4.30	—	—	24.15	—	100
程潮	87.24	0.29	1.79	—	3.84	5.05	1.79	—	—	100
金山店	80.22	5.97	2.82	—		4.66	1.19	—	5.14	100
鲁中矿业	58.96	14.29	23.25	—	0.10	3.09	0.31	—	—	100

2）含钒、钛、钴的攀枝花式磁铁铁矿，如攀枝花铁矿，西昌（太和）铁矿，白马铁矿等。其矿床类型和化学成分见表8-5。

表 8-5　我国钒钛磁铁矿矿床类型及化学成分

矿山名称	矿石化学成分（质量分数）/%							矿床类型
	Fe	TiO_2	V_2O_5	Co	Ni	S	P	
四川攀枝花	30.55	10.42	0.30	0.017	0.014	0.64	0.013	晚期岩浆分异型
四川白马	27.10	6.51	0.27	0.020	0.024	0.35	0.038	晚期岩浆分异型
四川太和	30.84	11.73	0.28	0.015	0.016	0.47	0.0325	晚期岩浆分异型
四川红格	26.64	5.92	0.25	0.016	0.027	0.34	0.031	晚期岩浆分异型
河北大庙	35.20	8.96	0.44	0.015	0.04	0.45	0.104	晚期岩浆贯入型
河北黑山	33.70	8.31	0.41	0.015	0.04	0.31	0.081	晚期岩浆贯入型
山西代县	22.85	5.33	0.35	—	—	0.04	0.010	岩浆分异型
广东兴宁	28.40	7.81	0.37	0.030	0.001	0.14	0.019	晚期岩浆分异型
湖北均县	15.05	5.53	0.13	—	—	—	—	高温热液型
陕西洋县	27.89	5.83	0.29	0.013	0.011	0.06	0.033	晚期岩浆分异型

（3）稀土的白云鄂博式磁铁矿，其化学组成见表8-6。

表 8-6　白云鄂博铁矿主、东矿区各种矿石类型及主要元素含量

矿体名称	主要元素含量（质量分数）/%						矿石类型
	Fe	Nb_2O_3	TRe_2O_3	P	F	SiO_2	
主矿	51.24	0.081	2.22	0.61	6.70	4.31	富铁矿
	32.14	0.141	5.34	1.10	7.49	7.83	磁铁矿
	31.84	0.161	7.55	1.03	8.71	6.05	萤石型
	34.06	0.17	3.30	0.55	7.17	13.78	混合型
东矿	49.36	0.126	1.54	0.40	2.48	6.02	富铁矿
	31.55	0.125	5.17	0.78	4.78	11.99	磁铁矿
	30.33	0.161	7.87	1.04	7.41	11.15	萤石型
	27.98	0.139	8.60	1.11	5.67	18.11	混合型

综上所述，我国磁铁矿石的主要特点是"贫、细、杂"，平均铁品位仅为32%，绝大部分需要选矿处理，其中79.2%属于磁铁矿或钒钛磁铁矿，还有不少磁铁矿石或为磁—赤（褐）混合矿；或为含钒、钛、钴等的钒钛磁铁矿；或为含有色金属（铜、锡、钴等）的大冶式铁矿；或为含稀土等的白云鄂博式铁矿。因其都含有磁铁矿，则选矿方法或为单一磁选，或为包含磁选的磁—重—浮的联合选矿方法。此外还有难处理的镜铁矿和菱铁矿。处理这些矿时，往往还需要采用焙烧—磁选方法。在选矿过程中，即使是红矿磨选过程，也需采用强磁抛尾，因此磁选是必须考虑的重要选矿方法之一。

9 我国铁矿石选矿工艺流程举例

9.1 鞍山式单一磁铁矿石选矿厂

9.1.1 鞍钢大孤山选矿厂

9.1.1.1 矿石性质

鞍钢大孤山选矿厂处理的矿石是鞍山式沉积变质铁矿石，其 2005 年的铁矿石多元素化学分析及铁物相分析结果见表 9-1 和表 9-2。该矿石中主要的有用矿物为磁铁矿，次要的为假象赤铁矿；脉石矿物主要为石英，次要的为阳起石、铁闪石、镁铁闪石、角闪石、蠕绿泥石、叶绿泥石、黑硬绿泥石、方解石、含铁方解石、菱铁矿等。

表 9-1 2005 年鞍山式沉积变质铁矿石多元素化学分析结果

元素	TFe	SiO$_2$	Al$_2$O$_3$	Fe$_2$O$_3$	FeO	MgO	CaO	MnO	P$_2$O$_5$	S	烧减
含量（质量分数）/%	31.97	43.90	1.07	26.55	16.52	0.17	1.82	0.17	0.06	0.14	2.25

表 9-2 2005 年鞍山式沉积变质铁矿石铁物相分析结果

铁物相分析	TFe	磁铁矿	硅酸铁	碳酸铁	假、半假象赤铁矿	赤褐铁矿	磁性铁占有率
含量（质量分数）/%	31.97	26.55	3.85	1.50	0.60	0.07	83.05

9.1.1.2 工艺流程

鞍钢大孤山选矿厂主厂改选后破碎筛分工艺流程和磁选车间提质改造后磨选工艺流程分别如图 9-1 和 9-2 所示。大孤山破碎筛工艺流程分为：中碎前带预先筛分的，筛上进中碎，筛下和中碎排矿同进细碎前预先检查筛分的三段一闭路破碎流程。

大孤山选矿厂三选车间提质改造后磨选工艺流程如图 9-3 所示。大孤山选矿厂磁选车间和三选磨选工艺流程大同小异，都是阶段磨矿和磁选，细筛控制粒度，中矿再磨再选的工艺流程。

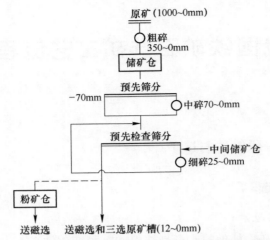

图 9-1 大孤山选矿厂主厂改造后破碎筛分工艺流程图

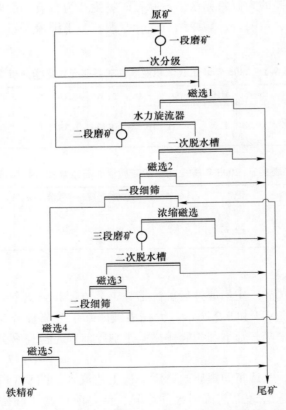

图 9-2 大孤山选矿厂磁选车间提质改造后磨选工艺流程图

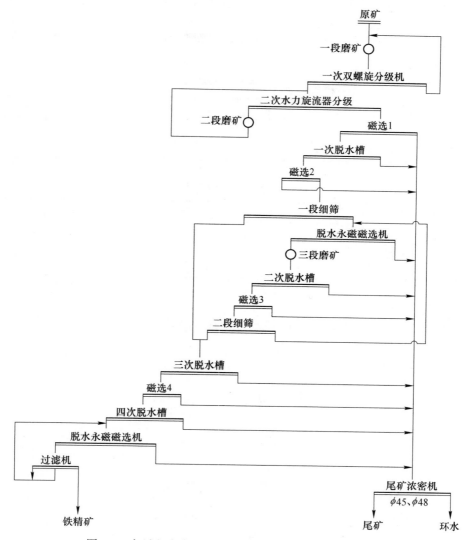

图 9-3 大孤山选矿厂三选车间提质改造后磨选工艺流程图

2007 年选矿厂生产技术指标为：年处理原矿 894.08 万吨，年产精矿 366.43 万吨，入磨原矿品位在 30.5% 左右，精矿品位 67.29%，尾矿品位 8.75%，铁回收率在 89% 左右。

9.1.2 鞍钢弓长岭选矿厂

9.1.2.1 矿石性质

鞍钢弓长岭选矿厂一、二选车间处理的是鞍山式沉积变质磁铁矿石。有用矿物主要包括磁铁矿、赤铁矿和假象赤铁矿，其次是褐铁矿及少量黄铁矿；脉石矿物主要包括石英，其次是阳起石、绿泥石、方解石、角闪石、云母、石榴子石、白云石及少量磷灰石。矿石多元素化学分析结果及原矿铁物相分析结果分别见表 9-3 和表 9-4。

表 9-3　矿石多元素化学分析结果

元 素	TFe	FeO	SiO$_2$	Al$_2$O$_3$	CaO	MgO	MnO	S	P
含量（质量分数）/%	29.11	12.30	50.52	2.77	1.32	1.874	0.162	0.135	0.034

表 9-4　原矿铁物相分析结果

铁物相	全 铁	磁铁矿	假象赤铁矿及赤铁矿	硅酸铁	碳酸铁	硫化铁
含量（质量分数）/%	36.45	30.10	2.73	3.29	0.27	0.07
分布率/%	100.00	82.58	7.49	9.02	0.72	0.19

9.1.2.2　工艺流程

弓长岭选矿厂一选破碎流程和一选大型化石磨选工艺流程分别如图 9-4 和图 9-5 所示。

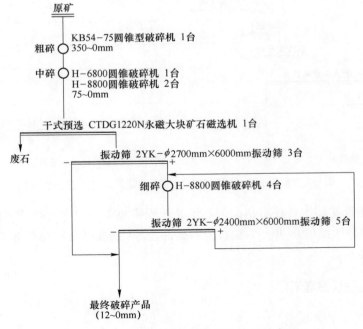

图 9-4　弓长岭选矿厂一选破碎工艺流程图

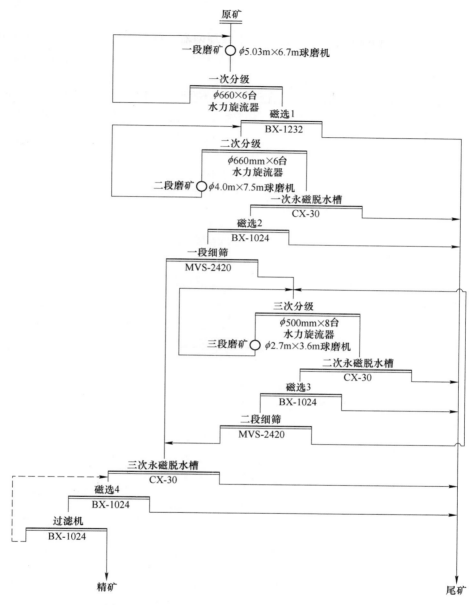

图 9-5 弓长岭选矿厂一选大型化石磨选工艺流程图

弓长岭选矿厂一、二选破碎筛分流程相同，只是设备规格型号不同。一、二选流程均是粗、中碎开路，中碎−75mm 产物先经永磁大块干选抛废石，干精经振动筛筛分，筛上进细碎机，细碎排矿进检查筛分，筛上返回细碎，筛下和预先筛分筛下一起去主厂房进行磨选。

　　弓长岭选矿厂一选车间的流程包括阶段磨矿、阶段磁选细筛控制分级以及中矿再磨再选。

　　2008 年一选车间生产技术指标为：年处理原矿 699.7 万吨，年产精矿 251.9 万吨，入磨原矿品位 30.54%，精矿品位 67.88%，尾矿品位 9.19%，铁回收率为 79.97%。

　　二选车间重选改磁选磨选工艺流程如图 9-6 所示，其磨选流程也包括阶段磨矿、阶段磁选细筛控制分级以及中矿再磨再选。该流程只是流程环节较多，细筛与磁选均多出两段。

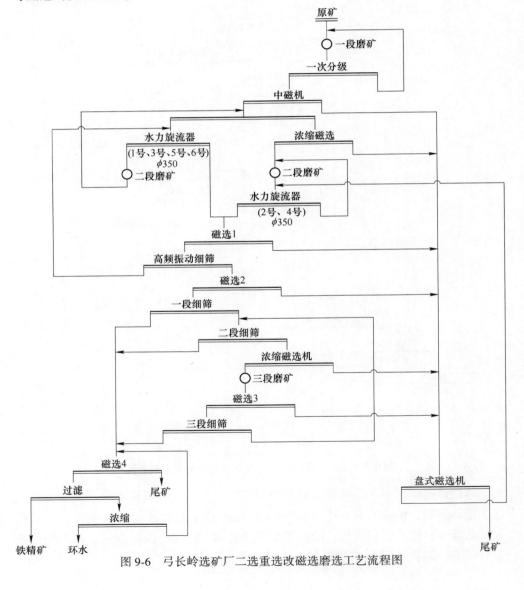

图 9-6　弓长岭选矿厂二选重选改磁选磨选工艺流程图

2008 年二选车间生产技术指标为：年处理原矿量 179 万吨，入磨原矿品位 30.58%，年产品位为 67.97% 的精矿 67 万吨，尾矿品位 9.42%，回收率为 83.86%。

9.1.3 本钢南芬选矿厂

9.1.3.1 矿石性质

本钢南芬铁矿类型为鞍山式沉积变质磁铁矿石，采矿方法为露天采矿。其矿石多元素分析见表 9-5。

表 9-5 南芬磁铁矿石多元素化学分析结果

元素	TFe	SFe	FeO	Fe_2O_3	SiO_2	Al_2O_3	CaO	MgO	Mn	S	P
含量（质量分数）/%	30.03	28.70	12.95	28.55	42.27	0.981	2.615	2.885	0.142	0.195	0.059

选矿厂处理的铁矿石铁矿物以磁铁矿为主，也有少量赤铁矿存在；脉石矿物以石英为主，其中包含少量角闪石、绿泥石、透闪石、方解石等。原矿铁品位在 31% 左右，近几年下降到 29%，矿石含硫、磷较低。

9.1.3.2 工艺流程

南芬选矿厂破碎、磨选工艺流程分别如图 9-7、图 9-8 所示。其新建的 200 万吨磨选车间工艺流程如图 9-9 所示。

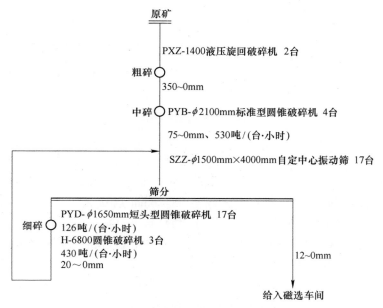

图 9-7 南芬选矿厂破碎筛分工艺流程图

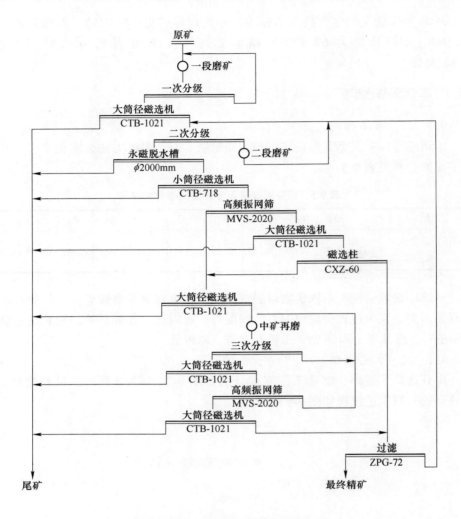

图 9-8 南芬选矿厂磨选工艺流程图

南芬选矿厂破碎是三段一闭路流程（见图 9-7）。该流程采用 2 台 PXZ-ϕ1400mm液压旋回破碎机进行粗破，破碎至 350~0mm 后，矿物进入 4 台 PYB-ϕ2100mm标准圆锥破碎机，破碎至 75~0mm 后进入 17 台 SS-ϕ1500mm× 4000mm 自定中心振动筛。此时，筛下产物粒度为 12mm，筛上产物进入 17 台 PYD-ϕ1650mm短头型圆锥破碎机和 3 台 H-6800 圆锥破碎机，筛下产物送至磁选主厂房。其中，主厂房为两段磨阶段磁选。

2007 年选矿厂生产技术指标为：年处理原矿量 1299.67 万吨，原矿品位 ≥ 29%，精矿品位>68%，尾矿品位 8.18%，回收率为 83.17%。

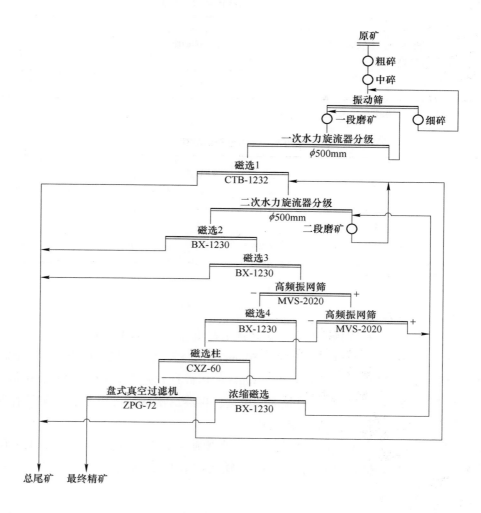

图 9-9 南芬选矿厂新建 200 万吨磨选车间工艺流程图

9.1.4 本钢歪头山选矿厂

9.1.4.1 矿石性质

歪头山选矿厂处理的是鞍山式沉积变质磁铁矿石。其生产处理的矿石多元素化学分析结果及铁物相分析分别见表 9-6 和表 9-7。

矿石矿物以磁铁矿为主，其次为假象赤铁矿和硅酸铁。碳酸铁和硫化铁的含量均较少，铁地质品位为 32.12%。

表 9-6   矿石多元素化学分析结果

元素	TFe	SFe	FeO	SiO$_2$	Al$_2$O$_3$	CaO	MgO	Mn	P	S
含量（质量分数）/%	33.52	32.70	13.76	52.00	0.28	1.75	2.22	0.06	0.07	0.010

注：结果为三矿层分析结果。

表 9-7   铁物相分析结果

铁物相	磁铁矿	假象赤铁矿	赤铁矿	碳酸铁	硫化铁	硅酸铁	全铁
TFe/%	27.70	1.31	0.41	0.40	0.022	2.25	32.12
占 TFe/%	86.32	4.08	1.28	1.24	0.06	7.02	100.00

注：结果为三矿层分析结果。

9.1.4.2 工艺流程

歪头山选矿厂粗碎预选—主厂房磨选工艺流程如图 9-10 所示。

该流程的特点为：粗碎产物（-350mm）先经大块干选机，甩弃品位<10%，产率≥10%的大块废石。块度为 350~0mm 的粗碎产物进入 φ5500×1800mm 湿式自磨机磨至-5mm，然后经磁力脱水槽粗选，再经二次磨矿分级磁选（细筛控制分级磁选、磁选柱精选），中矿再磨再选。

2007 年选矿厂生产技术指标为：年处理原矿 492.27 万吨，年产精矿 173.01 万吨，精矿品位≥68%，尾矿品位<8%，铁回收率为 82.04%。

9.1.5   首钢大石河选矿厂

9.1.5.1 矿石性质

大石河选矿厂处理的是鞍山式沉积变质铁矿床，矿体之间和矿体内部广泛发育着各种类型的夹石，开采过程中混入 15% 左右的废石，矿石贫化严重，地质品位为 30.18%，入选品位只有 25%~26%。矿石中金属矿物主要为磁铁矿，其次为少量假象赤铁矿和赤铁矿；脉石矿物以石英为主，其次为辉石、角闪石等，有害杂质较少。其多元素化学分析及铁物相分析分别见表 9-8 和表 9-9。

9.1.5.2 工艺流程

大石河选矿厂破碎筛分干选工艺流程如图 9-11 所示。

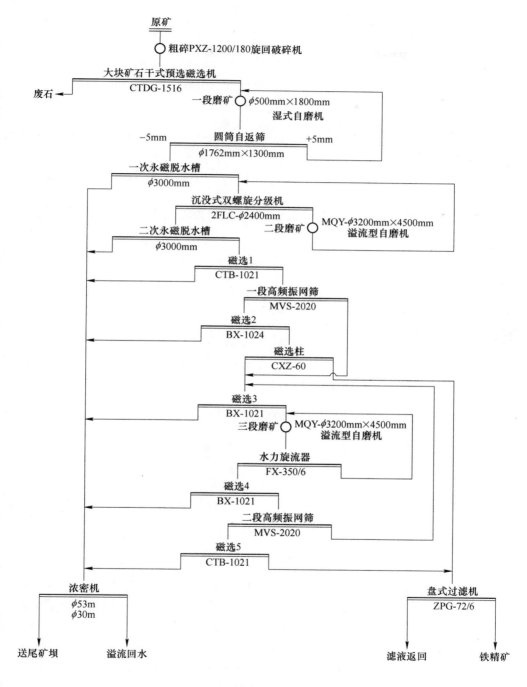

图9-10　歪头山选矿厂粗碎预选—主厂房磨选工艺流程图

表 9-8   矿石多元素化学分析结果

元 素	TFe	FeO	SiO$_2$	MgO	CaO	Al$_2$O$_3$	S	P
含量（质量分数）/%	27.87	10.08	51.20	2.39	1.54	0.75	0.02	0.048

表 9-9   矿石铁物相分析结果

铁物相	磁铁矿	赤褐铁矿	硅酸铁	菱铁矿	黄铁矿	TFe
含量（质量分数）/%	19.53	3.13	4.79	0.80	0.11	28.36
分布率/%	68.86	11.04	16.89	2.82	0.39	100.00

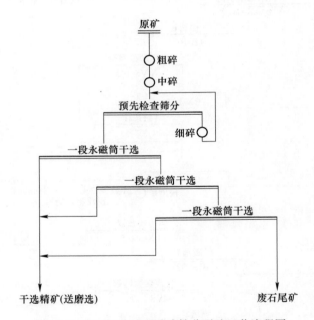

图 9-11   大石河选矿厂破碎筛分干选工艺流程图

选矿厂老破系统粗碎采用 1 台 KKA-900/160 旋回破碎机，中碎采用 2 台 PYB-2100 圆锥破碎机，细碎采用 4 台 PYD-2100 圆锥破碎机，预检筛分机采用 8 台 SZZ－ϕ1500mm×4000mm 自定中心振动筛；新破系统粗碎采用 1 台 PXZ-1200/180 旋回破碎机，中碎采用 3 台 PYB-2200 圆锥破碎机，细碎采用 4 台 PYD-2200 圆锥破碎机，预检筛分机采用 8 台 SZZ-ϕ1800mm×3600mm 自定中心振动筛，最终破碎产品粒度为-12mm。干选过程中原先采用一粗一扫两段磁力滚筒干选流程，甩废量偏低，废石磁性铁偏高。后来在一段干选多甩废的基础上，在二段干选前添加了吸出悬磁干选，在干废磁性铁含量相当的情况下，使干废甩量增加 10%~17%。

大石河选矿厂高效磨选工艺流程如图 9-12 所示。

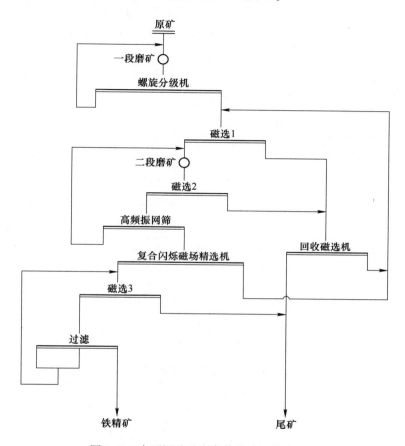

图 9-12 大石河选矿厂高效磨选工艺流程图

磨矿采用 MQG-φ2700mm×3600mm、MQG-φ2850mm×3600mm 和 MQG-φ3200mm×4500mm 球磨机，共 26 台；分级采用 4 台 ZKB-1856A-φ1800mm×5600mm 直线振动筛、9 台 2FLG-φ2000mm×8200mm 高堰式螺旋分级机和 51 台 MVS-2018 高频振网筛；常规磁选磁选采用 36 台（或 15 台）CTB-φ1050mm×3000mm（或 2400mm）；精选采用 24 台 φ600 复合闪烁精选机和 8 台 φ1050mm×3000mm 尾矿回收磁选机。

2007 年选矿厂生产技术指标为：年处理品位 23.89% 的原矿 607 万吨，年生产品位 67.03% 最终精矿 177.7 万吨，尾矿铁品位 6.62%，铁回收率为 77.78%。

9.1.6 首钢水厂选矿厂

9.1.6.1 矿石性质

首钢水厂选矿厂处理的铁矿为鞍山式沉积变质铁矿，矿体形状复杂，属鞍山式磁铁矿床。矿石按组成的不同可划分为四个类型，分别是磁铁石英岩、辉石磁铁石英岩、赤铁矿—磁铁石英岩和赤铁石英岩。其中以磁铁石英岩含量最多。矿石的多元素化学分析结果见表 9-10，磁铁石英岩铁物相分析结果见表 9-11，磁铁石英岩各种矿物的相对含量结果见表 9-12。

表 9-10 矿石的多元素化学分析结果

元素	TFe	SFe	FeO	SiO_2	Al_2O_3	CaO	MgO	P	S	烧损
含量（质量分数）/%	27.53	26.78	11.02	51.07	1.23	1.36	2.67	0.019	0.068	1.11

表 9-11 磁铁石英岩铁物相分析结果

铁物相	磁铁矿	碳酸铁	赤、褐铁矿	黄铁矿	硅酸铁	合计
含量（质量分数）/%	25.02	0.25	1.57	0.07	0.72	27.63
分布率/%	90.57	0.90	5.68	0.24	2.61	100.00

表 9-12 磁铁石英岩各种矿物的相对含量结果

矿物	磁铁矿	赤铁矿	褐铁矿	黄铁矿	金属矿物合计
含量（质量分数）/%	34.8	2.24	0.49	0.13	37.66
矿物	石英	辉石	角闪石	其他	脉石矿物合计
含量（质量分数）/%	36.42	8.06	14.5	3.36	62.34

由表 9-11 和表 9-12 可知，水厂选矿厂铁矿石的主要有用矿物为磁铁矿，其次为赤铁矿，其他铁矿物含量较少；脉石矿物以石英为主，占比为 58.42%，其次为角闪石和辉石，占比为 36.19%，其他脉石仅占 5.39%。

9.1.6.2 工艺流程

水厂选矿厂破碎和干式预选工艺流程、阶段磨选工艺流程分别如图 9-13、图 9-14 所示。

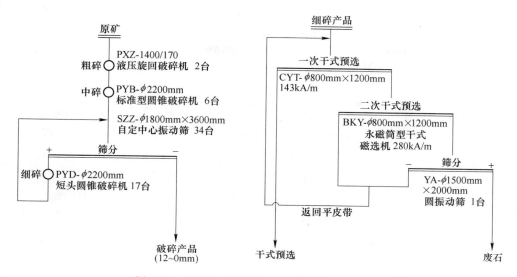

图 9-13 水厂选矿厂破碎和干式预选工艺流程图

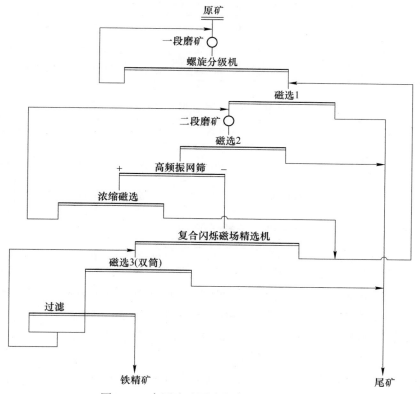

图 9-14 水厂选矿厂阶段磨选工艺流程图

2007 年水厂选矿厂生产技术指标为：年处理原矿量 773.6 万吨，年生产铁品位 67.95% 的精矿 284.9 万吨，尾矿铁品位 6.96%，铁回收率为 82.43%。

9.1.7　太钢尖山铁矿选矿厂

9.1.7.1　矿石性质

太钢尖山铁矿位于山西省娄烦县马家庄乡境内，铁矿石属于鞍山式沉积变质贫磁铁矿石。矿石类型按矿物组成大致分为 5 种：（1）条带状磁铁石英岩；（2）条带状磁铁铁闪岩；（3）条带状赤铁石英岩；（4）少量铁闪磁（赤）铁石英岩；（5）磁（赤）铁石英型富矿，铁品位为 52%~57%，但分布零散，无集中开采价值。尖山铁矿矿物组成简单，金属矿物以磁铁矿为主，其次为假象赤铁矿，同时含很少量褐铁矿以及微量黄铁矿、黄铜矿；脉石矿物以石英为主，含量（质量分数）为 40%~50%，其次为透闪石、阳起石、普通角闪石以及少量铁闪石、绿泥石、云母、斜长石与方解石等。矿石的多元素化学分析结果和矿石的铁物相分析结果分别见表 9-13 和表 9-14。

表 9-13　矿石的多元素化学分析

元素	TFe	SFe	FeO	SiO2	Al_2O_3	CaO	MgO	S	P
含量（质量分数）/%	35.55	33.53	8.42~19.09	41.06~48.34	0.31~2.26	0.78~2.20	0.6~2.45	0.03~0.13	0.05

表 9-14　原矿的铁物相分析结果

矿石类型		磁性铁	氧化铁	碳酸铁	硫化铁	硅酸铁
石英型	含量（质量分数）/%	35.29~25.90	0.70~0.78	0.17~0.18	0.09~0.15	0.72~5.77
	分布率/%	95.88~82.49	1.97~2.60	0.68~0.90	0.04~0.73	1.42~13.31
闪石型	含量（质量分数）/%	31.69~35.16	0.64~1.33	0.22~0.31	0.19~0.43	6.13~11.03
	分布率/%	1.78~3.01	84.69~77.00	0.85~1.03	0.81~1.47	11.88~17.49

主要矿物磁铁矿呈自形或半自形晶粒状结构，粒度比较细，1 号矿体 -0.075mm 粒度占 57.83%；2 号矿体 -0.075mm 粒度占 54.55%。矿石构造主要以条带状为主，嵌布粒度为 2~200μm，属于粗细不均匀细粒嵌布。

9.1.7.2　工艺流程

尖山选矿厂破碎筛分干式预选工艺流程如图 9-15 所示，磨选工艺流程如图 9-16 所示。

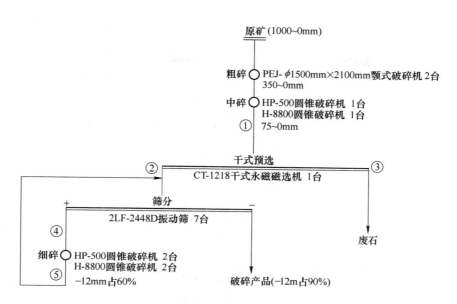

图 9-15 尖山选矿厂破碎筛分干式预选工艺流程图

2007 年选矿厂生产技术经济指标为：原矿年处理量 840 万吨，铁品位 39.26% 的精矿年产量 290 万吨，尾矿铁品位 8.77%，铁回收率为 82.18%。

9.1.8 太钢峨口铁矿选矿厂

太钢峨口铁矿始建于 1958 年，1961 年停建，1970 年复建，1977 年选矿厂投产。

9.1.8.1 矿石性质

峨口选矿厂处理的是鞍山式沉积变质贫磁铁矿石，其铁矿石可划分为两种自然类型，即含碳酸盐磁铁矿石英型（简称石英型）和含碳酸盐镁铁闪石磁铁石英型（简称闪石型）。

（1）石英型。主要矿物为石英和磁铁矿，透闪石含量一般在 2% 左右，不超过 10%；绿泥石含量为 0~4%；酸不溶铁（TFe-SFe）含量在 2% 以下。该类型铁矿石储量占 54.67%。

（2）透闪石型。此矿物仍以石英及磁铁矿为主，但含透闪石类矿物较多，含量（质量分数）在 10%~25% 之间。绿泥石含量（质量分数）不到 5%，酸不溶铁含量（质量分数）大于 2%。该类型矿石储量比例占 44.48%。

1. 矿石矿物组成

金属矿物主要为磁铁矿，其次为碳酸铁矿物（如白云石、镁菱铁矿）、硅酸铁矿物、黄铁矿、磁黄铁矿、褐铁矿和假象赤铁矿等；脉石矿物主要为石英，其次为角闪石、硅酸盐矿物及少量绿泥石等。属于酸性矿石。

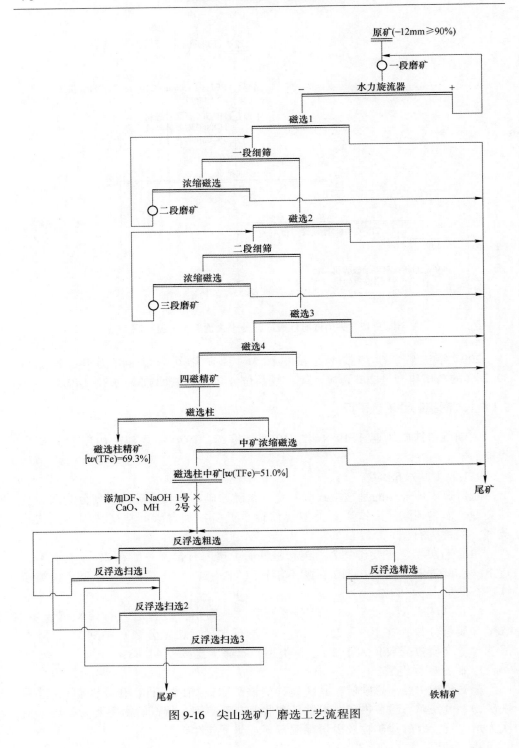

图 9-16 尖山选矿厂磨选工艺流程图

原矿的多元素化学分析和铁物相分析分别见表 9-15 和表 9-16。

表 9-15 原矿的多元素化学分析

元素	TFe	MFe	SiO$_2$	Al$_2$O$_3$	CaO	MgO	P	S	烧减
南区样含量（质量分数）/%	27.90	18.60	43.63	1.45	3.54	2.00	0.056	0.18	9.35
北区样含量（质量分数）/%	29.20	19.25	47.28	1.54	2.46	1.81	0.060	0.14	2.987

表 9-16 原矿的铁物相分析结果

铁物相	南区生产样		北区生产样	
	含量（质量分数）/%	分布率/%	含量（质量分数）/%	分布率/%
磁铁矿	18.60	65.68	16.86	57.96
赤铁矿	2.67	9.43	5.89	20.24
碳酸铁矿	3.40	12.00	1.80	6.19
硫化铁矿	0.20	0.71	0.18	0.62
硅酸铁矿	3.45	12.18	4.36	14.99
全铁	28.32	100.00	29.00	100.00

2. 矿石结构和构造

磁铁矿一般以半自形晶粒状变晶结构为主，其次为他形或自形晶粒结构，局部有交代结构；矿石构造有条带状、皱纹状、环带状和块状等，以条带状为主，条带宽从小于 1mm 至 6mm 不等。按带宽大小可分为细纹状（<1mm）、条纹状（1~3mm）、粗纹状（3~5mm）、条带状（>5mm）4 种类型。其中，条纹状构造最为常见，其余只作为伴生构造，在局部出现。

3. 矿石矿物嵌布粒度

矿石主要的有用矿物为磁铁矿，磁铁矿呈不均匀细粒嵌布，粒度大多在 0.01~0.1mm 之间。南区一般在 0.1mm 左右，北区为 0.01~0.5mm，约 60% 的粒度在 0.05~0.15mm 之间，小于 0.05mm 占 10%~30%。

9.1.8.2 工艺流程

峨口选矿厂改造后破碎筛分干式预选工艺流程如图 9-17 所示，第二次提质改造后磨选工艺流程如图 9-18 所示。

2 台 PEJ-φ1500mm×2100mm 式破碎机设在矿山，每台传动电机功率为 280kW；粗碎以下设在选厂，粗碎时采用 1 台 PX-1200/180，功率为 310kW；中碎时采用 2 台 HP-500 圆锥破碎时，每台点击功率为 400kW；细碎时采用 5 台 PYD-φ2200 圆锥破碎机，每台电机功率为 280kW；筛分时采用 10 台 2YAH—1842圆振动筛，每台功率为 17kW。中碎产物进行干式预选时，采用 1 台 CTDG-φ1250mm×1800mm 干式永磁大块磁选机，传动功率45kW；干式扫选干选时采用 1 台 CTDG−ϕ800mm×1000mm 永磁大块干选磁选机，传动功率为 15kW。

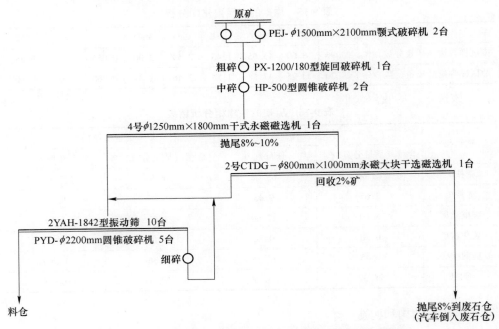

图 9-17 峨口选矿厂改造后的破碎筛分干式预选工艺流程图

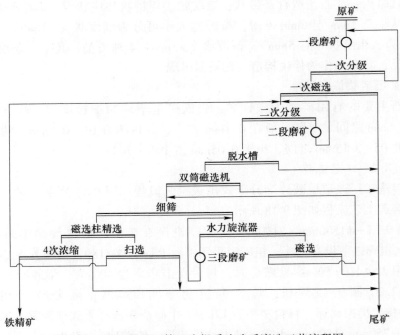

图 9-18 峨口选矿厂第二次提质改造后磨选工艺流程图

第二次提质改造磨选工艺为阶段磨矿阶段磁选、细筛控制分级以及中矿再磨再选的流程。本次改造过程中利用水力旋流器和磁选机的联合脱泥作用，同时采用了磁选柱精选代替磁团聚重选，最终使精矿品位达到67%以上。

2007年选矿厂技术指标为：年处理矿品位28.62%的原矿523.03万吨，年产品位66.53%的精矿146.11万吨，尾矿品位13.90%，铁回收率为64.94%。

该选厂铁回收率较低，虽然入选原矿中TFe品位28.62%，但从入选原矿铁物相分析结果看，其碳酸铁和硅酸铁含量较高，同时还含有部分赤铁矿，致使其MFe品位只有19%左右。

9.1.9 河北钢铁庙沟铁矿选厂

9.1.9.1 矿石性质

唐钢庙沟铁矿属鞍山式磁铁矿石，矿石主要由石英、磁铁矿、铁闪石—镁铁闪石与少量透闪石、阳起石、绿帘石等矿物组成。其主要金属矿物为磁铁矿，其次为赤铁矿和假象赤铁矿，含有极少量的黄铁矿和磁黄铁矿。磁铁矿呈黑色或钢灰色，呈半自形—他形晶粒状，沿片理方向呈拉长状定向排列，主要与铁闪石紧密共生，组成磁铁矿—铁闪石条带。磁铁矿属于细粒不均匀嵌布，结晶粒度一般在0.01~0.15mm之间，当粒度在-0.044mm以下时，单体解离度才可达到96%；脉石矿物主要为石英和铁闪石，其次为镁铁闪石、透闪石和阳起石。石英呈灰白色—灰色、他形—不规则的近等轴拉长粒状，彼此紧密相接组成石英集合体，与磁铁矿—铁闪石条带相间分布，石英含量（质量分数）一般为45%~55%；铁闪石呈褐黑色、纤维柱状，与磁铁矿紧密共生，组成磁铁-闪石条带，在氧化强烈地段，常被氧化，铁闪石含量（质量分数）一般为15%~25%。

原矿的多元素化学分析和铁物相分析结果分别见表9-17和表9-18。

表9-17 原矿的多元素化学分析结果

元素	TFe	FeO	SiO$_2$	Al$_2$O$_3$	CaO	MgO	Mn
含量（质量分数）/%	32.32	12.47	47.34	1.73	1.54	2.30	0.08
元素	Pb	Zn	Cu	P	S	K$_2$O	Na$_2$O
含量（质量分数）/%	<0.01	0.029	<0.01	0.042	<0.01	0.21	0.27

表 9-18   原矿铁物相分析结果

矿物名称	磁性铁中铁	碳酸铁中铁	赤、褐铁矿矿及可溶的硅酸铁中铁	硫化铁中铁	难溶硅酸铁中铁	总铁
铁含量（质量分数）/%	30.10	0.04	1.21	2.05	1.01	32.41
占有率/%	92.87	0.12	3.73	0.15	3.13	100.00

由表 9-17 可知，磁铁矿中铁含量最多，占总铁量的 92.87%（质量分数），其次是赤褐铁矿中的铁。

该矿石呈细粒变晶结构、条纹状和条带状构造。当磁铁矿粒度在 0.038mm 以下时，单体解离度在 95% 以上；当磨矿细度 −0.075mm 86.3% 条件下时，磁选精矿品位为 64.73%，−0.075mm 90.8% 条件下，精矿品位为 65.20%；−0.075mm 93.2% 条件下，精矿品位为 65.94%；−0.075mm 95.5% 条件下精矿品位为 67.20%。

9.1.9.2 工艺流程

唐钢庙沟铁矿选矿厂改造后破碎筛分干式预选流程如图 9-19 所示，提质改造后磨选工艺流程如图 9-20 所示。

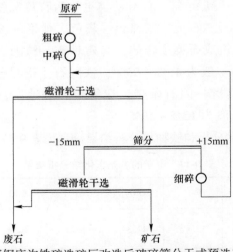

图 9-19 唐钢庙沟铁矿选矿厂改造后破碎筛分干式预选工艺流程图

原矿由 1 台 GBZ-180-10 重型板石给矿机给入 1 台 PEJ-φ1200mm×1500mm 颚式破碎机中，颚式破碎机排矿后经 1 台 PYB-1750 标准圆锥破碎机中碎，中碎排矿进行干式预选，预选机第一段为 1 台 CTDG-1010 大块干式磁选机，第二段为 2 台 CTDG-1012 大块干式磁选机。第一段干选精矿进入 2 台 ZSB-2148 型重型

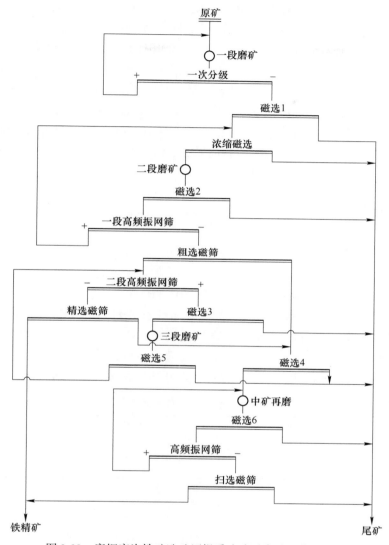

图 9-20 唐钢庙沟铁矿选矿厂提质改造后磨选工艺流程图

振动筛，筛上 +15mm 产物进入 2 台 PYD-1750 短头型圆锥破碎机细碎，细碎产物返回第一段磁滑轮干选，构成闭路破碎干选。筛下产物进入第二段干选，第二段干选再次甩出部分小粒度废石。第二段干选精矿为入磨原矿石。

磨选流程包括阶段磨阶段磁选、细筛控制分级的三段磨选和中矿再磨磁选流程。磁选加磁筛共有十段磁选（有点复杂）。

各段球磨机的台数与型号分别为：一段采用 2 台 MQG-φ2700mm×3600mm 球磨机和 1 台 MQG-φ2700mm×2100mm 球磨机；二段采用 2 台 MQY-φ2700mm×

3600mm 球磨机；三段采用 1 台 MQY-ϕ2700mm×3600mm 球磨机。分级机过程中，一段采用 2 台 2FG-ϕ2000mm 和 1 台 2FG-ϕ1500mm 高堰式螺旋分级机。各段磁选机型号和台数分别为：一磁采用 3 台 CTB-1030，一次脱水采用 2 台 CTB-1030；二磁采用 2 台 CTB-1024，二次脱水采用 1 台 MDB-1232；三磁采用 2 台 CTB-1030。一、二次磁筛分别采用 4 台和 3 台 CSX-Ⅱ磁场筛选机。细筛过程中，一段采用 12 台 MVS-2020，二段采用 7 台 MVS-2020 高频振网筛。

2007 年选矿厂技术指标为：年处理原矿量 105.06 万吨，年精矿产量 41.99 万吨，原矿铁品位 28.29%，精矿铁品位 65.33%、尾矿铁品位 5.63%，铁回收率为 87.65%，球磨作业率为 96.08%。

9.2　鞍山式赤—磁混合铁矿选矿厂

9.2.1　鞍钢齐大山选矿厂

9.2.1.1　矿石性质

鞍钢齐大山铁矿为鞍山式沉积变质铁矿，矿石按自然类型可分为磁铁石英岩、透闪（绿泥）磁铁赤铁石英岩及假象赤铁石英岩；按闪石含量变化可分为闪石（绿泥）型、含闪石（绿泥）型和石英型；矿石有用矿物主要为磁铁矿、假象磁铁赤铁矿和假象赤铁矿，脉石矿物主要为石英，其他矿物成分较少。齐大山铁矿石多元素分析结果和铁物相分析结果分别见表 9-19 和表 9-20。

表 9-19　矿石多元素分析结果

元素	TFe	FeO	SiO$_2$	CaO	MgO	Al$_2$O$_3$	MnO	S	P	Ig
含量（质量分数）/%	29.28	5.66	52.94	1.01	1.02	1.65	0.08	0.070	0.090	1.36

表 9-20　矿石铁物相分析结果

铁物相	TFe	Fe$_3$O$_4$	FeCO$_3$	FeSiO$_3$	半假象赤铁矿	赤、褐铁矿
铁含量（质量分数）/%	29.28	9.45	0.60	2.75	2.60	13.48
分布率/%	100.00	33.64	2.05	9.39	8.88	46.04

9.2.1.2　工艺流程

齐大山铁矿选矿厂破碎筛分工艺流程和一选、二选车间提质改造后磨选工艺流程分别如图 9-21 和图 9-22 所示。

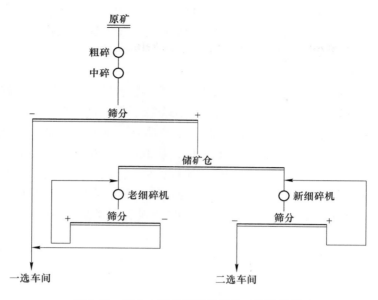

图 9-21　齐大山选矿厂破碎筛分工艺流程图

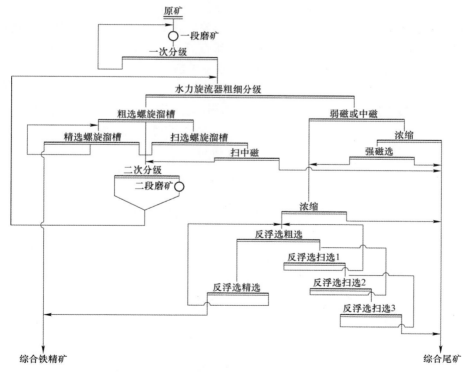

图 9-22　齐大山选矿厂一选、二选车间提质改造后磨选工艺流程图

　　齐大山选矿厂破碎为三段一闭路流程，粗碎产物直接进中碎，中碎排矿进第一道筛分，筛下进行一选，筛上进入中间储矿仓，中间储矿仓底部由皮带机分给老细破和新细破，新老细破排矿均经振动筛与细破构成闭路破碎，新老细破产物分别进行二选和一选。

　　一、二选均为同样的磨选工艺流程，入磨产物粒度均为−12mm。破碎产物进行第一段闭路磨矿，溢流经水力旋流器粗细分级，粗粒进一粗、一精、两扫螺旋溜槽重选，中矿再磨再选（见图9-22）；细粒部分（旋流器溢流）先经弱磁选出剩余的强磁性磁铁矿，然后进行强磁抛尾，强磁及弱精矿合起来经浓缩后进行反浮选，反浮选为一粗、一精、三扫闭路流程，反浮选精矿与螺精加合为终精。

　　2007年齐大山选矿厂生产技术指标为：年处理原矿974.89万吨，原矿品位27.14%，年产品位为67.56%的精矿313.07万吨，尾矿品位10.78%，铁回收率为79.82%。

9.2.2　齐大山铁矿选矿分厂（调军台）

9.2.2.1　矿石性质

　　齐大山铁矿选矿分厂处理的矿石同齐大山选矿厂一样，同为鞍山式铁矿。按工业类型可分为磁铁矿、假象磁铁赤铁矿和假象赤铁矿；按自然类型可分为磁铁石英岩、透闪（绿泥）磁铁赤铁石英岩和假象赤铁石英岩；按闪石含量变化可分为闪石（绿泥）型、含闪石（绿泥）型和石英型。矿石多元素化学分析和铁物相分析与齐大山选矿厂相同，见表9-19和表9-20。

9.2.2.2　工艺流程

　　齐大山铁矿选矿分厂新破碎工艺流程如图9-23所示，磨选工艺流程如图9-24所示。

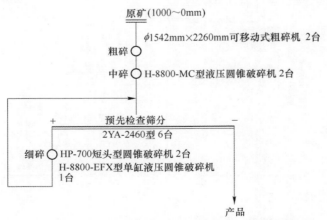

图9-23　齐大山铁矿选矿分厂新破碎筛分工艺流程图

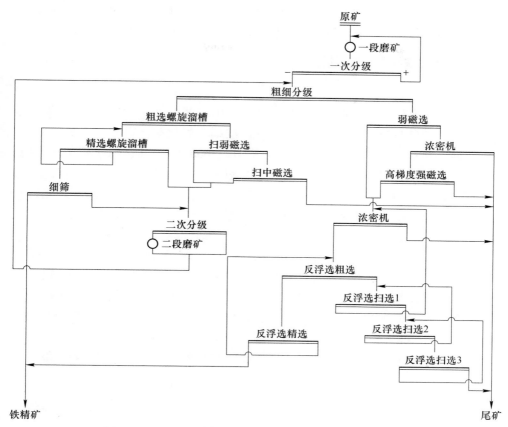

图 9-24 齐大山铁矿选矿分厂（调军台）磨选工艺流程图

齐选新破碎流程为三段一闭路流程，中碎后将原来的细碎前后分设的两段检查筛分改为预先和检查筛分合一的预检筛分。粗碎采用 2 台 $\phi1542mm×2260mm$ 可移动式粗碎机，中碎采用 2 台 H-8800-MC 型液压圆锥破碎机，中碎产物和细碎产物均进行预检筛分，筛上进行细碎，细碎机采用 2 台 HP-700 型短头型圆锥破碎机和 1 台 H-8800-EFX 型单缸液压圆锥破碎机，筛下进入主厂房磨选。

齐大山铁矿选矿分厂磨选工艺流程也为粗细分选流程。一次磨矿采用 3 台 Svedala 和 2 台中信 $\phi5486mm×8839mm$ 球磨机，一次分级采用 35 台 FX-660×7-GP-HW 水力旋流器；二次分级采用 27 台 $\phi600mm×9$ 旋流器，粗细分级采用 36 台 FX-$\phi660mm$-GP×6 旋流器。粗粒经 $\phi1500mm$ 螺旋溜槽进行重选，其中粗选设备 195 台，精选设备 96 台；弱磁选采用 C78-1230-B 永磁磁选机，强磁前 30 台，扫中磁前 15 台（C78-1230-A）；强磁选粗粒扫中磁采用 15 台 SLon-2000，细粒强磁采用 15 台 SLon-2000；浮选机采用 JJF-20、JJF-10、SF-20 和 SF-10 共 204 台；细筛采用 27 台 MVS-2420 高频振网筛。

2007 年齐大山铁矿选矿分厂生产技术指标为：年处理原矿 1030.74 万吨，生产品位 67.60% 铁精矿 356.46 万吨，尾矿铁品位 9.74%，铁回收率为 82.73%。

9.2.3 河北钢铁司家营选矿厂

9.2.3.1 矿石性质

司家营铁矿位于河北省滦县境内，属于鞍山式沉积变质贫铁矿床，资源储量约 26 亿吨，其中包括南北两个矿区。铁矿浅部为氧化矿，以赤铁石英岩为主；深层过渡为磁铁石英岩。一期工程氧化矿规模 600 万吨/年，原生矿 100 万吨/年。浅部矿石矿物组成较为简单，主要为赤铁矿，其次为假象赤铁矿和磁铁矿；脉石矿物以石英为主，其次为阳起石、透闪石、磷灰石包裹体及少量普通角闪石和辉石等；微量矿物有磷灰石、黄铁矿和黄铜矿，还有后期蚀变的绿泥石、碳酸盐和黑云母等矿物。

矿石构造以条带状为主，伴有褶皱状构造。在铁矿物条带中磁铁矿呈半自形—自形变晶结构，颗粒大小不均，而在石英中的磁铁矿包裹体则呈细小的自形晶结构。磁铁矿周边及节理裂隙中发生氧化交代作用，形成边缘交代、网状和残留体结构。测得铁矿物的平均嵌布粒度为 0.063mm，脉石矿物的平均嵌布粒度为 0.080mm。

浅层原矿多元素化学分析结果见表 9-21，原矿铁物相分析结果见表 9-22。

表 9-21 原矿多元素化学分析结果

元素	TFe	FeO	SiO$_2$	CaO	MgO	Al$_2$O$_3$	MnO	S	P	烧减
含量（质量分数）/%	29.14	3.68	53.15	0.22	0.66	2.81	0.94	0.012	0.032	0.48

表 9-22 氧化矿铁物相分析结果

铁物相	磁性铁	碳酸铁	假、半假象赤铁矿	硅酸铁	赤、褐铁矿	TFe
铁含量（质量分数）/%	6.30	0.35	2.20	0.40	19.89	29.14
铁分布/%	21.62	1.20	7.55	1.37	68.26	100.00

由表 9-22 可知，赤褐铁矿中铁含量占总含铁量（质量分数）的 68.26%，磁性铁及假象、半假象赤铁矿含量仅占（质量分数）29.17%。

9.2.3.2 工艺流程

A 浅部氧化矿磨选工艺流程

浅部氧化矿磨选工艺流程如图 9-25 所示。

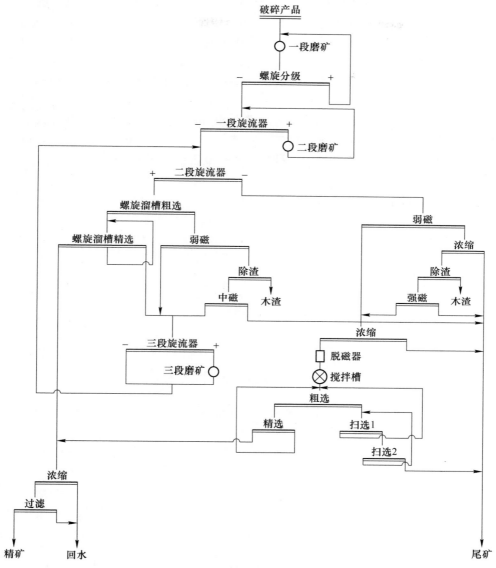

图 9-25 浅部氧化矿磨选工艺流程图

浅部氧化矿磨选工艺流程包括两段连续磨矿、旋流器粗细分级，粗粒重选（螺旋溜槽）、细粒强磁甩尾以及强磁精反浮选流程。磨矿、重选、浓缩磁选系统为 4 个系列，浓缩浮选为 2 个系列。磨矿仓的原矿经皮带机进入一段 φ3.6m×5.0m 格子型球磨机，其分级机采用 φ3m 双螺旋分级机。

第二段磨矿采用 φ3.6m×5.0m 溢流型球磨机，其闭路分级设备为 φ500mm×8 台水力旋流器组。经过两段连续磨矿后，再采用 φ500mm×10 台水力旋流器分级，

粗粒经过 ϕ1.5m 螺旋溜槽进行粗选和精选，产出中选精矿。螺旋溜槽中的粗选尾矿进入 SLong1750 中磁机磁选，中磁机中的尾矿为最终尾矿。螺旋溜槽精选中矿自循环，螺旋溜槽中的精选尾矿和中磁机中的精矿合并进入第三段磨矿分级回路。第三段磨机采用 ϕ3.6m×6.0m 溢流型球磨机，其闭路分级设备为 ϕ500mm×6 台水力旋流器组。第三段分级溢流流入重选前的粗细分级旋流器。重选前的分级溢流粒度为 -0.075mm 95%，进入 CTB1230 弱磁机磁选弱磁尾矿进入 ϕ50m 强磁前浓缩机，浓缩后经除渣过程筛除渣后进入 SLong1750 中磁机进行磁选，强磁尾矿为最终尾矿。弱磁精矿和强磁精矿一起进入反浮选前 ϕ50m 浓缩机，浓缩机底流去往反浮选。选矿厂最终产出两种精矿——重选精矿和浮选精矿。

　　B　深部原生矿磨选流程

深部原生矿磨选工艺流程如图 9-26 所示。

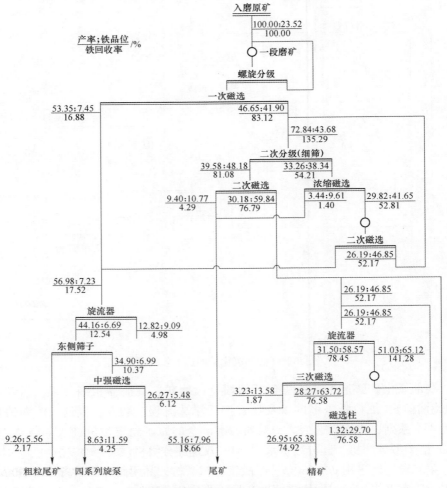

图 9-26　深部原生矿磨选工艺流程图

选矿厂于2007年9月建成投产，其中氧化矿规模为600万吨/年，原生矿规模为100万吨/年，2010年在保证精矿品位≥65%调价下，原生矿处理量由2009年的200万吨提高到240万吨。

9.3 镜铁山式铁矿

酒钢选矿厂处理的铁矿石为镜铁山式铁矿，属于火山沉积型铁矿。该矿位于甘肃省嘉峪关市西南祁连山，肃南裕固族自治县境内，北距嘉峪关市区78km。

9.3.1.1 矿石性质

镜铁山铁矿为一大型沉积变质铁矿床。由于后期构造运动，矿体分成桦树沟和黑沟矿区两部分。矿体产于北祁连山加里东地槽带区的下古生代寒武、奥陶纪地层含铁千枚岩系中，上盘为灰黑色千枚岩，下盘为灰绿色千枚岩。

A 矿石类型

桦树沟铁矿石分为4个类型，即镜铁矿、镜铁矿—菱铁矿、镜铁矿—褐铁矿和菱铁矿。各类型矿石矿物组成（质量分数）如下：

（1）镜铁矿矿石含镜铁矿80%~100%，含菱铁矿（或褐铁矿）0%~20%；

（2）镜铁矿—菱铁矿混合矿石含镜铁矿20%~80%，含菱铁矿20%~80%；

（3）镜铁矿—褐铁矿混合矿石含镜铁矿20%~80%，含褐铁矿20%~80%；

（4）菱铁矿矿石含菱铁矿80%~100%，含镜铁矿0%~20%。

原矿的化学多元素分析结果见表9-23、原矿的铁物相分析结果见表9-24。

表9-23 原矿的化学多元素分析结果

元素	TFe	FeO	Fe_2O_3	SiO_2	Al_2O_3	CaO	MgO	MnO
含量（质量分数）/%	33.77	10.10	37.05	23.78	2.95	2.12	2.82	1.11

元素	BaO	S	P	K_2O	NaO	V_2O_5	TiO_2	Ig
含量（质量分数）/%	4.17	0.98	0.02	0.84	0.08	0.01	0.2	11.99

B 矿石矿物组成

矿石中铁矿物主要有镜铁矿、镁菱铁矿和褐铁矿，少量磁铁矿、黄铁矿；脉石矿物主要为碧玉、石英、重晶石、铁白云石、绿泥石、绢云母等。

该矿石有如下特点：

（1）矿物组成复杂多样，比例多变。矿石中的3种主要铁矿物中很少有单独构成的，均是以混合矿石产出，其混合比例在不同的矿体或同一矿体的不同地段差异很大，没有明显规律。相对而言，铁矿物中镜铁矿占优势，镁菱铁矿和褐铁矿次之，三者的大体比例为2：1：1；脉石矿物情况类似，千枚岩和碧玉相对占优势，重晶石、铁白云石和石英次之（见表9-24）。

表9-24　镜铁山桦树沟矿区各矿带原矿矿物组成

矿物名称	含量（质量分数）/%					
	1矿带	2矿带	3矿带	4矿带	7矿带	混合样
磁铁矿	少量	少量	少量	少量	少量	少量
镜铁矿	27.00	27.50	28.30	23.70	24.00	26.00
褐铁矿	10.20	7.00	17.60	15.00	16.90	11.50
镁菱铁矿	16.10	16.20	6.10	12.40	13.50	14.80
铁白云石	7.60	10.30	8.20	8.20	5.90	8.20
碧玉石英	17.20	19.30	27.80	29.60	25.00	21.90
绿泥石	2.40	3.60	5.80	6.50	5.30	4.10
绢云母	0.50	0.80	1.50	1.50	1.00	0.90
重晶石	19.00	14.80	3.20	3.00	8.40	12.50
合计	100.00	100.00	100.00	100.00	100.00	100.00

（2）单矿物纯度低，杂质含量高。褐铁矿含结晶水、MgO、MnO，铁品位57.00%；镜铁山的菱铁矿含锰镁菱铁矿，镁、锰主要以类质同象存在于菱铁矿的晶格中，铁品位只有36.70%（菱铁矿理论品位为48.20%）；脉石和围岩含有铁，例如铁白云石的含铁量为14.50%，碧玉的含铁量为7.20%，黑灰色千枚岩的含铁量为11.21%，灰绿色千枚岩的含铁量为3.18%，浅肉红色千枚岩的含铁量为8.62%。

（3）工业矿物与脉石矿物之间物理参数有大小相同或交叉的现象，矿石可选性差。如表9-25所示，各种矿物按密度大小可分成4级，即：1）镜铁矿；2）重晶石；3）褐铁矿和菱镁铁矿；4）碧玉、铁白云石和千枚岩。按重选可选性准则 A 值判断，镜铁矿与碧玉、铁白云石、千枚岩分选时 A 值为2.0~2.3，为易选；褐铁矿、镁菱铁矿与碧玉、铁白云石、千枚岩分选时 A 值为1.3~1.5，为难选；镜铁矿与重晶石分选时 A 值为1.2，为很难选；褐铁矿、镁菱铁矿与重晶石分选时 A 值为1.27，为很难选，其中轻重矿物是颠倒的，铁矿物成了轻矿物。

总体而言，采用重选工艺独立选别镜铁山矿石是很难选的，但可以预先抛出围岩和提取部分合格的镜铁矿精矿。

从磁性参数看，铁矿物的比磁化系数较小，而含铁高的脉石和围岩的比磁化系数接近甚至超过磁性弱的铁矿物，因此该矿石的磁选可选性也是很难选的。含铁脉石和围岩容易以磁性夹杂的形式进入铁精矿，从而影响精矿质量。从浮选行为看，由于铁矿物和脉石的种类多样，而且脉石和围岩含铁，该矿石的浮选可选性能与鞍山式铁矿石相比也有明显的差异。

表 9-25　镜铁山矿桦树沟矿区各矿带不同矿物主要物理参数

矿物（或岩石）名　称	密度/g·cm⁻³					比磁化系数				
	I	II	III	IV	VII	I	II	III	IV	VII
镜铁矿	5.12	5.10	5.02	5.04	5.02	7.96	12.05	10.46	20.38	16.22
褐铁矿	3.58	3.71	3.62	3.49	3.48	7.67	8.47	5.79	7.00	5.01
镁菱铁矿	3.78	3.80	3.81	3.72	3.80	6.53	8.47	8.76	8.10	7.60
铁白云石	3.03	3.03	2.94	3.09	3.05	3.46	4.44	4.73	4.21	4.44
碧玉	2.80	2.72	2.73	2.71	2.73	4.92	7.48	6.85	11.25	7.59
重晶石	4.46	4.41	4.41	4.32	4.40	0.29	0.17	0.19	0.25	0.21
灰黑色千枚岩	2.83	2.89	2.86	3.09	2.97	2.20	2.45	1.90	3.83	5.24
浅绿色千枚岩	—	—	—	—	2.76	—	—	—	—	1.52
黄红色千枚岩	2.90	—	—	2.91	2.80	1.95	—	—	2.42	1.57

C　矿石结构和构造

镜铁山铁矿石主要为条带状构造。

（1）在含铁矿物中，镜铁矿主要以不同粒度的鳞片集合体状形成条带状构造，呈自形、半自形晶，与石英、重晶石、碧玉之间分带明显，但条带本身还有少量夹杂现象，还有一部分镜铁矿呈粒状结构与菱铁矿，褐铁矿共生。镜铁矿是矿石中的主要含铁矿物。

菱铁矿为细粒集合体，呈自形、半自形或他形晶粒状，与镜铁矿一起同脉石矿物呈条带状相间分布，也有一部分菱铁矿呈微粒状集合体嵌布在脉石矿物中，还有一些菱铁矿氧化成褐铁矿，与菱铁矿呈不规则粒状接触，并与镜铁矿紧密共生，有些菱铁矿还与铁白云石紧密结合成不规则的粒状集合体。

褐铁矿大部分由菱铁矿氧化而成，少许由镜铁矿氧化而成，三者接触紧密，共同构成条带状构造。褐铁矿本身一般为不规则粒状集合体。

（2）脉石矿物石英、重晶石多为细粒集合体，呈不规则粒状，重晶石解理发育较完整，与铁矿物有规则地呈条带状排列，也呈细脉穿插。

碧玉主要呈粒状集合体组成条带，在碧玉条带中嵌布有呈星点状的铁矿物（主要是镜铁矿），碧玉本身有时也在铁矿物条带中呈细粒嵌布。

铁白云石大部分呈粒状集合体与菱铁矿共生，在其他铁矿物中含量较少。

千枚岩除矿体中的千枚岩夹层外，主要为采矿混入的围岩，其组成为石英、云母、碳酸盐、绿泥石等硅酸盐矿物，呈细小鳞片与粒状定向排列，也有少量镜铁矿呈星点状嵌布其中，千枚岩多为灰绿色。

D   矿物嵌布粒度

镜铁山桦树沟镜铁矿和褐铁矿为中、细粒嵌布，以细粒为主；镁菱铁矿为中、粗粒嵌布，以中粒为主；脉石矿物为中、粗粒嵌布，以中粒为主。总体而言，矿物嵌布粒度以中粒为主，但由于嵌布粒度粗细不匀，矿物之间共生紧密，嵌布关系复杂，要达到较好的工艺指标必须细磨。

9.3.1.2   工艺流程

粗碎和中碎建在矿山，采用二段开路破碎流程，设计能力为年产矿石500万吨。粗碎给矿粒度为650~0mm，排矿粒度为350mm，中碎排矿粒度为75~0mm。矿山破碎后的原矿石由底卸式矿车经78km准轨铁路运到冶金厂区取料场堆存。料场堆存的原矿经带式输送机为选厂供料。

选矿厂经一次筛分采用10台SZZ-ϕ1800mm×3600mm自定中心振动筛后，按粒度分为+15mm和15~0mm两个级别，其中15~0mm粉矿进强磁选系统，+15mm块矿经二次筛分后分为+50mm和50~15mm两个粒级，分别进入竖炉大块炉和小块炉进行磁化焙烧。

A   预选工艺

预选工艺分为破碎筛分和选别两个系统。破碎筛分系统的主要任务是为预选工序提供50~0mm的合格原料，同时要保证有较高的块矿率。破碎采用1台PYB-ϕ1750mm圆锥破碎机，1台YAH-ϕ1800mm×4800mm振动筛及1台2YAH-ϕ1800mm×4800mm振动筛；粉矿预选设备规格为8H-F型ϕ100mm×1500mm永磁辊带式强磁选机，每台设备可实现一次粗选，两次扫选的选别流程；块矿预选设备有两种机型，一种用作一次粗选，采用ϕ600mm×1500mm的鼓式强磁选机，另一种用作二次扫选，采用ϕ300mm×1500mm永磁辊带式磁选机。其生产工艺流程如图9-27所示。

B   竖炉焙烧—磁选工艺

竖炉焙烧是将弱磁性铁矿物还原成强磁性铁矿物的过程，竖炉磁化焙烧是我国目前处理弱磁性铁矿物的有效途径之一。目前焙烧系统共有100m³鞍山式竖炉26座，按工艺要求分为大块炉、小块返矿炉，采用闭炉焙烧工艺。选矿厂竖炉焙烧工艺流程如图9-28所示，焙烧竖炉结构示意图如图9-29所示。

焙烧矿—磁选工艺经过多次改进变换，现弱磁选工艺流程如图9-30所示。2007~2008年酒钢选矿厂建立了磁选精矿反浮选工艺流程，该工艺流程如图9-31所示。

2008年酒钢选矿厂焙烧磁选焙烧磁选指标为：原矿品位41.44%，精矿品位56.74%，尾矿品位18.71%，铁回收率为79.88%；反浮选指标为：给矿品位55.63%，精矿品位60.56%，尾矿品位23.87%，铁反浮选作业回收率为94.24%。

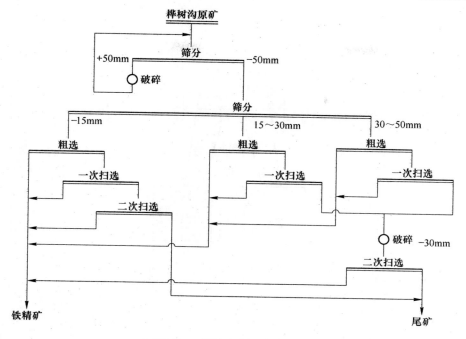

图 9-27　预选生产工艺流程图

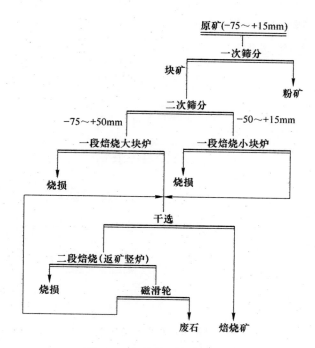

图 9-28　竖炉焙烧工艺流程图

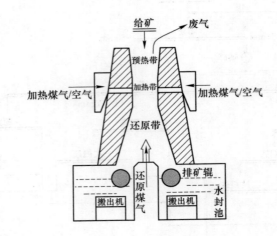

图 9-29   100m³ 竖炉结构示意图

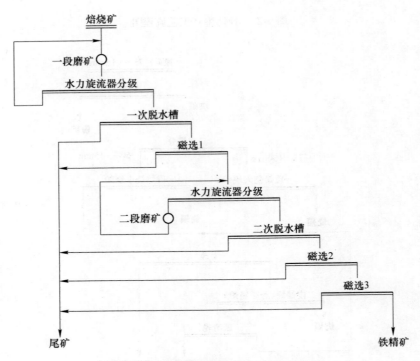

图 9-30   酒钢选矿厂弱磁选工艺流程图

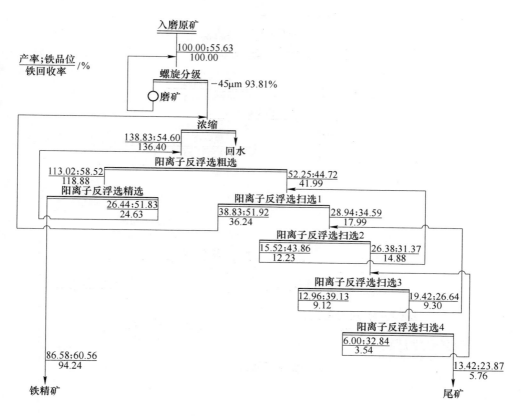

图 9-31 酒钢选矿厂焙烧—磁选精矿阳离子反浮选生产工艺流程图

C 粉矿强磁选工艺

1999 年酒钢选矿厂全部完成强磁选生产车间改造任务。15～0mm 原矿经一段磨矿、双螺旋分级机和细筛和水力旋流器联合分级，水力旋流器溢流再经过脱渣筛格出粗砂，脱渣筛格出的粗砂和水力旋流器底流进行二磁磨矿，构成两段闭路磨矿，细筛下和脱渣筛筛下再采用中磁机分出强磁性磁铁矿，中磁尾进行第一次强磁粗选，第一次强磁（Shp φ3200mm）粗选产出精矿。第一次强磁选尾矿经过旋流器进行粗细分级，粗粒经过两次强磁（Shp φ3200mm）扫选后，弃尾拿精。细粒矿浆经浓缩脱水后，进入一粗、一精、一扫的强磁选流程（采用 Slon-φ2000mm 高梯度强磁选机），高梯度强磁选机进行精选拿精，扫选弃尾。粉矿强磁选磨选工艺流程如图 9-32 所示。

2008 年酒钢选矿厂生产指标为：原矿品位 35.29%，年处理原矿 658 万吨，精矿品位 54.97%，年产精矿 304 万吨，铁回收率为 71.86%。

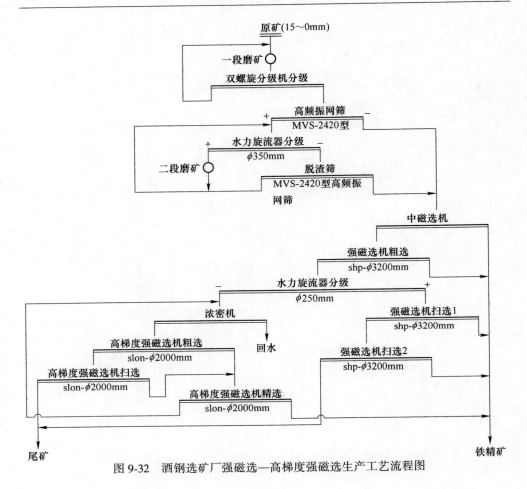

图 9-32　酒钢选矿厂强磁选—高梯度强磁选生产工艺流程图

9.4　攀枝花式铁矿

　　我国钒钛磁铁矿主要产自四川攀西地区和河北承德地区，主要钒钛磁铁矿有攀西地区的攀枝花、白马、红格、太和等铁矿以及河北承德的大庙等铁矿。以攀钢集团矿业公司选矿厂为例介绍选出钒钛精矿后，磁选尾矿的选钛工艺技术。

9.4.1　攀枝花钒钛磁铁矿选矿厂

9.4.1.1　矿石性质

　　攀枝花铁矿属于晚期岩浆型钒钛磁铁矿床，工业矿体在辉长岩岩体中呈似层状产出，规模大、层次稳定，后因构造破坏及沟谷切割，沿走向自北东向南西分成朱家包包、兰家火山、尖包包等 6 个矿体。目前开采方式为露天开采。

　　矿石按含铁量划分为富矿（TFe 品位≥45%）、中矿（TFe 品位为 30%~

45%）、贫矿（TFe 品位为 20%~30%）和表外矿（TFe 品位为 15%~20%）4 个品级。设计确定各段高、中、低品位矿石混合开采。目前，选矿厂原矿由兰尖和朱家包包矿山配矿，矿石属于钒钛磁铁矿石。原矿多元素化学分析及原矿铁和钛的物相分析结果见表 9-26 和表 9-27。

表 9-26 原矿多元素化学分析结果

元素	TFe	FeO	Fe₂O₃	TiO₂	V₂O₅	S	SiO₂	Al₂O₃	CaO	MgO	Co
含量（质量分数）/%	31.14	21.73	20.37	11.04	0.238	0.552	24.84	6.26	6.84	6.73	0.0139

表 9-27 原矿铁及钛的物相分析结果

矿物名称	铁 物 相						
	MFe	赤褐铁	钛铁矿	碳酸铁	硫化铁	硅酸铁	合计
含量（质量分数）/%	20.56	3.62	3.30	0.98	1.66	1.46	31.58
分布率/%	65.10	11.46	10.45	3.10	5.26	4.63	100.00

矿物名称	钛 物 相			
	钛磁铁矿	钛铁矿	硅酸盐	合 计
含量（质量分数）/%	5.74	4.85	0.72	11.31
分布率/%	50.75	42.88	6.37	100.00

A 矿物组成及其特征

以下详细介绍攀枝花铁矿矿物的组成及其特征。

（1）矿物组成：矿物组成是以氧化物、硫化物和硅酸盐类矿物为主，其中氧化物为钛磁铁矿、钛铁矿、赤（褐）铁矿；硫化物：磁黄铁矿、黄铁矿等；硅酸盐类矿物为钛辉石、橄榄石、斜长石、绿泥石等为主。按选矿目的矿物类别及含量分为钛磁铁矿、钛铁矿、硫化物、脉石矿物 4 大类，其含量（质量分数）分别为 44.21%、9.78%、1.92%、44.09%。

（2）主要矿物特征：

1）钛磁铁矿是回收的主要矿物，也是矿石中性质最为复杂的矿物。矿区内不同矿段、不同矿带、不同的矿体部位，矿石品级不同，矿石结构不同，都会使得其矿物学特征有所不同。其含量在块状及稠密状的富铁矿中比较富集，在稀疏及浸染状矿石中次之，在围岩夹石中含量较少；其粒度形状在品位高的矿石中自形程度好，多呈自形或半自形晶，粒径较粗大（0.35mm~数毫米），反之则自形程度较差，以不规则为主，少量呈自形、半自形或以粗细不一的各种不规则文象状充填于各类硅酸盐矿物之间，从而形成"海绵陨铁结构"，同时有少量钛磁铁矿呈细小片状充填于钛辉石等的解理缝中，一些呈细粒状包裹于硅酸盐类矿物中。

2）钛铁矿是矿石中的主要金属矿物之一。粒状钛铁矿是回收的主要对象，而钛铁矿中的片状钛铁矿将进入铁精矿，含较多的 TiO_2 粒状者一般呈他形晶，少量呈自形、半自形晶。嵌布粒度粗大，一般为 0.1~1.65mm，大者达 2mm。钛铁矿主要分布在钛磁铁矿颗粒或钛磁铁矿与脉石之间，与钛磁铁矿连生紧密，嵌镶关系简单。由于其含有大量杂质，使得含铁量（31%左右）比理论值（38%）低，但 TiO_2 含量与理论值（≈51%）接近，质量较好。

（3）赤铁矿主要为粒状，钛磁铁矿的氧化产物，常沿钛磁铁矿边缘分布，粒度细小，原生矿中含量极少。

（4）褐铁矿主要为硫化物及辉石等次生变化而成，粒度较粗，原生矿中极少。

（5）硫化物在矿石中的存在形式较多，有不规则粒状、片状、细脉状、竹叶状等，分布在脉石粒间者比在钛铁矿中多。分布在钛磁铁矿及钛铁矿中主要为细小乳滴状，大部分为不规则粒状。常见的自形晶，其粒度为 0.001~0.4mm，一般为 0.01~0.2mm，是硫、钴、镍、铜的主要赋存矿物。硫化物中主要矿物是磁黄铁矿，次为镍黄铁矿、黄铁矿、黄铜矿、墨铜矿、方黄铜矿和斑铜矿等。

（6）脉石是矿石中所有硅酸盐类矿物的统称，是选矿主要排除的矿物。在矿石中脉石矿物含量与金属矿物（钛磁铁矿）负相关，所以它是影响矿石质量的主要因素。钛辉石为主要脉石矿物，其内部常含有细粒钛磁铁矿，或在较发育的解理缝中有片状钛磁铁矿，从而增加了辉石的磁性，使得钛辉石是影响精矿质量的主要因素。

B   矿石的结构和构造

原矿结构以自形至半自形粒状结构、海绵陨铁结构和他形粒状结构为主，构造有稀疏浸染状、稠密浸染状和致密块状构造。矿石嵌布粒度见表9-28。

表 9-28   矿石的嵌布粒度

粒 度 /mm	钛磁铁矿/%		钛铁矿/%		硫化物/%		脉石/%	
	个别	累计	个别	累计	个别	累计	个别	累计
+2.36	—	—	—	—	—	—	9.76	—
-2.36+1.65	—	—	—	—	—	—	8.70	18.46
-1.65+1.17	0.41	—	—	—	—	—	11.01	29.47
-1.17+0.83	6.33	6.74	8.70	—	—	—	20.33	49.80

续表 9-28

粒 度 /mm	钛磁铁矿/%		钛铁矿/%		硫化物/%		脉石/%	
	个别	累计	个别	累计	个别	累计	个别	累计
−0.83+0.59	13.51	20.25	10.82	19.52	—	—	20.98	70.78
−0.59+0.417	17.59	37.84	22.73	42.25	—	—	13.91	84.69
−0.417+0.30	21.09	58.93	23.12	65.37	—	—	6.27	90.96
−0.30+0.21	17.88	76.81	18.89	84.26	16.07	—	5.15	96.11
−0.21+0.15	8.68	85.49	6.07	90.33	22.05	38.12	1.55	97.66
−0.15+0.104	5.70	91.19	5.01	95.34	25.06	63.18	1.03	98.69
−0.104+0.074	3.55	94.74	1.39	96.73	10.73	73.91	0.51	99.20
−0.074+0.038	2.74	97.48	0.93	97.66	16.85	90.76	0.38	99.58
−0.038	2.52	100.00	2.34	100.00	9.24	100.00	0.42	100.00

从表 9-28 可见，原矿中钛磁铁矿、钛铁矿粒度比较粗，粒度范围也较广，为 0.038~2.36mm，且均集中在 0.104~1.17mm，属中—粗粒嵌布，并以中粒为主；硫化物的粒度较细，粒度分布从几微米至 0.30mm；脉石矿物粒度较粗，粒度分布较广，特点是细粒少。综上所述，攀枝花钒钛磁铁矿矿物嵌布粒度差异较大，工艺中适宜于粗粒抛尾。

C 矿石的磁性

攀枝花矿石主要含铁矿物为钒钛磁铁矿。该铁矿是一种以磁铁为主体的固溶体分离物，化学成分复杂，主要元素为 Fe、Ti、V，同时还伴生有 Mn、Co、Ni、Cr、Sc、Ca 等有用元素。攀枝花钒钛磁铁矿是亚铁磁性矿石，其剩磁较大，矫顽力高，已超过目前国内铁矿石磁性数据，矿粒之间的磁团聚作用较强攀枝花钒钛磁铁矿的磁性见表 9-29。

表 9-29 攀枝花钒钛磁铁矿的磁性

粒度 /mm	测 试 样 品	饱和磁化强度 M_s/emu·g^{-1}	剩余磁化强度 M_r/emu·g^{-1}	矫顽力 H_c/kA·m^{-1}
−0.075	朱家包包铁矿富矿	49.66	8.49	12.7
	朱家包包铁矿贫矿	53.25	8.30	12.0
	尖山铁矿 富矿	49.94	8.36	13.2
	尖山铁矿 贫矿	52.71	8.18	12.8

D 矿石的物理性质

矿石的物理性质见表 9-30。

表 9-30   矿石的物理性质

项　目	钛磁铁矿	钛铁矿	硫化物	辉石等	长石等
密度/g·cm^{-3}	4.76	4.68	4.71	3.19	2.66
比磁化系数/cm^3·g^{-1}	3.028×10^{-2}	2.57×10^{-4}	4.1×10^{-3}	1.14×10^{-4}	1.8×10^{-5}
硬度/H_m	6.25	6.15	4.40	6.74	6.28

9.4.1.2　工艺流程

A　现行破碎筛分工艺流程

采出的 1000~0mm 原矿石经铁路运输至选矿厂粗碎作业后经过 2 台 PX-1200/180旋回破碎机碎至 350~0mm。再由皮带运至中碎作业，通过预先筛分，筛上产物通过 6 台 PYB-ϕ2200mm 标准圆锥破碎机破碎到 70~0mm。之后通过皮带运送到闭路筛分车间，采用 10 台 2DYK-3073 型大型双层圆振动筛，筛下产物为最终破碎产品；筛上产物经 8 台 PYD-ϕ2200mm 短头液压圆锥破碎机和 2 台 H-8800山特维克液压圆锥破碎机破碎后，输送到筛分作业形成闭路破碎。破碎最终产品粒度为 15mm。攀枝花选矿厂破碎筛分生产工艺流程如图 9-33 所示。

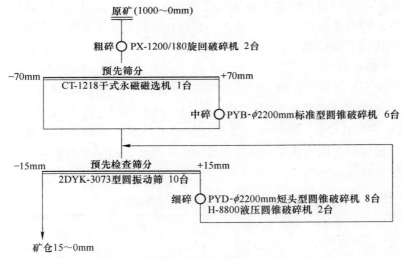

图 9-33　攀枝花选矿厂破碎筛分工艺流程图

B　提质改造后磨选工艺流程

2005 年提质改造后的磨选工艺流程如图 9-34 所示。

提质改造后的磨选工艺为阶段磨矿阶段选别流程。其采用两段磨矿、粗精矿再磨再选及一次粗选、两次精选及一次扫选工艺。一段球磨机采用 ϕ3600mm× 4000mm 格子型球磨机与 4 台 ϕ610mm 水力旋流器（2 用 2 备）组成一段闭路磨矿，水力旋流器溢流自流至 1 台 ϕ1050mm×3000mm 半逆流永磁筒式磁选机进行

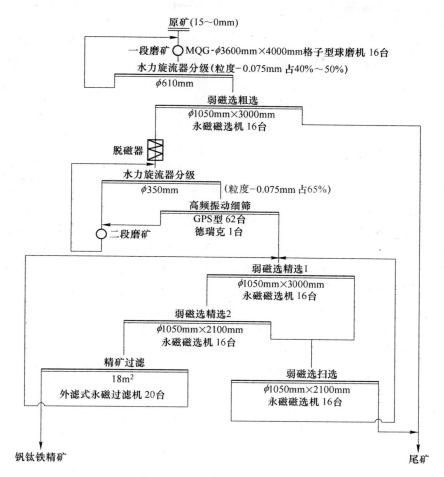

图 9-34 提质改造后磨选工艺流程图

粗选，粗选精矿泵至 6 台 $\phi350$mm 二段水力旋流器（3 用 3 备）分级，二段水力旋流器沉砂直接进入 $\phi2700$mm×3600mm 溢流型球磨机再磨，二磨排矿自流至二段泵池返回旋流器构成闭路磨矿；二段旋流器溢流自流至 4 台 GPS 型高频细筛再次分级，筛下再经两次磁选精选。精选磁选机分别为 $\phi1050$mm×3000mm 和 $\phi1050$mm×2100mm 半逆流型永磁磁选机。两段精选机的尾矿进入一段型号为 $\phi1050$mm×2100mm 半逆流型永磁磁选机扫选，扫选精矿返回一次精选磁选机给矿的泵池；第二段精选机的精矿去往 18m² 外滤式永磁过滤机过滤脱水产出钒钛铁精矿。

2007 年选矿厂生产技术指标为：年处理原矿 1149.4622 万吨，原矿铁品位 33.30%，精矿品位 54.01%，尾矿铁品位 17.52%，铁回收率为 70.69%。

9.4.2 攀枝花钛业有限公司选钛厂

攀西地区钛的储量达 8.7 亿吨，占全国的 90.54%，世界储量的 35.17%。钛是灰色的过渡金属，由于其稳定的化学性质，良好的耐高温、耐低温、抗强酸、强碱耐腐蚀的性能，以及高强度、低密度，被誉为"太空金属"。钛铁矿是铁和钛的氧化矿物。

钛是 20 世纪 50 年代发展起来的一种重要结构金属，钛合金具有密度低、比强度高、耐蚀型好、导热率低、无毒无磁、可焊接、生物相容性好、表面可装饰性强等特性，广泛应用于航空、航天、化工、石油、电力、医疗、建筑体育等用品领域。

可由钛矿资源生产的产品有：

（1）钛白粉。钛白粉学名为二氧化钛（TiO_2），TiO_2 是一种十分稳定的氧化物，具有优良的光学和颜料性能，其主要用作白色无机颜料。它的无毒、最佳的不透明性、最佳的白度和光亮度，被认为是目前世界上性能最好的一种白色颜料，广泛应用于涂料、塑料、造纸、印刷油墨、化纤、橡胶、化妆品等工业。

（2）航空航天领域。60% 以上的钛材都引用到这一领域。钛具有减轻结构重量、提高结构效率、符合高温部位的使用要求，同时符合与复合材料结构相匹配的要求，符合高抗蚀性和长寿命的要求等优良性质。

（3）医疗行业。钛与人体骨骼接近，在医疗行业可用作各种骨关节、心、肾瓣膜、假肢等。

同时，钛在化工、海洋工程及日常生活均有重要应用，从而可见钛的应用非常广泛而重要。

在我国钛主要产自"钛铁矿"，而攀枝花钒钛铁矿选矿厂的选出钒钛铁精矿后的磁选尾矿中含有大量钛铁矿和钛磁铁矿，这些宝贵资源应给予高效利用。

9.4.2.1 钒钛磁铁矿磁选尾矿的性质

攀枝花钒钛磁铁矿磁选尾矿中主要金属矿物为钛铁矿、钛磁铁矿，另有少量赤铁矿、褐铁矿和硫化物；其中硫化物以磁黄铁矿为主，黄铁矿次之；脉石矿物以钛普通辉石、斜长石为主，其次为绿泥石。其主要矿物组成及含量见表 9-31。

表 9-31　钒钛磁选尾矿（原矿）主要矿物含量

矿物名称	钛精矿	钛磁铁矿	钛辉石	硫化物	斜长石
矿物含量（质量分数）/%	11.40~15.30	4.30~4.50	45.60~50.30	1.50~2.20	30.40~33.30
TiO_2 含量（质量分数）/%	51.84	13.38	1.85	0.52	0.097

由表 9-31 可知，原矿中的主要脉石矿物是钛辉石和斜长石，这两种脉石总含量高达 76%~83.6%。因此若想获得高品位的钛精矿，则需高效分离出这 2 种脉石。

选钛厂的原矿多元素化学分析结果见表 9-32。

表 9-32　选钛厂的原矿多元素分析结果

元素	TiO$_2$	S	TFe	FeO	Fe$_2$O$_3$	P
含量（质量分数）/%	11.05	0.429	14.45	14.19	4.88	0.0085
元素	MnO	V$_2$O$_5$	CaO	MgO	Al$_2$O$_3$	SiO$_2$
含量（质量分数）/%	0.242	0.084	8.86	8.54	9.58	32.76

由表 9-32 可知，选钛厂原矿中主要回收的矿物是钛铁矿和钛磁铁矿。

原矿的物理性质见表 9-33。

表 9-33　原矿的物理性质

矿物名称	密度 /g·cm^{-1}	比磁化系数 /cm^3·g^{-1}	显微硬度 /kg·mm^{-2}	介电常数	电阻率 /Ω·cm
k_0	4.6~4.7	2.4×10^{-4}	750~800	781	1.75×10^5
钛磁铁矿	4.6~4.8	7.3×10^{-3}	720~750	>81	1.38×10^6
钛辉石	3.2~3.3	1.0×10^{-4}	900~1020	6~7	3.13×10^6
硫化矿	4.4~4.9	4.1×10^{-3}	300~430	781	1.25×10^4
斜长石	2.7	1.4×10^{-5}	760~890	5~7	>10^{14}

分析原矿中有用矿物（钛铁矿和钛磁铁矿）与脉石矿物（钛辉石、斜长石、硫化物）的物理性质差异，采用合适的分选工艺方法，妥善利用好其差异，以获得高回收率、高品位的钛精矿。

9.4.2.2　工艺流程

A　原设计选钛工艺流程

原设计选钛工艺流程如图 9-35 所示。

该流程有如下特点：

（1）隔渣除渣，再用弱磁选选出剩下的原尾矿中的磁铁矿。

（2）采用水力分级脱泥（尾矿），并分为磁析两个待选粒级（+0.1mm 粒级和-0.1~0.045mm 粒级）。

（3）对粗、细两个粒级分别用梳理旋流器进一步脱泥除尾，对水力旋流器的沉砂进行强磁选进一步除尾，然后对粗粒采用铸铁螺旋选矿机进一步脱尾，对螺旋选矿机的中矿分级，并对分级的沉砂进行闭路再磨。之后对分级的中矿进行摇床重选，分级溢流和摇精去浮选；对细粒的强磁精矿再次水力旋流器脱泥，然后对水力旋流器的沉砂进行螺旋溜槽和摇床精选，再对摇精进行浮选和脱硫—干燥电选，产出粗、细粒钛精矿。

B　优化后的选钛工艺流程

优化后的选钛工艺流程如图 9-36 所示。

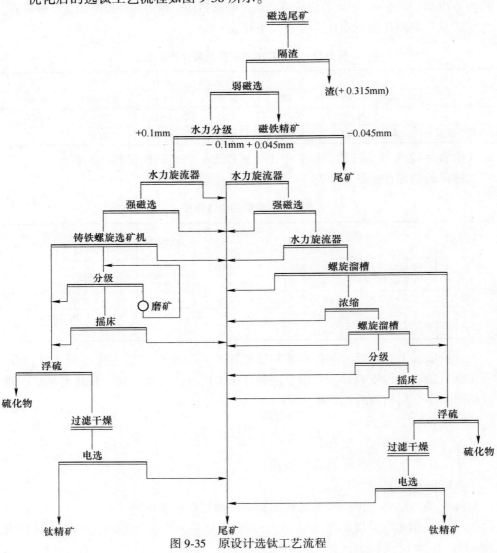

图 9-35　原设计选钛工艺流程

优化后的选钛工艺流程与原设计流程相比得以大大简化，优化后的流程采用较先进的分级设备——KMLF 型斜窄流分级机、GL-2C 螺旋选矿机和高梯度强磁选机。斜窄流分级机将物料分为 +0.075mm 和 -0.075mm 两个粒级。粗粒级先弱磁选除磁，弱磁尾进 GL-2C 螺旋选矿机进一步脱尾，螺精浮选弃尾脱硫，浮精再弱磁选弃磁，磁尾干燥后电选拿粗粒钛精矿；对于 -0.075mm 粒级矿物，先采用高梯度强磁选弃尾，强精浮硫，底流浮钛弃尾，钛精干燥得细粒钛精矿。

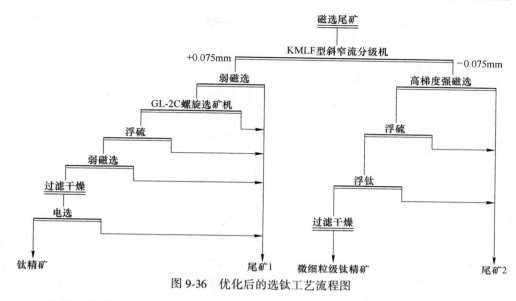

图 9-36　优化后的选钛工艺流程图

对微细粒钛铁矿的回收流程进行优化，并进行数质量考查，考查结果如图9-37所示。

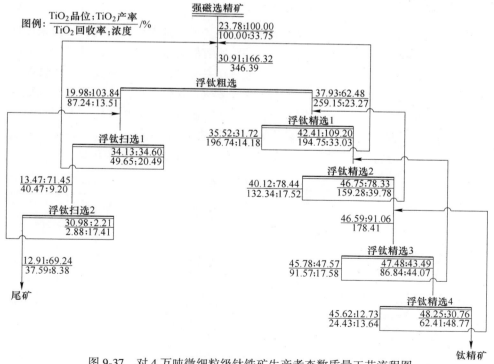

图 9-37　对 4 万吨微细粒级钛铁矿生产考查数质量工艺流程图

优化后的细粒（-0.075mm 部分）钛铁矿得到有效回收，尾矿 TiO_2 显著降低，降到 12.91%，钛精矿品位达 48.25%，回收率也显著提高。

9.5 大冶式铁矿

武钢集团矿业公司有三个铁矿，分别是大冶铁矿、程潮铁矿和金山店铁矿。这三个铁矿都是大冶式铁矿，是典型的富含有多种有色金属和贵金属资源的矿山。

9.5.1 大冶铁矿选矿厂

大冶铁矿坐落于黄石市铁山区，早在 1890 年湖广总督张之洞兴办钢铁时开发，1950 年 3 月确定为武钢主要的铁矿石供应基地。采矿场于 1957 年 3 月施工，1958 年 9 月投产，规模 55 万吨/年，生产低铜和低硫高炉富矿，1958 年 8 月开建选矿车间，1959 年 10 月建成投产。目前，大冶选矿厂实际生产能力为年处理原矿 261.9 万吨，年生产铁精矿 117 万吨，铜精矿 0.4 万吨，硫钴精矿 6.0 万吨。

9.5.1.1 矿石性质

大冶铁矿是一个大型含铜接触交代矽卡岩型磁铁矿矿床。铁矿体分布于闪长岩和大理岩的接触带内，由闪长岩侵入三叠纪石灰岩后接触变质而成。

A 矿石类型

大冶铁矿选矿厂处理的矿石分为氧化矿和原生矿，随着露天闭坑和坑内采场向下延伸，原矿性质有明显变化。其矿石类型除原有的磁铁矿矿石、磁铁矿—赤铁矿矿石外，还出现了混合矿石，即磁铁矿—菱铁矿—赤铁矿矿石、磁铁矿—赤铁矿矿石和菱铁矿—赤铁矿矿石和菱铁矿矿石。金属矿物可选性较好。由于逐步转入坑内开采，加上外购矿石，则原矿中铜品位较低，铁、硫等元素品位变化不大。

根据矿石中铜、铁、硫的含量及氧化程度的不同，划分为 7 个等级，见表 9-34。其中，(TFe/FeO)>3.5 时为氧化矿，(TFe/FeO)<3.5 时为原生矿。

表 9-34 矿石类型

种类	矿石等级	代号	含铁量(质量分数)/%	含铜量(质量分数)/%	含硫量(质量分数)/%
原生矿	高铜富矿	Fe1	>45	>0.3	>0.3
	低铜富矿	Fe2	>45	<0.3	>0.3
	贫铁矿	Fe3	45~20	—	—
氧化矿	高硫高铜氧化富矿	Fe5-S	>45	>0.3	>0.3
	高铜低硫氧化富矿	Fe5	>45	>0.3	<0.3
	低铜高硫氧化富矿	Fe6-S	>45	<0.3	>0.3
	低铜低硫氧化富矿	Fe6	>45	<0.3	<0.3

B　矿石的组成

矿石中主要的金属矿物包括原生磁铁矿、黄铜矿、黄铁矿、磁黄铁矿（含钴）、次生赤铁矿、斑铜矿、铜蓝及少量金银等；脉石矿物有石榴子石、角闪石、透辉石、绿泥石与方解石等。原生矿和混合矿主要矿物相对含量分别见表9-35和表9-36。

表 9-35　原生矿主要矿物相对含量

矿物名称	磁铁矿	赤铁矿	褐铁矿、针铁矿	黄铜矿	黄铁矿
相对含量（质量分数）/%	68.46	1.25	0.80	1.04	4.30
矿物名称	黑云母	石英	透辉石	方解石	合计
相对含量（质量分数）/%	4.18	2.05	4.37	13.55	100.00

表 9-36　混合矿主要矿物相对含量

矿物名称	磁铁矿	赤铁矿	褐铁矿、针铁矿	黄铜矿	黄铁矿	—
相对含量（质量分数）/%	52.94	7.08	4.27	0.91	2.61	—
矿物名称	黑云母	石英	透辉石	方解石	黄玉	合计
相对含量（质量分数）/%	1.52	2.96	0.53	27.07	0.11	100.00

C　矿石的结构及嵌布粒度

磁铁矿结构致密，粒度为 0.1~0.01mm，黄铜矿粒度为 0.2~0.001mm。大多数金属矿物与脉石矿物的分离粒度为 0.5~0.01mm。

D　矿石的物理性质

磁铁矿普氏硬度系数 $f=12~16$，假象赤铁矿普氏硬度系数 $f=10$，原生矿密度为 $4.0t/m^3$，氧化矿密度为 $3.6t/m^3$。

E　伴生贵金属的赋存状态

矿石中自然金含量极少。在浮选精矿中，镜下所见的自然金表面清洁，形态并不复杂，主要为角粒状、尖角粒状，次之长角粒状，少量为板片状、针线状。金的粒度较细，均小于 0.075mm。在浮选精矿中，呈单体的自然金占 57.88%，与黄铁矿连生的占 26.21%，在黄铁矿与黄铜矿粒间的占 3.56%，与黄铜矿连生的占 0.49%，与脉石连生的占 11.86%。

F　钴的赋存状态

从矿石物质成分研究及钴的状态考查发现，钴均呈分散状赋存于各矿物中，其主要富集在硫化物中，其中磁铁矿和铁镁硅酸盐矿物中钴含量很少。在硫化物中，黄铁矿中钴的含量最高，其次是磁黄铁矿和黄铜矿。黄铁矿中含钴（质量分数）一般为 0.2%~0.7%，平均含量为 0.49%。

9.5.1.2 工艺流程

A 现生产破碎筛分工艺流程

现生产工艺流程为三段一闭路加洗矿的破碎工艺流程。露采转地下采矿后，破碎的最大给矿粒度为 450mm，最终的破碎产品粒度为 8mm。转地采后，原矿含泥量增加，为保证破碎流程畅通，降低破碎最终产品粒度，改善电磁滚筒干选作业条件，提高抛废率（18%~20%），改造后，则须在细碎前添加洗矿作业。

粗碎采用的是 2 台 φ1500mm×1200mm 颚式破碎机，颚式破碎机排矿经棒条筛预先筛分，筛上产物进入 2 台 φ2100mm 标准圆锥破碎机进行中破，筛下产物和中碎排矿一起进入两段高压水洗矿筛（一段固定筛，一段振动筛），筛孔为 8（或 5）mm，筛上产物进入 φ2100mm 短头型圆锥破碎机，短头圆锥破碎机排矿返回洗矿筛构成闭路细碎。−8（或 5）mm 产物泵至主厂房用浓密斗粗细分离，溢流进入浓密机，底流进入一段磨矿分级机进行磨矿。

B 大冶选矿厂磨选工艺流程

（1）大型化改造前磨选工艺流程。其包括原生矿选别工艺流程和混合矿磨选工艺流程。

1）原生矿选别工艺流程如图 9-38 所示。原生矿磨选流程为两段连续磨矿。铜硫混合浮选—铜硫分选为粗浮选尾矿连续四次磁旋的精选流程，其中铜硫混合

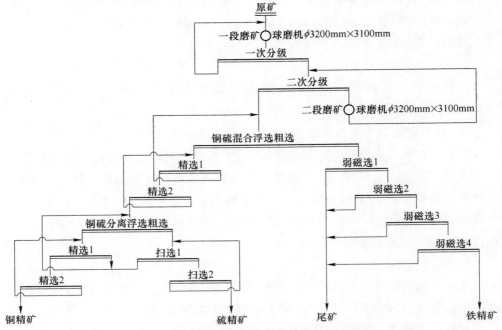

图 9-38 大冶选矿厂原生矿选别工艺流程图

浮选过程包含一次粗选和两次精选；铜硫分离浮选过程包含一次粗选、两次精选和两次扫选，其最终产物有三个精矿（铜精矿、硫精矿、铁精矿）和一个磁选尾矿。

2）混合矿磨选工艺流程如图 9-39 所示。混合矿磨选流程为两段连续磨矿铜硫混合浮选（含一次粗选和两次精选）铜硫分选（含一次粗选，两次精选和两次扫选），铜硫混合浮选尾矿包括连续四次磁选精选，磁选尾矿浓缩脱水和强磁扫选过程。其产出三个精矿（铜精矿、硫精矿铁精矿）和一个尾矿。

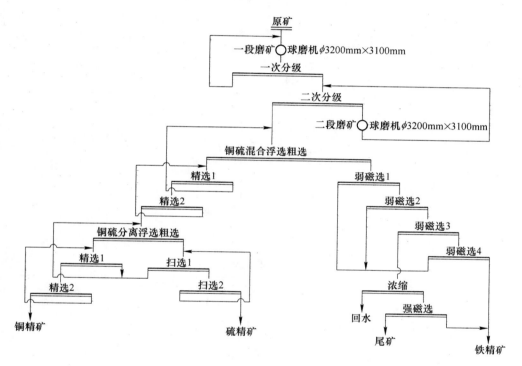

图 9-39　大冶选矿厂混合矿磨选工艺流程图

（2）大型化改造后的磨选工艺流程如图 9-40 所示。大冶选矿厂大型化改造前后生产技术指标见表 9-37。

9.5.2　程潮铁矿选矿厂

程潮铁矿是全国大型黑色冶金矿山地下矿山之一，是武钢的重要原料基地。选矿厂于 1967 年开始建设，并在 1969 年 11 月建成投产。目前选矿厂实际生产能力为年处理原矿 300 多万吨，年生产铁精矿近 120 万吨，铜精矿约 780 多吨，硫精矿 3 万多吨。

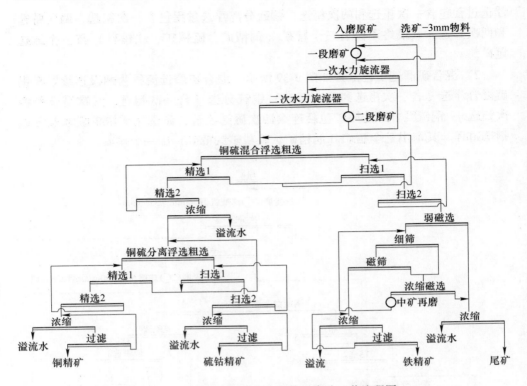

图 9-40   大冶选矿厂设备大型化后磨选工艺流程图

表 9-37   大型化改造前后生产技术指标

年份	原矿处理量 /万吨·年⁻¹	精矿产量 /万吨	原矿品位 /%	精矿品位 /%	尾矿品位 /%	回收率 /%
2007	227.67	110.65	41.78	64.47	9.20	75.01
2008	261.90	117.00	39.26	64.01	8.70	80.11

9.5.2.1 矿石性质

A 矿石的矿物组成及特征

矿床为大冶式热液交代矽卡岩型磁铁矿矿床，其主要金属矿物为磁铁矿，其次为赤铁矿、黄铁矿和黄铜矿，同时还含有少量穆磁铁矿、磁黄铁矿、斑铜矿、辉铜矿、镜铁矿、方铅矿和闪锌矿；非金属矿物主要为方解石、绿泥石、金云母和石榴子石，其次为硬石膏、石英、透辉石、阳起石、蛇纹石，同时还含有少量绿帘石、黝帘石、磷灰石、榍石、角闪石、长石和普通辉石。矿石构造特征是以致密块状的富磁铁矿为主，其次为浸染状及斑块状、条带状。

（1）磁铁矿。磁铁矿是矿石的主要金属矿物，东区Ⅱ号矿体磁铁矿在矿石中占矿物组成的 40%～55%。多为他形晶粒，粒径多为 0.01～0.8mm；部分磁铁矿呈星点状分布于脉石中，粒径小于 0.004mm；还有一些磁铁矿颗粒粒径包有 0.004~0.05mm 的黄铁矿和脉石矿物。西区Ⅲ号矿体磁铁矿占矿石中金属矿物的 88%，大多为半自形至他形晶粒，少量具交代残余结构，常见的矿石构造为块状、浸染状及斑块状。磁铁矿结晶粒度细小，粒径以 0.05~0.09mm 为主，结晶粒度小于 0.074mm 占 93.13%。

（2）黄铁矿。黄铁矿是矿石中主要硫化物。东区Ⅱ号矿体黄铁矿多为他形粒状和不规则脉状，呈他形粒状产出的颗粒多为 0.02~0.3mm。其主要产于磁铁矿与脉石矿物颗粒间隙中及脉石矿物中，部分产于磁铁矿颗粒中，在整个矿体中分布不均，约占矿石的 2%~4.5%。西区Ⅲ号矿体中黄铁矿约占矿石的 5%~15%，早期矿石呈浸染状或斑点状，在磁铁矿中结晶较好，自形、半自形粒径为 0.2~1mm；晚期矿呈脉状，粒径为 1~3mm。

（3）黄铜矿。东区Ⅱ号矿体中黄铜矿主要呈他形粒状，少量为不规则脉状，主要产于脉石矿物、磁铁矿和黄铁矿颗粒接触处，粒径多为 0.06~0.1mm。西区Ⅲ号矿体中黄铜矿含量极少，呈脉状、呈星点状，多与黄铁矿伴生。

B 矿石化学成分及物相分析

原矿多元素化学分析结果见表 9-38，铁物相分析见表 9-39，硫物相分析见表 9-40，铜物相分析见表 9-41。

表 9-38 原矿多元素化学分析结果

样品名称	元素	TFe	SFe	FeO	Al_2O_3	CaO	MgO	SiO_2	P
+430m	含量（质量分数）/%	34.11	32.26	14.24	3.54	14.22	2.78	14.20	0.018
-430m	含量（质量分数）/%	35.18	28.84	12.77	3.84	14.0	2.76	16.17	0.013
样品名	元素	S	Co	Cu	K_2O	Na_2O	Au	Ag	烧减
+430m	含量（质量分数）/%	3.21	0.014	0.034	1.84	0.24	—	—	7.72
-430m	含量（质量分数）/%	5.78	0.003	0.011	1.81	0.26	0.08	未检出	6.82

表 9-39 原矿铁物相分析结果

样品名称	铁物相	磁铁矿	假象赤铁矿	黄铁矿	硅酸铁	碳酸铁	赤褐铁矿	合计
+430m	铁含量（质量分数）/%	29.73	0.10	1.31	1.72	0.61	0.61	34.08
	分布率/%	87.24	0.29	3.84	5.05	1.79	1.79	100.00
-430m	铁含量（质量分数）/%	25.50	0.20	0.79	2.01	1.20	1.00	30.70
	分布率/%	83.06	0.65	2.57	6.55	3.91	3.26	100.00

表 9-40 原矿硫物相分析结果

样品名称	硫物相	硫酸盐	硫化铁	合 计
+430m	硫含量（质量分数）/%	1.08	1.95	3.03
	分布率/%	35.64	64.36	100.00
-430m	硫含量（质量分数）/%	5.81	0.078	5.888
	分布率/%	98.68	1.32	100.00

表 9-41 原矿铜物相分析结果

样品名称	铜物相	原生硫化铜	次生硫化铜	结合氧化铜	自由氧化铜	水溶铜	合 计
+430m	铜含量（质量分数）/%	0.018	0.023	0.0046	0.001	0.00023	0.04683
	分布率/%	38.44	49.11	9.82	2.14	0.49	100.00
-430m	铜含量（质量分数）/%	0.008	0.007	1.004	0.0002	0.0002	0.0194
	分布率/%	41.24	36.08	20.62	1.03	1.03	100.00

由表 9-39 分析可知，磁铁矿是矿石中最主要的含铁矿物，占含铁矿物的 83%~87% 以上。假象赤铁矿和赤褐铁矿含量均较少，不可回收的铁硅酸铁含量多；由表 9-40 分析可知，+430m 矿石硫化铁较多，硫酸铁较少，-430m 硫基本存在于硫酸盐中；由表 9-41 分析可知，在 +430m 矿石中，铜主要存在次生硫化铜中，在 -430m 铁矿石中，铜按存在量分别分布于原生硫化铜、次生硫化铜和结合铜中。

C 矿石矿物含量

西区矿石中矿物成分较为复杂，矿物含量见表 9-42。

表 9-42 程潮铁矿原矿矿物含量统计

样品	含量（质量分数）/%								
	磁铁矿	黄铁矿	赤铁矿	磁黄铁矿	黄铜矿	碳酸盐	长石	硬石膏	绿泥石
+430m	41.75	2.83	1.03	0.59	0.07	21.38	14.72	6.51	4.49
-430m	35.66	1.58	2.01	微量	0.02	3.93	12.09	20.37	13.61

样品	含量（质量分数）/%								
	透辉石	石英	透闪石	帘石	云母类	磷灰石	其他	合计	—
+430m	1.43	1.59	1.28	0.61	0.72	0.11	0.89	100.00	—

续表 9-42

含量（质量分数）/%

样品	透辉石	石英	透闪石	帘石	云母类	磷灰石	其他	合计	—
−430m	0.95	3.09	1.34	3.59	0.85	微量	0.91	100.00	—

注：1. 金属矿物中磁铁矿含有少量穆磁铁矿；赤铁矿中含有微量假象和半假象赤铁矿，黄铁矿中含微量黄铜矿和磁黄铁矿。

2. 脉石矿物中长石主要为钾长石，含有较少斜长石，碳酸盐主要为方解石-铁方解石，含有少量白云石。云母类含黑云母、白云母和绢云母；黏土类含有高岭土、伊利石、隐晶质黏土及微量滑石等。

9.5.2.2　工艺流程

A　现破碎筛分和预选工艺流程

2001 年程潮选矿厂进行挖潜改造，引进了 3 台 HP-500 圆锥破碎机，1 台 HP-500 破碎机用在中碎作业中，2 台用在细碎作业中。其中，中碎作业中采用 HP-500 标准圆锥破碎机后，矿石破碎至 65~0mm，之后采用 3YA-2160 型圆振筛对中碎产品进行筛洗分级，将其筛分成 13~65mm、3~13mm 和 0~3mm 三个级别。13~65mm 和 3~13mm 的中碎产品分别采用 4 台 CTDG-0810F 型干式永磁大块干磁选机和 1 台 CTDG-0810F 型干式永磁大块磁选机进行干选抛尾，并产出 65~13mm 的干选废石和 3~13mm 的瓜米石；0~3mm 粒级物料先经 CTN-1230 型溢流湿式永磁磁选机进行磁选抛尾，磁选的尾矿经过 ZKB-1856 型直线振动筛分级脱水后，粒级为 0.5~3mm 的尾矿作为干尾送至尾矿堆，0~0.5mm 级别经过 ϕ45m 浓密机后用泵扬至尾矿库。所得精矿再经过 ZKB-1856 型直线筛筛分为 0.5~3mm 和 0~0.5mm 两个粒级。0.5~3mm 粒级通过皮带送至球磨机矿仓，0~0.5mm 粒级由渣浆泵送至湿式磁选。原矿品位为 32.95%，经过预选抛尾后，可得品位为 42% 左右的粗精矿，尾矿品位为 6.37%，可以抛弃为 45% 左右的废石。破碎筛分及干式预选工艺流程如图 9-41 所示。

B　现磨选工艺流程

在原设计工艺流程中，选矿工艺采用一段磨矿、一次磁选及从尾矿中浮选回收铜、硫，其采用的浮选设备是浮选柱。该工艺在 20 世纪 60 年代投产，建厂时为考虑选铜作业。1988 年的生产流程主要由两段磨矿、三段细筛、三次磁选及硫浮选（一次粗选、一次精选）组成。

（1）选铁工艺流程。现选铁流程新增了 1 台 ϕ3600mm×6000mm 球磨机作为二段磨矿，原作为二段磨矿的 2 台 ϕ2700mm×3600mm 球磨机改为一段磨矿，并新增两组 WDS-500mm×6 水力旋流器与之配套作为磨矿分级设备。一段磨矿细度为 −0.075mm 的矿物占 55%，二段磨矿细度为 −0.075mm 的矿物占 75%，球磨配置由原来的"4+2"改为"6+1"型。同时新增 4 台 ϕ1050mm×2400mm 磁选

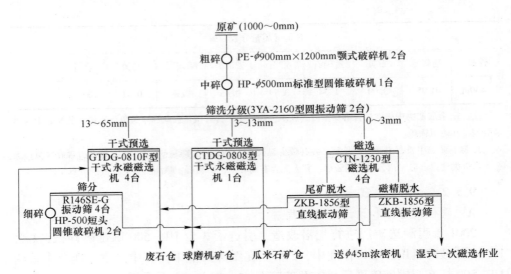

图 9-41   程潮选矿厂破碎筛分及干式预选工艺流程图

机，10 台 20m³ 浮选机以及 20 台 φ2000mm×2000mm 高频振网筛。在工艺上改为二磁精进一段高频振网筛，筛下产品进入反浮选后进行三次磁选，过滤得最终精矿；筛上产物进入二段磨矿，与二段高频振网筛形成闭路。铁精矿由原来的66.00%提高到67.50%；含硫量由原来的0.60%下降到0.20%以下。选矿厂处理能力达到350万~400万吨，精矿生产能力达到150万~180万吨。选铁工艺流程如图 9-42 所示。

（2）选铜硫工艺流程。程潮铁矿原矿中含有少量黄铁矿和黄铜矿。为了综合回收利用，选矿厂于 1969 年建立了硫回收系统，并在 1998 年建成铜硫分离系统。在入选原矿含铜量为 0.038%、含硫量为 2.51%的前提下，采用一次粗选、一次混合精选得到铜硫混合精矿。铜硫分离采用一次粗选、二次精选的浮选工艺流程，可获得 16.00%左右的铜精矿和 42.00%的硫精矿。2000 年又对铜硫回收系统进行全面改造，其改造后的铜硫浮选工艺流程如图 9-43 所示。

在改造后的铜硫浮选工艺中，包含以下改造措施：

1）主厂房尾矿浓密机底流隔渣；

2）更新粗选设备，新装的 10 台 BF-8m³ 浮选机取代原来的 3 台 JJF-20m³ 浮选机；

3）更新搅拌设备；

4）更新过滤设备；

5）稳定加药。

改造前后铜硫回收系统指标对比见表 9-43。

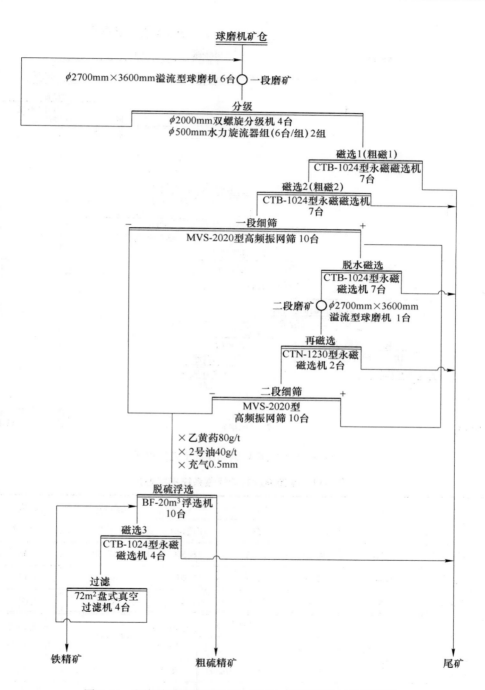

图 9-42 程潮选矿厂磨矿分级、磁选—浮选选铁工艺流程图

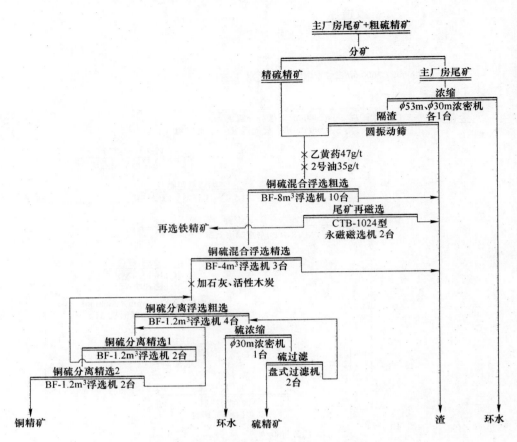

图 9-43　程潮选矿厂铜硫浮选工艺流程图

表 9-43　改造前后铜硫回收系统指标对比

时间	硫精矿产率 /%	硫品位/%			硫回收率 /%	铜精矿 产率/%
		硫精矿	尾矿	浮选原矿		
改造前	8.08	40.21	2.92	6.50	59.39	0.10
改造后	10.49	47.61	2.93	7.61	65.60	0.17
增加值	2.41	7.40	0.01	1.11	6.21	0.07

时间	铜品位/%			铜回收率/%		硫精矿月 产量/t	铜精矿产量/t	通流系统 作业率/%
	硫精	尾矿	浮选原矿	铜作业	对浮原			
改造前	16.00	0.29	0.62	51.11	36.06	1948	6.80	72.07
改造后	17.10	0.25	0.53	52.77	44.72	2768	8.42	85.54
增加值	1.10	-0.04	-0.09	1.66	8.66	820	1.62	13.47

由表9-43可知，改造后各项指标明显好于改造前。

9.5.3 金山店铁矿选矿厂

金山店铁矿选矿厂位于湖北省大冶市金山店镇，选矿厂于1974年部分投产。

9.5.3.1 矿石性质

金山店铁矿各矿区矿石均属于岩浆后期的热液交代磁铁矿或接触交代矽卡岩型矿床，其主要有6种矿体组成。矿体赋存于石英——长岩细晶花岗岩与矽卡岩的正接触带，主要受成矿前断裂构造控制。

A 矿石的组成

张伏山井下矿石属于高硫磁铁矿矿石，铁矿物主要为以磁铁矿为主，另有少量假象赤铁矿、褐铁矿和菱铁矿，金属硫化物以黄铁矿为主，偶有黄铜矿、铜蓝；脉石矿物主要为方解石、金云母、绿泥石，其次为石英、绢云母、高岭石。矿石中主要矿物含量见表9-44。

表9-44 矿石中主要矿物含量

矿物	磁铁矿假象赤铁矿	赤、褐铁矿	黄铁矿	黄铜矿铜蓝	方解石	金云母
含量（质量分数）/%	42.7	0.2	4.5	微量	14.1	8.2
分布率/%	42.7	0.2	4.5		14.1	8.2
矿物	绿泥石	钾长石斜长石	透辉石	石英	绢云母高岭石	其他
含量（质量分数）/%	8.7	9.6	4.1	3.5	3.9	0.5
分布率/%	8.7	9.6	4.1	3.5	3.9	0.5

由表9-44可知，铁矿物以磁铁矿和假象赤铁矿为主，黄铁矿次之，硫主要含在黄铁矿里；脉石矿物种类多，最多的是方解石，其次为长石、绿泥石、金云母、透辉石等。

B 矿石成分

原矿石多元素化学分析结果见表9-45。

表9-45 原矿石多元素化学分析结果

元素	TFe	FeO	Fe_2O_3	Cu	Co	SiO_2	TiO_2	Al_2O_3	CaO	MgO
含量（质量分数）/%	35.44	15.00	34.00	0.017	0.013	21.58	0.33	5.45	8.12	5.12
元素	MnO	Na_2O	K_2O	P	S	C	烧失	Au	Ag	
含量（质量分数）/%	0.099	0.99	1.05	0.19	2.60	1.65	7.18	<0.5	8.0	

注：1. $(CaO+MgO)/(SiO_2+Al_2O_3)=0.49$，$TFe/FeO=2.36$；2. Au、Ag单位为g/t。

C　矿石的物相分析

原矿铁物相分析结果见表9-46。

表9-46　原矿铁物相分析结果

铁物相	磁铁矿	半假象赤铁矿	赤、褐铁矿	碳酸铁	硫化铁	硅酸铁	合计
含量（质量分数）/%	28.23	2.10	0.99	0.42	1.81	1.64	35.19
分布率/%	80.22	5.97	2.82	1.19	5.14	4.66	100.00

由表9-46可知，原矿中磁铁矿和半假象赤铁矿总分布率达86.19%，为弱磁选的回收对象；赤褐铁矿和碳酸铁弱磁性矿物分布率为4.01%，弱磁选不能回收但含量较少；硫化铁分布率为5.14%，可考虑按硫精矿回收。

原矿硫物相分析结果见表9-47。

表9-47　原矿硫物相分析结果

硫物相	硫化物	磁性硫	硫酸盐	合　计
含量（质量分数）/%	2.41	0.07	0.10	2.58
分布率/%	93.41	2.71	3.88	100.00

D　矿石结构

矿石主要为微细粒半自形晶粒状结构，其次为碎裂结构和少量交代残余结构，粒度为0.03~1.5mm，一般为0.03~0.45mm。

E　矿石的构造及特征

张伏山井下矿石呈块状、浸染状产出，其次为斑杂状和条带状产出。矿石的构造主要可分为6种，分别为块状构造、浸染状构造、粉状构造、角砾状构造、斑块状构造（或斑杂状构造）和条带状构造。

（1）块状构造。磁铁矿多呈自形、半自形或他形晶粒状集合体嵌布于脉石中，其粒度最大为3mm，一般为0.042~0.2mm；有的呈浸染状，与伴生矿物黄铁矿之间的界线较为整齐，但部分已被黄铁矿所交代，并有少量赤铁矿呈粒状嵌布于其中。黄铁矿一般呈不规则粒状或星点状嵌布于脉石矿物或磁铁矿中，最大粒度为4mm，一般为0.021~0.12mm。黄铜矿呈不规则粒状嵌布于脉石矿物或磁铁矿中，粒度为0.012~0.084mm，且与铜蓝连生。脉石矿物以方解石为主，其间有铁质浸染现象。

（2）粉状构造。矿石呈灰黑色疏松粉沙状。磁铁矿呈零星分布，一般呈0.1mm的半自形晶粒状，少量0.2~0.5mm的结晶较大而完好者是两个不同时代的产物。后者是晚世磁铁矿，并与结晶完好、颗粒较大的金云母、透辉石碳酸盐矿物及黄铁矿密切共生。磁铁矿含铁量（质量分数）一般达70%。黄铁矿在粉矿中多呈小于0.1~0.3mm，的细粒状，一般不易分出。

F　矿石的物理性质

矿石的密度为 4.168g/cm³，岩石密度为 2.819g/cm³，矿石的普氏硬度系数 f =8.9，矿石的松散系数为 1.53，矿石的磁性率（FeO/TFe）为 42.33%。

9.5.3.2　选矿工艺流程

A　破碎筛分工艺流程

原设计破碎干选工艺流程为：粗碎为 ϕ900mm×1200mm 颚式破碎机，颚式破碎机排矿给 ϕ5500mm×1800mm 湿式自磨机，自磨机排矿后经圆筒筛筛分，筛上产物（-80mm+12mm）进入干式预选，干选尾矿即为废石，干选精矿返回湿式自磨，圆筒筛的筛下产物（-12mm）送磨矿分级。

2004 年金山店选矿厂进行了破碎干选工艺流程改造，淘汰了自磨工艺。采用了三段一闭路的破碎流程，在破碎流程中引入了筛洗及水洗分级预选技术，采用了阶段破碎，阶段抛尾工艺。改造后的破碎干选流程如图 9-44 所示。

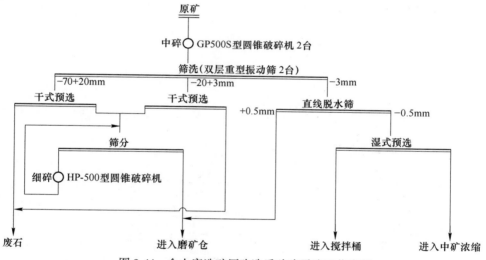

图 9-44　金山店选矿厂改造后破碎干选工艺流程

改造后的中碎排矿经筛洗分成三个级别，分别为（-70+20）mm、（-20+3）mm 和-3mm。（-70+20）mm 和（-20+3）mm 两个级别分别进行干式预选，干式预选的精矿进筛分同时进入细碎闭路筛分系统，筛下产物粒度为-12mm；-3mm 粒级先经直线脱水筛隔出+0.5mm 粗粒和筛下产物一起进入磨矿仓，-0.5mm 进行湿式预选，湿式预选的精矿进入搅拌桶。

B　金山店选矿厂改造后磨选工艺流程

金山店选矿厂改造后磨选工艺流程如图 9-45 所示。

金山店选矿厂改造后磨选流程包含阶段磨矿和阶段磁选。德瑞克细筛控制分级，浮选脱硫后产出铁精矿，浮选粗硫精矿和湿式预选尾矿加合浓缩后再进行浮选，得到硫精矿。2007 年选矿厂生产技术指标为：原矿铁品位 43.06%，年处理原矿 199.16 万吨，年生产品位为 65.08% 的铁精矿 109.2 万吨，尾矿铁品位 9.22%，铁回收率为 83.15%。

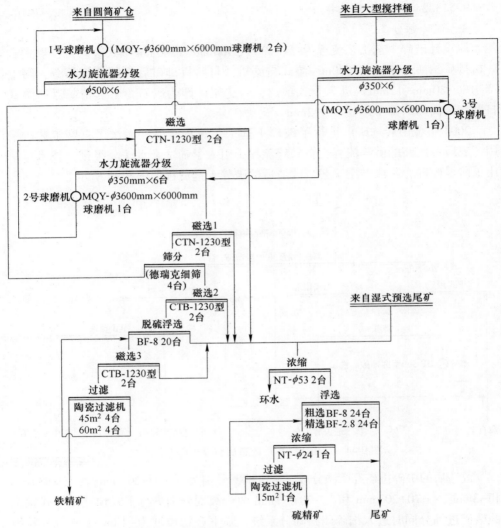

图 9-45　金山店选矿厂改造后磨选工艺流程图

9.6　宁芜式铁矿

宁芜式铁矿包括凹山铁矿、吉山铁矿、桃冲铁矿和梅山铁矿。

马钢南山铁矿凹山选矿厂于 1963 年设计，1965 年至 1969 年各建 3 个系列。设计分为原生矿和氧化矿，其选矿工艺流程分别采用单一磁选和弱磁选-重选。

1979 年进行第一次扩建，把 6 个磨选系列增至 8 个，1984 年又扩建 2 个磨选系列，实际年处理原矿量达到 500 万吨，年产铁精矿约 200 万吨。

选矿厂于 1987 年扩建碎矿系统，使破碎能力达到 600 万吨/年。目前年铁精矿生产能力达 160 万吨以上，铁精矿品位在 64% 上，铁回收率为 72%。

9.6.1　矿石性质

凹山铁矿属于中、低温热液矿床，产于闪长斑岩内，由囊状矿体和周围的浸染状矿带及若干矿脉组成。主矿体长 7000m，宽 550m，出露地表最高标高 +160m，埋藏最低标高 -214m。现已开采至 -177m 以下，属凹陷露天开采。凹山采场深部矿石全铁品位为 29.85%，工业类型属混合贫磁铁矿，酸性矿石。

9.6.1.1　矿石特征及矿物嵌布特征

以下分别介绍几种主要宁芜式铁矿的特征及矿物的嵌布特征。

（1）闪长玢岩角砾浸染状磁铁矿。矿石中的主要金属矿物为磁铁矿，并含有少量赤铁矿、菱铁矿和黄铁矿等；脉石矿物主要为斜长石、阳起石、绿泥石及绿帘石等。在玢岩质角砾中，磁铁矿呈自形—半自形—他形单晶粒状，大部分浸染在脉石中，集合体较少，粒度一般为 0.07mm，最大 >1mm，最小 <0.01mm。在胶结物中，由于再生及重结晶，使得颗粒粗大，呈自形—半自形晶，聚晶可见，与脉石连生界面规则、平直，易解离。最大工艺粒度 >10mm，一般在 0.45～0.05mm，最小可见 0.005mm。

（2）磷灰石阳起石磁铁矿。矿石中的主要金属矿物为磁铁矿，其次为菱铁矿，并含有少量赤铁矿等；脉石矿物主要为阳起石和磷灰石等。在磷灰石阳起石型矿石中，磁铁矿颗粒粗大。磷灰石、阳起石和磁铁矿组成典型的"三组合矿石"，最大工艺粒度一般在 0.10～0.5mm，最大 >30mm，最小可见 0.005mm。磷灰石、阳起石和磁铁矿毗邻相嵌，较易解离。

（3）高岭土化闪长玢岩浸染状磁铁矿。矿石中的主要金属矿物为磁铁矿，其次为黄铁矿、赤铁矿等；脉石矿物主要为斜长石、绿泥石和阳起石等。磁铁矿呈半自形—他形单晶粒状或集合状。在高岭土化矿石中，磁铁矿裂纹发育，晶体被石英、方解石及黄铁矿等构成的小细脉充填、穿插，由于磁铁矿硬度大、界线不平直，难解离，因此粒度一般在 0.20～0.05mm，最大 >2mm，最小可见 0.005mm。

（4）绿泥石化闪长玢岩浸染状磁铁矿。矿石中的主要金属矿物为磁铁矿，其次为黄铁矿、褐铁矿、菱铁矿及少量赤铁矿等；脉石矿物主要为斜长石和绿泥石等。磁铁矿呈自形—半自形—他形单晶粒状或集合状，以稀疏—稠密浸染在脉石中。由于磁铁矿受到后期的赤铁矿、黄铁矿、褐铁矿等的交代，部分呈港湾状，互为包体，难以解离。其粒度一般在 0.10～0.05mm，最大 >0.5mm，最小可见 0.005mm。

9.6.1.2　矿石矿物组成

凹山铁矿矿石矿物组成见表 9-48。

表 9-48　矿石矿物组成

矿物名	磁铁矿	假象赤铁矿	褐铁矿	菱铁矿	黄铁矿	斜长石	阳起石	绿泥石	磷灰石
含量（质量分数）/%	35.01	1.80	0.46	2.32	1.38	24.51	8.23	10.56	2.17

矿物名	绿帘石	石　英	方解石	高岭土	透辉石	角闪石	绢云母	矿泥	合计
含量（质量分数）/%	6.24	1.31	1.03	1.73	微量	微量	微量	3.25	100.00

由表 9-48 矿石矿物组成可知，弱磁选的可回收矿物为磁铁矿和假象赤铁矿，合计占矿物组成的 36.81%；脉石矿物中斜长石含量最多，其次为绿泥石、阳起石和绿帘石，三者占矿总量的 49.54%，再次为磷灰石、高岭土、石英和方解石。凹山铁矿属易选磁铁矿石。

（1）矿石多元素化学分析结果见表 9-49。

表 9-49　矿石多元素化学分析结果

元素	TFe	SFe	FeO	MFe	SiO_2	Al_2O_3	CaO	MgO	S	P	V_2O_5	烧减
含量（质量分数）/%	29.85	27.63	13.77	25.59	32.03	7.56	5.57	3.76	0.82	0.282	0.23	1.77

（2）矿石铁物相分析结果见表 9-50。

表 9-50　矿石铁物相分析结果

铁物相	磁铁矿	假象赤铁矿	赤、褐铁矿	硫化铁	硅酸铁	碳酸铁	合计
铁含量（质量分数）/%	24.37	1.22	0.22	0.63	2.81	0.35	29.60
分布率/%	82.34	4.12	0.74	2.13	9.49	1.18	100.00

各相的铁矿物为：1）磁铁矿相：磁铁矿；2）假象赤铁矿相：假象赤铁矿；3）赤褐铁矿相：赤铁矿、褐铁矿；4）硫化铁相：黄铁矿；5）硅酸铁相：阳起石、绿泥石、角闪石、绿帘石；6）碳酸铁相：菱铁矿。

（3）矿石的结构构造。矿石结构形式主要包含交代残余结构、交代假象结构、镶边结构、不等粒结构、伟晶结构等，还有少量隐晶、胶状和包含结构；矿石的构造形式主要包含角砾状构造、稀疏—稠密浸染状构造、块状构造等，还包含少量的细脉状、网脉状等构造。

（4）主要元素的赋存状态。凹山铁矿中主要赋存以下几种元素：

1）铁元素，主要赋存在磁铁矿中，铁分布率为81.08%；其次为假象赤铁矿、褐铁矿、菱铁矿和黄铁矿等矿物中；

2）硫元素，主要赋存在以独立矿物存在的黄铁矿中；

3）磷元素，主要赋存在以独立形式产出的磷灰石中；

4）钒元素，以类质同象方式赋存在磁铁矿与赤铁矿中，少量存在于阳起石中；

5）钛元素，有两种赋存状态：一是微量的钛铁矿；二是以类质同象的方式赋存在磁铁矿、赤铁矿、褐铁矿及硅酸盐等矿物中。

（5）矿石中主要矿物的密度见表9-51。

表 9-51　矿石中主要矿物的密度

矿物名称	磁铁矿	黄铁矿	斜长石	阳起石	绿泥石	磷灰石	绿帘石	石英
密度/kg·cm^{-3}	$5.02×10^3$	$5.01×10^3$	$2.65×10^3$	$3.25×10^3$	$2.82×10^3$	$3.07×10^3$	$3.50×10^3$	$2.65×10^3$

矿石密度为$3.09×10^3kg/cm^3$，松散系数为1.612，湿度为3.21%，矿石普氏硬度系数$f=8\sim14$，矿石密度为$3.32×10^3kg/cm^3$。

9.6.2　选矿厂生产工艺流程

9.6.2.1　凹山选矿厂现破碎筛分工艺流程

凹山选矿厂随着入选矿石由地表向深部原生矿的过渡，首先取消了洗矿及其配套系统作业，完成了由原设计工艺流程向标准三段一闭路破碎工艺流程的转变；2000~2007年，随着生产规模的发展和应用高效破碎设备实现节能降耗的要求，凹山选矿厂从细碎到粗碎作业先后引进进口设备代替国产设备的改造，大大提高了破碎系统的处理能力，改善了破碎产品粒度。改造后的破碎筛分流程如图9-46所示。

9.6.2.2　凹山选矿厂提质改造后磨选工艺流程

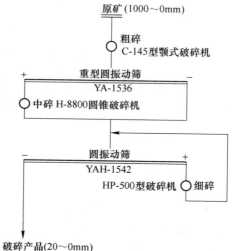

图 9-46　凹山选矿厂现破碎筛分工艺流程图

凹山选矿厂针对矿石性质的变化于2004年至2006年对选矿厂进行了新工艺的破碎、磨矿系统的改造。改造后的工艺流程为圆筒储矿仓粉矿—高压辊磨超细

碎—湿式圆筒打散筛分（筛孔宽 3mm）—直线振动筛筛分（筛孔宽 3mm）分级
—粗粒干选磁性不分返到高压辊磨、细粒湿式磁选，以及对其磁性产物两段再磨
再磁选的流程，流程如图 9-47 所示。

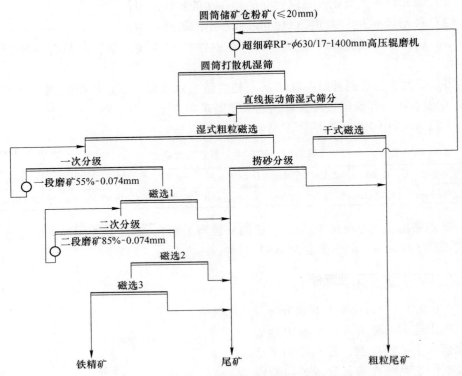

图 9-47　凹山选矿厂提质扩能改造后磨选工艺流程图

　　凹山选矿厂提质扩能改造后选矿厂已具备年处理 700 万吨原矿的能力和主厂
房年生产粗精矿 315 万吨的能力，最终精矿品位在 64% 以上。

9.7　白云鄂博式铁矿

9.7.1　矿石性质

　　白云鄂博式铁矿是我国独特类型的大型铁矿，产地在内蒙古自治区包头北白
云鄂博地区。其矿床为沉积变质型热液交代型矿床，是大型铁与多金属复合矿
床。矿区由主、东、西矿体组成，目前发现的元素有 71 种，形成矿物 130 多种，
主、东矿体平均含铁品位为 36.48%，稀土氧化物品位为 5.08%，氟品位为
5.95%，铌氧化物品位为 0.129%。
　　根据主、东矿的物质组成和矿石的可选性，矿石可划分为富铁矿、磁铁矿、

萤石型中贫氧化矿和混合型（包括钠辉石、钠闪石、云母、白云石型）中贫氧化矿。主矿、东矿区主要元素含量及各类型比例见表 9-52。

表 9-52 主、东矿区主要元素含量及各类型比例

矿体	矿石类型	类型比例	主要元素含量（质量分数）/%							
			TFe	Nb_2O_3	TR_2O_3	P	SiO_2	F	S	Mn
主矿	富铁矿	5.31	51.42	0.09	7.19	0.32	4.18	5.62	0.22	0.22
	磁铁矿	25.61	37.41	0.127	4.31	0.72	6.84	8.28	1.22	1.47
	萤石型氧化矿	26.94	32.65	0.158	7.48	0.94	5.38	10.26	0.85	0.79
	混合型氧化矿	3.24	33.38	0.126	5.11	0.55	11.69	7.22	0.51	2.46
	合计/平均	61.10	37.10	0.136	5.55	0.74	7.84	6.53	0.78	1.19
东矿	富铁矿	1.10	53.51	0.113	14.09	0.26	5.36	3.21	0.63	1.36
	磁铁矿	25.10	35.02	0.114	4.01	0.61	10.66	4.48	1.76	2.84
	萤石型氧化矿	6.10	32.82	0.140	7.58	1.02	8.84	7.56	0.92	0.87
	混合型氧化矿	6.60	31.45	0.124	5.71	0.83	13.76	5.33	1.22	1.69
	合计/平均	38.90	35.75	0.121	4.77	0.60	10.56	5.11	1.34	1.99
	总计/平均	100.00	36.48	0.129	5.18	0.72	9.38	5.95	1.04	1.88

由表 9-52 可知：

（1）铁绝大部分赋存于磁铁矿和赤铁矿（假象、半假象赤铁矿）中，有 10% 左右分散在铁的硅酸盐矿物和碳酸盐矿物和硫化物中。

（2）稀土主要为铈族稀土（镧、铈、镨、钕、钐等），其含量（质量分数）占总稀土含量的 96.45%~98.17%，其次是钇族稀土，占 1.83%~3.55%。铈族稀土中 CeO_2 含量最高，占 41.99%~49.02%；钇族稀土中 Y_2O_3 含量最高，占 0.55%~1.30%，并富含铕（Eu）。其中，$\Sigma CeO_2/\Sigma Y_2O_3$ 比值为 19.85~64.41。

（3）铌主要以 Nb_2O_5 的形式存于矿石中，其含量（质量分数）为 0.068%~0.16%，其中，有 52.498%~80.549% Nb_2O_5 赋存于铌矿物中，有 19.45%~47.502% Nb_2O_5 分散在铁矿物、萤石、稀土矿物、钠闪石及钠辉石等矿物中。

（4）磷主要赋存于独居石和磷灰石中，其含量（质量分数）约占总磷量的 96%~99%，少量分散在铁矿物、钠辉石、钠闪石等矿物中。

（5）氟主要赋存于萤石和氟碳酸盐稀土矿物中，其含量（质量分数）约占 98% 以上。

（6）钾、钠主要赋存于钠辉石、钠闪石、云母及长石等矿物中，其含量（质量分数）约占 98% 以上。

A 矿石矿物组成

白云鄂博矿区已发现 130 多种矿物，其中主、东矿体有 87 种。构成矿石的

矿物主要是铁矿物、稀土矿物和铌矿物,其他为萤石,钠辉石、钠闪石、白云石、磷灰石、重晶石和硫化矿物等。以下分别介绍构成矿石的主要矿物:

(1)铁矿物。形成铁的独立矿物主要有磁铁矿、赤铁矿、假象、半假象赤铁矿、具磁性赤铁矿、假象磁铁矿、磁赤铁矿、菱铁矿以及褐铁矿等,它们占铁总量的90%左右;

(2)稀土矿物,有15种,主要赋存于氟碳铈矿和独居石中,其含量(质量分数)为73.136%~96.047%,其次为氟碳铈钡矿、氟碳钙铈矿、褐帘石、镧石、磷镧镨矿、铈磷灰石、方铈石以及氟碳钡铈矿等。

(3)铌矿物以铌矿物独立存在的有铌铁矿、黄绿石、易解石、钛铁金红石、铌钙矿、铌易解石、钛易解石、钕易解石以及铌钛钕矿等。

B 矿石结构与构造

矿石构造形式主要有各种形态的条带状构造、块状构造、浸染状构造和浸染条带状构造。其中也广泛存在着各种脉状构造,还有一些少见的网脉状构造、角砾状构造和凝块状构造。矿石结构主要为自形、半自形晶粒状结构,不等粒状结构以及斑状结构,少量呈柱粒状结构、鳞片状结构、交代结构和格架状结构。

C 矿物粒度与嵌布特性

大于0.075mm粒度的铁矿物占65%,0.074~0.044mm的占25.50%,小于0.044mm的占9.5%;大于0.075mm粒度的萤石占90%;钠辉石粒度粗细不均,大于0.075mm的约占50%。稀土矿物一般嵌布粒度小,大于0.075mm的极少,绝大多数为-0.044mm;大于0.15mm粒度的碳酸盐类矿物和重晶石占60%~85%,小于0.075mm的占5%~20%。大于0.075mm粒度的钠闪石和金云母占60%;另外有的矿石仅占5%~20%。

综上所述,除铁矿物以外,各种矿物集合体粒度都较粗,大于0.075mm的约占66%,小于0.020mm的占10%左右。矿物嵌布粒度粗细不均,属于细粒浸染和微细粒不均匀浸染。

D 原矿多元素化学分析和原矿矿物定量分析

原矿多元素化学分析结果见表9-53,原矿矿物定量分析结果见表9-54。

表9-53 原矿多元素化学分析结果

矿石名称	含量(质量分数)/%						
	TFe	SFe	FeO	Fe_2O_3	SiO_2	K_2O	Na_2O
磁铁矿石	33.00	30.20	12.90	32.84	10.65	0.823	0.853
氧化矿石	33.10	—	7.20	—	7.73	0.35	0.52

矿石名称	含量(质量分数)/%						
	P	S	F	ReO	CaO	Al_2O_3	MgO
磁铁矿石	0.789	1.56	6.80	4.50	12.90	0.75	3.50
氧化矿石	1.09	1.08	8.43	6.50	16.60	0.82	1.16

表 9-54 原矿矿物定量分析结果

矿石名称	含量（质量分数）/%					
	磁铁矿	赤铁矿	黄铁矿	稀土矿物	萤 石	闪 石
磁铁矿石	34.21	8.36	3.10	5.50	13.46	14.68
氧化矿石	19.10	25.23	1.02	9.03	17.57	3.80

矿石名称	含量（质量分数）/%					
	碳酸盐矿物	磷灰石	重晶石	长 石	云 母	其 他
磁铁矿石	9.98	1.95	1.60	3.38	2.51	1.27
氧化矿石	6.78	2.50	5.20	5.60	3.65	0.32

不同磨矿粒度下主要矿物单体解离度和连生体的测定结果见表 9-55。

表 9-55 不同磨矿粒度下主要矿物单体解离度和连生体的测定结果

磨矿粒度/%		单体解离度/%			铁矿物连生体			
		铁矿物	萤石	稀土矿物	>3/4	3/4~1/2	1/2~1/4	<1/4
-0.075mm	75	63.65	39.20	63.42	19.49	9.90	5.80	1.16
	85	73.39	47.84	69.97	13.57	7.36	4.83	1.85
	95	81.21	57.84	75.95	6.94	7.69	4.67	0.49
-0.053mm	95	87.16	66.56	84.87	4.80	4.54	2.55	0.95
-0.044mm	95	90.79	74.81	90.10	3.82	3.28	1.78	0.33
-0.038mm	95	93.00	82.00	93.20	—	—	—	—

综上所述，白云鄂博矿属于多金属共生的复杂难选矿石，是具有重大综合利用价值的宝贵资源。

9.7.2 工艺流程

9.7.2.1 破碎筛分工艺流程

一段粗破碎设在矿山，采用 1 台 φ1500mm 旋回破碎机和 4 台 φ900mm 旋回破碎机进行连续两段破碎。破碎产品 300~0mm 从矿山运至选矿厂。选矿厂原设计破碎工艺为两段开路破碎，破碎氧化矿和磁铁矿两种矿石，设计要求大于 20mm 粒级占 20% 以下，实际生产大于 20mm 产率占 29%~30%，给磨矿作业造成很大难度。为了改善这一局面，保证分类入选，选矿厂对破碎系统进行大规模改造，完善了 6 套中细碎破碎系统，增建了闭路破碎，使破碎系统的生产能力大大提高，具备了分类入选的条件。

为了尽可能降低入磨粒度，实现多碎少磨的目标，经过多次试验确定了合理的破碎工艺参数，最终使破碎粒度降至 6mm 以下。

9.7.2.2　磨选工艺流程

中贫氧化矿和原生磁铁矿原则分选工艺流程分别如图 9-48 和图 9-49 所示。

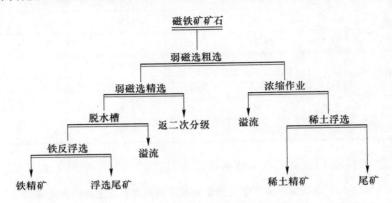

图 9-48　中贫氧化矿原则分选工艺流程图

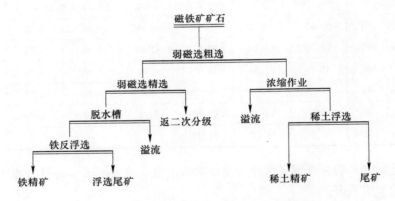

图 9-49　原生磁铁矿原则分选工艺流程图

外购低品位磁铁矿再磨再选原则分选工艺流程如图 9-50 所示。中贫氧化矿系列选别工艺流程考查数质量工艺流程如图 9-51 所示。

2007 年包钢选矿厂生产指标为：年处理原矿量 1203 万吨，年生产品位 64.98% 的铁精矿 454.2 万吨，尾矿品位 158.01%，铁回收率为 74.21%。

9.7.3　稀土精矿生产

包头稀土矿物的选矿经历了近半个世纪的研发实验过程，使用的工艺流程多达十几个。1965 年选矿厂建成投产后曾试验过原矿细磨后，在弱碱性矿浆中用氧化石蜡皂反浮选，反浮选泡沫脱药后进行浮选萤石和稀土的分离，或将反浮选

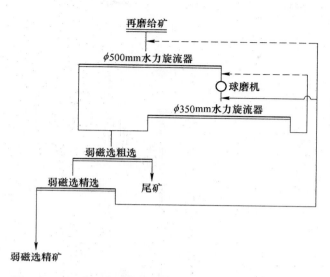

图 9-50 外购低品位磁铁矿再磨再选原则分选工艺流程图

稀土泡沫用刻槽床面摇床进行重选的工业试验；1970 年试验了原矿细磨后先经弱磁选，弱磁尾矿在弱碱性矿浆中用氧化石蜡皂混合浮选，混合浮选出精矿粗精矿脱药后，用氧化石蜡皂浮选回收稀土矿物，其工艺流程为弱磁选—混合浮选—优选浮选，上述工艺获得的稀土精矿品位只有 15% 左右；1974 年进行了原矿弱磁选尾矿半优先半混合浮选的工艺研究，含 15.00% 的 REO 浮选泡沫经摇床重选，生产出了品位为 30% 的重选稀土精矿，但稀土品位还是较低；1975 年广州有色金属研究院，采用烷基羟污酸及其盐类作稀土矿物的捕收剂，从含 25.00%～30.00% REO 的重选稀土精矿中选出 REO>60.00% 的稀土精矿，并于 1976 年半工业试验成功，1978 年转入工业生产，1980 年建成年产高品位稀土精矿、中品位稀土精矿的浮选车间。其流程如图 9-52 所示。

　　1984 年 8 月包头稀土研究院与包钢选矿厂合作，从重选稀土粗精矿中分选氟碳铈矿工业试验取得成功。氟碳铈矿精矿产率为 11.43%，稀土品位 70.34%，回收率为 28.72%，纯度 98.04%。1993 年又从强磁选中矿中分选出氟碳铈矿和独居石。工业试验指标为：氟碳铈矿精矿品位 70.25%，回收率 23.27%，纯度 96.14%；独居石精矿品位 60.25%，回收率 3.44%，纯度 95.37%；混合中矿品位 57.32%，回收率 27.48%；混合稀土精矿品位 62.45%。

　　目前能回收白云鄂博矿中稀土矿物的方法主要是浮选工艺。含稀土的入选原料经过一次粗选、二次精选和一次扫选浮选工艺就可以生产出品位 50% 的 REO 混合稀土精矿，如果需要生产出品位 60% 的 REO 精矿，只需增加一次精选即可。目前包头白云鄂博稀土矿物浮选工艺流程如图 9-53 所示。

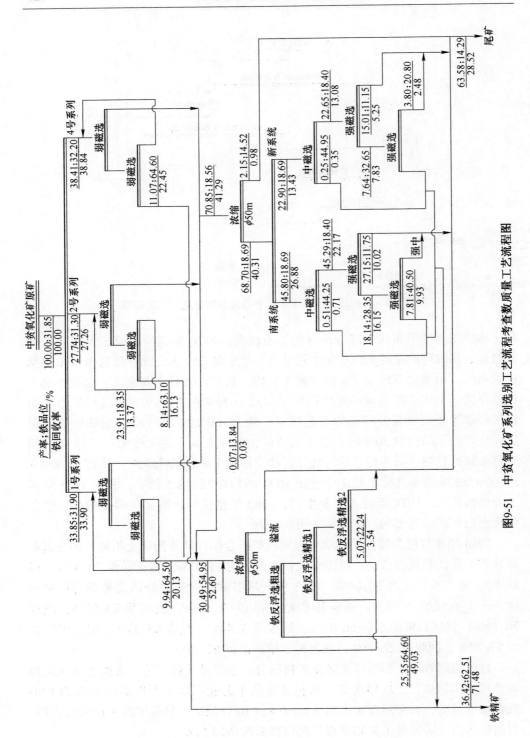

图9-51　中贫氧化矿系列选别工艺流程考查数量质量工艺流程图

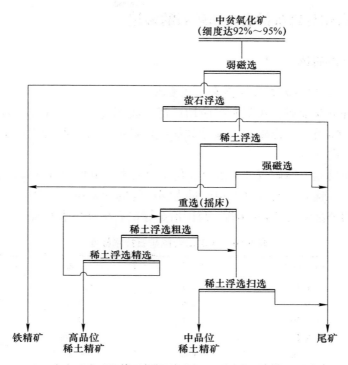

图 9-52 中贫氧化矿系列浮选—重选—浮选流程

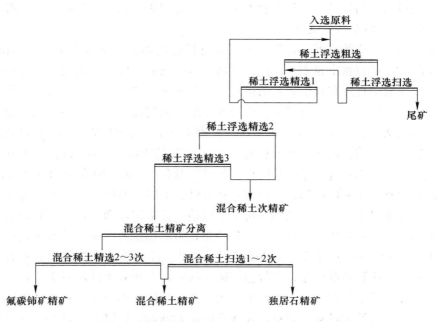

图 9-53 白云鄂博矿稀土矿物浮选工艺流程图

9.8 锰矿石和有色及稀有金属矿石的磁选

9.8.1 锰矿石的磁选

9.8.1.1 锰矿石的工业类型和工业要求

锰是一种重要金属，在工业中应用广泛。我国锰矿储量丰富，居世界前列。锰矿石按其自然类型分为碳酸盐锰矿和氧化锰矿两大类。我国碳酸盐锰矿居多，约占锰矿储量的 57%。

根据工业用途，锰矿石分为冶金和化工两大类。世界约有 92% 的锰用于钢铁工业。据统计，锰矿石的世界平均产量为钢产量的 3%~4%。我国锰矿石含锰量较低，每吨钢消耗量为 5%~10%。我国冶金锰矿石标准见表 9-56。

表 9-56　我国冶金锰矿石技术标准

品级	$w(Mn)/\%$	Mn/Fe	P/Mn	粒度/mm
一	≥40	≥7	≤0.004	≥3
二	≥35	≥5	≤0.005	≥3
三	≥30	≥3	≤0.006	≥10
四	≥25	≥2	≤0.006	≥10
五	≥18	不限	不限	—

注：该标准为原冶金工业部 1965 年颁布的冶金锰矿石产品技术标准。

各国对选出的锰精矿品位要求不一，其主要取决于原矿品位和精矿的用途。

9.8.1.2 锰矿石的选别

随着钢铁工业的发展，锰矿石的需要量日益增加。各国富锰矿石日趋减少，开采出的贫锰矿石越来越多，因此，贫锰矿石的选矿为各国所重视。对于原矿矿物成分比较简单且嵌布粒度较粗的矿石，可以采用洗选、筛选、重选和磁选等方法取得合格精矿；对于成分复杂、嵌布粒度较细的贫锰矿石，需要采用一般选矿方法和特殊选矿方法（主要是化学法）的联合选矿方法处理，才可能得到高品位的锰精矿。目前，锰矿选矿方法有重选（主要是跳汰选、摇床选）、重介质—强磁选、焙烧—强磁选、单一强磁选、浮选以及包括几种方法的联合选矿方法。

锰矿物属于弱磁性矿物，其比磁化率和脉石矿物的差别较大，因此锰矿石的强磁选占有重要地位。干式强磁选机很早以前就被采用处理锰矿石，其缺点是不能选别细粒嵌布的锰矿石。近年来，各种湿式强磁选发展迅速，目前运用广泛的是用于选别 -0.5mm 粒级乃至更细的矿石。因此，用磁选法处理锰矿石有着广阔前景。对组成比较简单嵌布粒度较粗的碳酸盐锰矿石和氧化锰矿石采用单一强磁选工艺流程，其工艺流程已在生产上使用，并获得较好的效果。对于选别碳酸盐锰矿石，磁选机的磁场强度需在 $4.8×10^5A/m$（6000Oe）以上；对于选别氧化锰矿石，磁选机的磁场强度要高，一般在 $9.6×10^5 A/m$（12000Oe）以上。

我国锰矿石资源丰富，类型较多。其中富矿极少，贫锰矿石较多（占90%以上）；酸性矿较多，碱性矿较少；高磷高铁较多，低磷低铁较少。这些特点造成了选矿的难度以及流程的复杂性。近年来，我国自主研制出了各种强磁选机相继投入生产，使锰矿石强磁选成为锰矿石的主要选矿方法。下面以广西大新锰矿为例介绍其矿石性质和选矿生产的工艺流程。

9.8.1.3 矿石性质

广西大新锰矿属于海相沉积层状碳酸锰矿床，该矿石产在上泥盆统五指山组硅质岩系中。矿石包括菱锰矿型、钙菱锰矿—锰方解石型及硅酸锰—菱锰矿型，其多属于酸性矿。矿层上部矿体受氧化作用形成氧化矿石，下部为原生碳酸锰矿石。

氧化锰矿石以显微隐晶结构、微粒—细粒结构及泥质结构为主，其次为残余变晶结构、胶体及残余胶体结构。矿石构造主要为胶状、凝块状、土状、空洞状、粉末状、葡萄状及肾状构造。氧化锰矿石的主要含锰矿物为软锰矿、硬锰矿、偏酸锰矿、隐钾锰矿、苏恩塔矿、拉锰矿和水羟锰矿，主要含铁矿物为褐铁矿、赤铁矿和针铁矿；脉石矿物以石英、玉髓、高岭土及水云母为主。表9-57为氧化锰矿石的多元素分析结果，表9-58为氧化锰矿石的锰物相分析结果。

表 9-57   氧化锰矿石的多元素分析结果

名称	化学成分（质量分数）/%										
	MnO$_2$	Mn	Fe	P	Ca	Mg	S	Si	Co	Ni	氧化系数
1 号样	52.94	35.87	11.21	0.220	0.49	0.059	0.010	6.55	0.021	0.047	1.48
2 号样	48.78	33.55	10.95	0.164	0.59	0.240	0.012	9.54	0.020	0.049	1.45
3 号样	46.99	31.96	8.49	0.169	0.19	0.059	0.015	12.79	0.021	0.048	1.47
平均	49.57	33.79	10.22	0.184	0.423	0.119	0.012	9.63	0.021	0.048	1.47

表 9-58   氧化锰矿石的锰物相分析结果

锰相名称	MnO$_2$	Mn$_2$O$_3$	MnO	MnCO$_3$	MnSiO$_3$
锰含量（质量分数）/%	26.8	0.3	0.3	0.93	2.80
占总量（质量分数）/%	86.09	0.96	0.96	2.99	9.00

碳酸锰矿石以微粒结构、细粒结构、显微鳞片泥质结构、生物碎屑结构、显微柱状结构、显微叶片结构及显微鳞片结构组成。各矿层的矿石均以微粒结构为主，同时含有少量细粒结构、显微鳞片结构和柱状结构等；矿石的构造有块状构造、豆鲕状构造、条带（条纹）状构造、结核状构造、斑点状构造、斑杂状构

造及微层状构造等。碳酸锰矿石的主要含锰矿物为菱锰矿、钙菱锰矿、锰方解石，次为蔷薇辉石、锰帘石、锰铁叶蛇纹石和红帘石；脉石矿物主要为石英、绿泥石和黑云母，其次为绢云母、阳起石、白云母、石榴石、方解石和炭质泥岩。碳酸锰原矿多元素分析结果见表 9-59，碳酸锰原矿的锰物相分析结果见表 9-60。

表 9-59   碳酸锰原矿的锰物相分析结果

矿样	化学成分（质量分数）/%													
	Mn	Mn²⁺	Mn⁴⁺	Fe	Cu	Co	Ni	Pb	Zn	SiO₂	Al₂O₃	CaO	MgO	P
1	17.48	15.68	0.064	5.76	0.0202	0.0281	0.081	0.00115	0.0531	31.97	2.64	8.03	2.46	0.0204
2	18.16	15.16	0.170	6.29	0.0195	0.0281	0.074	0.00095	0.0527	34.65	2.15	7.23	2.00	0.0992
3	16.05	16.05	0.064	6.39	0.0191	0.0287	0.079	0.00121	0.0545	29.48	1.95	10.81	2.53	0.0821
4	20.55	17.98	1.26	6.96	—	—	—	—	—	34.46	—	3.16	2.09	0.144

表 9-60   碳酸锰原矿物相分析结果

锰物相名称	MnO₂	Mn₂O₃	MnO	MnCO₃	MnSiO₃
锰含量（质量分数）/%	—	0.3	5.0	11.32	1.00
占总量/%	0	1.70	28.38	64.25	5.67

9.8.1.4 工艺流程

中信大锰大新分公司下设 60 万吨/年的碳酸锰和 30 万吨/年的氧化锰两座选矿厂。

氧化锰选矿厂选别流程如图 9-54 所示。破碎部分采用三段一闭路工艺流程，原矿最大粒度为 350mm，经过颚式破碎机粗碎、圆锥破碎机中碎和对辊机细碎，破碎产品粒度为 -7mm。粗碎后进行洗矿，洗矿矿泥进入摇床进行选别，块矿经中碎、细碎后进入跳汰机进行选别。粗选跳汰的精矿经精选后得到电池锰砂 [60% ≤ w（MnO₂）≤66%] 和化工锰砂 [49% ≤ w（MnO₂）≤53%] 两种产品。粗选跳汰尾矿和精选跳汰尾矿合并进入 DPMS 湿式永磁磁选机进行选别，得到冶金精矿和最终尾矿。洗矿机溢流部分（-1mm 用摇床选别），得到的产品是摇床粉矿，其中含锰在 26%~33% 的粉矿作冶金锰用，含锰 33% 以上的粉矿作化工锰用。

2009 年，氧化锰选矿厂处理的原矿为含锰 32.95%，得到二级锰砂品位为含锰量（质量分数）为 41.70%，三级锰砂品位为含锰量（质量分数）为 34.96%，摇床精矿品位为含锰量（质量分数）为 31.54%，冶金锰块品位为含锰量（质量分数）为 29.29%，废砂品位为含锰量（质量分数）为 14.27%，尾矿品位为含

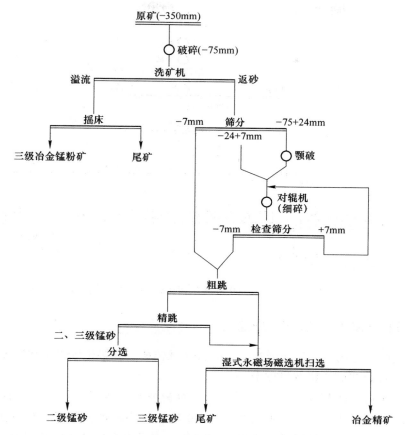

图 9-54　大新锰矿 30 万吨/年氧化矿选矿厂选别流程

锰量（质量分数）为 17.55%，总精矿品位含锰量（质量分数）为 31.18%，精矿回收率为 72.82%，选矿比为 1.30。

碳酸锰选矿厂选别流程如图 9-55 所示。破碎采用三段一闭路工艺流程，原矿最大粒度 450mm，经颚式破碎机粗碎和圆锥破碎机中碎后，进入双层筛（筛孔尺寸分别为 20mm 和 7mm）进行湿式筛分。其中−7mm 筛下产物进入 DPMS 湿式永磁磁选机进行粗选和扫选，得到细粒精矿和最终尾矿；−20+7mm 筛下产物进入 DPMS 干式永磁磁选机预粗选，得到粗粒精矿；+20mm 的筛上和干式永磁机的尾矿一并进入圆锥破碎机进行细碎，细碎产物返回到双层筛筛分。

2009 年碳酸锰选厂处理原矿品位含锰量（质量分数）为 20.04%，碳酸锰精矿品位含锰量（质量分数）为 22.49%，废砂品位含锰量（质量分数）为 5.93%，尾矿品位含锰量（质量分数）为 11.21%，精矿回收率 93.65%，选矿比为 1.20。

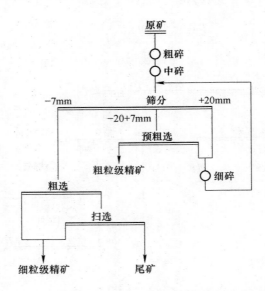

图 9-55　大新锰矿 60 万吨/年碳酸锰选矿厂选别流程

9.8.2　有色和稀有金属矿石的磁选

　　磁选广泛运用于有色和稀有金属矿石（脉钨矿、脉锡矿砂锡矿和海滨沙矿等矿石）重选粗精矿的精选过程中。

　　这些矿石一般都含有多种磁性矿物，如磁铁矿、赤铁矿、磁黄铁矿、钛铁矿、黑钨矿、钽铁矿、铌铁矿和独居石等矿物。这些金属矿物的密度一般比脉石矿物的密度大，通常先用重选法将它们富集，得到混合粗精矿。粗精矿经干燥、筛分分成若干级别，再根据其矿物成分、粒度组成和其他性质可采用单一磁选或磁选与其他方法（浮选、粒浮、电选和重选）的联合流程进行精选，以达到提高精矿质量和综合利用矿产资源的目的。

9.8.2.1　粗钨精矿的精选

　　脉钨矿和脉锡矿的重选粗精矿和砂锡矿的重选粗精矿，都含有黑钨矿、锡石以及其他多种矿物。其中，脉矿粗精矿含有磁铁矿、赤铁矿和多种硫化矿，砂矿粗精矿中还含有多种稀有金属矿物，如锆英石、金红石、独居石和褐钇铌矿等。因此，对于粗精矿的精选，一般采用包括磁选在内的较复杂的联合流程。一般在钨锡精选厂中，由于原料性质差别很大，因而需根据锡和硫的含量，把原料分为高锡钨精矿和高硫钨精矿；根据钨的品位，把原料分为高品位钨精矿和低品位钨精矿。对于高品位粗钨精矿和高锡粗钨精矿，可采用先磁选后重浮的工艺流程；对于低品位粗钨精矿和高硫粗钨精矿，则采用先重浮后磁选的工艺流程。某黑钨矿重选粗精矿的精选工艺流程如图 9-56 所示。

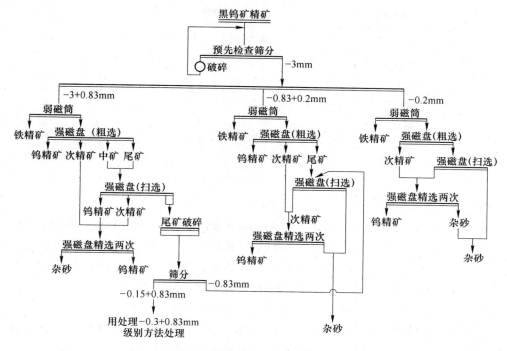

图 9-56　黑钨矿重选粗精矿的精选工艺流程图

首先将混合粗精矿用闭路流程破碎到 3mm 以下，然后通过振动筛分为三级，即 $-3+0.83$mm、$-0.83+0.2$mm、-0.2mm，并分别给入干式盘式强磁选机中进行分选。经生产实践证明，分级入选比不分级入选的效果好。

粗钨精矿中一般都含有磁铁矿，因此在物料给入强磁选机前要采用弱磁场磁选机分出磁铁矿，以保证强磁选机的正常工作。强磁场设备目前多采用双盘式干式强磁选机。在粗选作业中，第一盘的磁场强度稍低，选出高质量的黑钨精矿；第二盘的磁场强度稍高，除选出单体黑钨精矿外还选出部分连生体，称为次精矿。尾矿用同样的办法扫选一次，得出合格的黑钨精矿和次精矿。粗选和扫选的次精矿，合并精选后扫选两次得出合格的黑钨精矿和杂砂（尾矿）。杂砂中主要矿物为白钨、锡石和其他硫化物。杂砂被送到下一步作业综合回收其他有用成分。

由图 9-56 可以看出，绝大部分合格的黑钨精矿均由强磁选得出。按照该流程所取得的强磁选指标见表 9-61。

表 9-61　黑钨粗精矿精选指标

矿石类型	原矿品位/%		精矿品位/%			尾矿品位/%		回收率/%
	WO$_3$	Sn	WO$_3$	Sn	S	WO$_3$	Sn	
高锡易选1	59.19	约4.0	71.09	0.079	0.42	7.51	23.18	92.45

续表 9-61

矿石类型	原矿品位/%		精矿品位/%			尾矿品位/%		回收率/%
	WO₃	Sn	WO₃	Sn	S	WO₃	Sn	
高锡易选2	55.89	约7.0	71.39	0.094	0.23	11.93	31.63	89.03
低锡易选	56.67	约1.4	71.06	0.035	0.51	22.27	5.69	88.25
高硫难选	46.87	约0.1	68.83	0.054	1.10	13.70	1.58	75.40
高硫高锡难选	24.9	24.56	65.35	1.095	1.27	2.25	51.85	63.37
高硫低锡难选	58.27	0.15	71.27	0.022	0.39	19.88	1.18	85.13

9.8.2.2　含钽铌—独居石矿物的选别

含钽铌矿物重选粗精矿过程中，矿物组成复杂，除含有锆英石、褐钇铌矿和其他铌钽矿物外，还含有磁铁矿、钛铁矿、独居石、石英、云母、石榴石、电气石和褐铁矿等多种矿物。矿物中磁铁矿含量较多，需采用弱磁场磁选机回收磁铁矿，而铌钽矿物与独居石、钛铁矿的磁性相差不大，仅采用磁选不能完全达到精选分离的目的，因此必须采用磁选与其他方法的联合流程。独居石、锆英石可以用油酸钠、水玻璃、碳酸钠等药剂进行粒浮。此外，铌钽矿物是导电矿物，用电选分离最有效。因此，对于这种精矿可以采用磁选—粒浮、磁选—电选联合工艺流程进行处理。某厂含钽铌—独居石粗精矿的磁选—粒浮精选工艺流程如图 9-57所示。

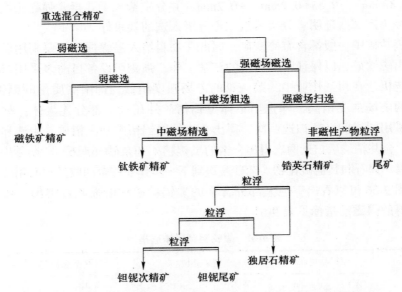

图 9-57　某厂含钽铌—独居石粗精矿的磁选—粒浮精选工艺流程图

该厂重选粗精矿的矿物组成为：磁铁矿约占50%（质量分数），钛铁矿约占30%（质量分数），独居石约占2%（质量分数），锆英石约占5%（质量分数），褐钇铌矿约占2%（质量分数），石英约占9%（质量分数），锡石、云母、石榴石、电气石和褐铁矿约占2%（质量分数）。

首先用弱磁场磁选机分出磁铁矿，以确保进入强磁选作业的矿砂不含有磁铁矿。强磁场粗选和强磁场扫选作业的目的是尽可能地把钽铌矿物、独居石和钛铁矿等弱磁性矿物回收到磁性矿物中去。磁性产物采用中磁选作业经粗选—精选获得钛铁矿精矿。中磁选扫选中的尾矿和强磁选扫选出的中矿主要是褐钇铌矿和独居石，并用碳酸钠、水玻璃、油酸钠等药剂进行粒浮，得到的浮物为独居石精矿，沉物为钽铌精矿。强磁选扫选得到的尾矿主要是锆英石和石英，采用上述同样药剂进行粒浮，得到的浮物为锆英石精矿，沉物为石英。其分选指标如下：

（1）钽铌精矿：$(Nb, Ta)_2O_5$ 含量（质量分数）为 30.74%，回收率为 61.74%；

（2）钽铌中矿：$(Nb, Ta)_2O_5$ 含量（质量分数）为 5.94%，回收率为 4.92%；

（3）独居石精矿：R_2O_3 含量（质量分数）为60.94%，回收率为65.43%；

（4）锆英石精矿：ZrO_2 含量（质量分数）为 59.83%，回收率为 88.49%；

（5）钛铁矿精矿：TiO_2 含量（质量分数）为 43.24%，回收率为 89.99%；

（6）磁铁矿精矿：Fe 含量（质量分数）为 67.18%，回收率为 95.45%。

某选矿厂的钽铌原矿为风化壳钽铌铁矿床，有用矿物为钽铌铁矿、锆英石、富铪锆英石及铷云母等；脉石矿物为石英、长石、云母、高岭土和黏土等。

该厂采用的强磁选流程如图9-58所示，强磁选作业的入选物料为重选流程中的细泥。分选指标表明，钽铌矿的回收率为90.72%，富铪锆英石、铷云母富集在粗精矿中，从而达到综合回收的目的。

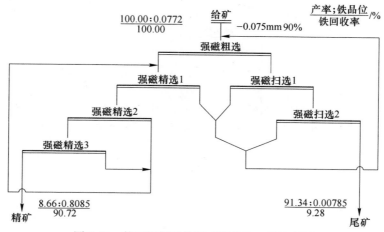

图 9-58　某厂钽铌矿的湿式强磁选工艺流程图

9.8.3　海滨砂矿粗精矿的精选

　　海滨沙矿重选粗精矿中主要的回收矿物为钛铁矿、独居石、金红石和锆英石等。其中，钛铁矿磁性最强，其次为独居石，金红石和锆英石都是非磁性矿物，而金红石的导电性比锆英石高得多。因此，在处理这种矿石时，一般可采用磁选—电选联合流程。

　　我国某矿中的原矿以海滨砂矿和冲积砂矿为主，主要的金属矿物有锆英石、金红石、锐钛矿、磁铁矿和褐铁矿；脉石矿物以石英、长石和云母为主。该矿采用的磁选—电选精选工艺流程如图 9-59 所示。

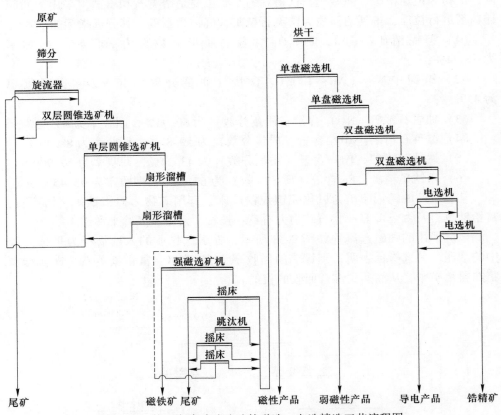

图 9-59　某厂海滨砂矿选矿的磁选—电选精选工艺流程图

第3篇
矿石矿物磁选

10 与磁选有关的磁场的基本概念和磁量

10.1 磁场、磁感应强度、磁化强度、磁化率

磁场是物质的特殊状态，并显示在载电导体或磁极的周围。磁选时磁场中作用着吸引力和排斥力。

在磁选过程中，起作用的物理力场有磁力场、重力场和离心力场等，它们同样是物质性质的特殊形式。磁选设备分选空间某点的磁场用磁感应强度 B_0 表示，在 SI 单位制中单位为 $T(Wb/m^2)$。

任何物质都存在着分子电流。分子电流与被其包围面积的乘积称为分子电流的磁矩，即：

$$m_i = i\Delta S \tag{10-1}$$

式中　m_i——磁矩，$A \cdot m^2$；

　　　i——分子电流，A；

　　　ΔS——电流包围的面积，m^2。

物质进入磁化场后分子电流便趋向于磁化场方向，其结果产生一个附加磁场叠加在磁化场上，从而改变了磁化场。

某一体积物质的合成磁矩 m 等于分子电流磁矩 m_i 的矢量和，即：

$$m = \sum m_i \tag{10-2}$$

式中　m——物质的分式磁矩，A/m；

　　　m_i——电流磁矩，$i=1, 2, \cdots, A/m$。

单位体积物质的磁矩称为物质的磁化强度，其表达式为：

$$M = \frac{dm}{dV} \tag{10-3}$$

式中　M——磁化强度，A/m；

　　　m——物质的合成磁矩，A/m；

　　　V——物质的体积，m^3。

磁化强度是描述物质磁化程度的物理量，其表达式为：

$$H_0 = B/\mu_o$$

式中　H_0——磁化场的磁场强度，A/m；

　　　B——物质内的磁感应强度，T；

μ_{o}——真空的磁导率（$\mu_{o} = 4\pi \times 10^{-7} \text{Wb}/(\text{m} \cdot \text{A})$ 或 H/m）。

H_0、B 和 M 之间存在如下关系：

$$B = \mu H_0 \tag{10-4}$$

$$M = \kappa H_0 \tag{10-5}$$

式中 μ—— 物质的磁导率（或物质的导磁系数），H/m；

κ—— 物质的体积磁化率（或物质的体积磁化系数）。

κ 是一个与物质性质有关的重要磁性系数，它表示物质被磁化难易程度的物理量。κ 值越大，表明该物质越容易被磁化。对于大多数物质，如弱磁性矿物，κ 是一个常数，只有对于少数物质如强磁性矿物，其 κ 不是常数。

物质的体积磁化率与其本身的密度之比称为物质的质量磁化率（或物质的比磁化率），即：

$$\chi = \frac{\kappa}{\rho} \tag{10-6}$$

式中 χ——物质的质量磁化率（或物质的比磁化率），m^3/kg；

ρ——物质的密度，kg/m^3。

由式（10-4）和式（10-5）可得出 μ 和 κ 的关系为：

$$\mu = \mu_0(1 + \kappa) \tag{10-7}$$

10.2 回收磁性矿粒的磁力

磁场包括均匀磁场和非均匀磁场。如果磁场中各点的磁场强度相同，则此磁场是均匀磁场，否则就是非均匀磁场。磁场的非均匀性是通过磁极的适当磁场强度、形状、尺寸和排列产生的。典型的均匀磁场和非均匀磁场如图10-1所示。

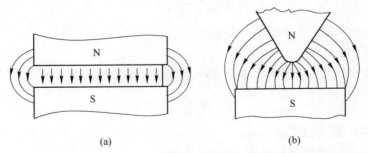

图 10-1 两种不同的磁场

（a）均匀磁场（中间平行线部分）；（b）非均匀磁场

磁场的非均匀性用导数 $\text{d}H/\text{d}l$ 表示，它表示在某点沿 l 方向上磁场强度 H 对距离的变化率。如磁场强度 H 方向相同，则这个量在 H 变化率最大的方向上称为磁场梯度，用 ***gradH*** 表示。

矿粒在不同磁场中受到不同的作用。在均匀磁场中它只受到转矩的作用，转矩使它的最长方向趋向于磁力线的方向（稳定）或垂直于磁力线的方向（不稳定）；在非均匀磁场中矿粒除受转矩作用外，还受磁力的作用，如顺磁性和铁磁性矿粒受磁引力作用，逆磁性矿粒受排斥力作用。正是由于这种力的存在，才能将磁性矿粒从无磁性或磁性较弱的矿粒中分出。

作用在磁选机磁场中的磁性矿物颗粒上的磁力，可由其在磁场中磁化所获得的位能来确定，而磁性物质颗粒（磁性矿物颗粒）磁化时所获得的位能由下式求出

$$U = -\int_V \frac{\mu_0 \kappa H^2}{2} \mathrm{d}V \tag{10-8}$$

式中　U—— 被磁化颗粒的磁位；

　　　μ_0—— 真空的磁导率；

　　　κ—— 颗粒的物质体积磁化率；

　　　$\mathrm{d}V$—— 颗粒的体积元；

　　　H—— 颗粒体积中的磁场强度（决定颗粒磁环状态的磁场强度），
　　　　　　A/m（$1\mathrm{A/m} = 4\pi \times 10^{-3} \mathrm{Oe}$）。

根据力学定律，作用在颗粒上的力可用带符号的 U 的梯度表示，因此作用在颗粒上的磁力又可写成：

$$f_磁 = -\mathbf{grad}U = \mathbf{grad}\int_V \frac{\mu_0 \kappa H^2}{2} \mathrm{d}V \tag{10-9}$$

其中，负号表示磁力 $f_磁$ 吸引颗粒所做的功导致位能的降低。

将符号 $\mathbf{grad}$ 括在积分式中，并假定体积磁化率在颗粒所占的范围内为常数，则得：

$$f_磁 = \mu_0 \kappa \int_V H\mathbf{grad}H \mathrm{d}V \tag{10-10}$$

颗粒尺寸不大时，可假定它所占的体积内 $H\mathbf{grad}H$ 的变化不大。这样，$H\mathbf{grad}H$ 可以移到积分号以外，于是磁力 $f_磁$ 可以写成：

$$f_磁 = \mu_0 \kappa V H\mathbf{grad}H \tag{10-11}$$

式中　V—— 颗粒的体积，m^3。

若所有单位都采用 SI 单位制，则磁力 $f_磁$ 的单位为牛顿，其中，$1\mathrm{N} = 10^5 \mathrm{dyn}$。

对于强磁性矿物颗粒来说，其进入磁场（或称外磁场）后，物体颗粒本身也产生磁场，其方向和外磁场方向相反，致使物体内部的磁场强度低于外磁场强度。降低程度与物体颗粒的磁性和形状等因素有关，此问题将在下一章有关部分进行详细分析。因此，作用在磁性物体颗粒上的磁力不同于式(10-11)，应为：

$$f_{磁} = \mu_0 \kappa_0 V H_0 \boldsymbol{grad} H_0 \qquad (10\text{-}12)$$

式中　$f_{磁}$——作用在磁性物体颗粒上的磁力，N；

　　　κ_0——物体的体积磁化率（或物体的体积磁化系数）；

　　　H_0——外磁场强度，A/m。

在磁选研究中经常使用比磁力 $F_{磁}$，它是作用在单位质量颗粒上的磁力，即：

$$F_{磁} = f_{磁}/m = \frac{\mu_0 \kappa_0 V H_0 \boldsymbol{grad} H_0}{\rho V}$$

$$F_{磁} = \mu_0 \chi_0 H_0 \boldsymbol{grad} H_0 \qquad (10\text{-}13)$$

式中　$F_{磁}$——比磁力，N/kg；

　　　m——颗粒的质量，kg；

　　　ρ——颗粒的密度，kg/m^3；

　　　χ_0——颗粒物体比磁化率（物体质量磁化系数），$\chi_0 = \kappa_0/\rho$，m^3/kg；

$H_0 \boldsymbol{grad} H_0$——磁场力，A^2/m^3。

磁场力 $H_0 \boldsymbol{grad} H_0$ 在数值上等于 $\mu_0 \chi_0 = 1\mathrm{H \cdot m^2/kg}$ 时的 比磁力。这种假定值 $H_0 \boldsymbol{grad} H_0$ 便于表示磁选机非均匀磁场的磁场特性，因为对于非均磁场仅用磁场强度来表示是不够的，还必须考虑磁场梯度。

由式（10-13）可看出，作用在磁性矿粒上的比磁力 $F_{磁}$ 的大小取决于磁性矿粒本身磁性 χ_0 值和磁选机的磁场力 $H_0 \boldsymbol{grad} H_0$ 值。分选 χ_0 值高的矿物如强磁性矿物，磁选机的磁场力 $H_0 \boldsymbol{grad} H_0$ 相对小一些；而分选 χ_0 值低的矿物如弱磁性矿物，磁场力 $H_0 \boldsymbol{grad} H_0$ 就很大。

在利用式（10-12）和式（10-13）时，一般采用矿粒重心处的 $H_0 \boldsymbol{grad} H_0$。严格来说，只有当 $H_0 \boldsymbol{grad} H_0$ 等于常数时才是正确的。但磁选机的 $H_0 \boldsymbol{grad} H_0$ 并不是常数，矿粒尺寸越小，这种假设所引起的误差也越小。对于尺寸相当大的矿粒，为了较正确地计算其比磁力 $F_{磁}$，理论上可以先将矿粒分成若干小体积元，分别计算每个小体积的比磁力，然后用积分的办法求出总的比磁力。实际上很难做到。

如果把强磁性矿块紧贴或靠近磁系，则此矿块实际所受到的比磁力要比按式（10-3）计算的大。产生这种情况的主要原因是强磁性矿块增加了磁极气隙的磁导，使磁场发生很大畸变，致使磁场强度和磁场非均匀性均有提高。尽管如此，计算强磁性矿块所受的磁力还可以应用式（10-13），不过需要引入一个修正系数 α。

该系数考虑了矿粒的平均直径和磁系极距的比值，修正系数见表 10-1。

表 10-1　式（10-13）的修正系数

矿粒平均直径 d/极距 l	<0.05	0.05~0.2	>0.2
修正系数 α	1.1	1.5	2~2.5

从前述可知，为了回收磁性矿粒，必须使作用在其上的磁力大于作用在其上的与磁力方向相反的所有机械力的合力，即：

$$f_磁 = \mu_0 \kappa_0 V H_0 \, grad H_0 > \sum f_机 \qquad (10\text{-}14)$$

在通常情况下，准确计算出 $\sum f_机$ 值是困难的，实际过程中多是根据磁选机的类型并结合实践（包括试验）来估算出 $\sum f_机$ 值。

10.3 矿物的磁性

磁性是物质最基本的属性之一。从微观世界中元粒子的磁性扩展到宇宙物体的磁性，磁现象范围是广泛的。自然界中各种物质都具有不同程度的磁性，但绝大多数物质的磁性都很弱，只有少数物质才具有显著的磁性。

物质的磁性理论在近代物理学和固体物理中根据物质结构的量子力学的概念均有论述。就磁性来说，物质可分为三类，即顺磁性物质、逆磁性物质和铁磁性物质，也可以把物质的磁性看成是具有电能（带电电核和电子）的粒子运动的结果。顺磁性主要是决定于单个电子的旋转磁矩，在磁化场中呈现微弱的磁性；铁磁性是分布在物质结晶格子结点上的大量顺磁性原子交换作用的结果，在磁化场中呈现强磁性；逆磁性是由磁场中电子轨道的进动过程的结果，在磁化场中呈现微弱的磁性。但是，只有在磁化场不存在原子本身磁矩等于零时才会显示出逆磁性，在其余条件下，逆磁性则被顺磁性和铁磁性效应所掩盖。

此外，自然界还存在反铁磁性物质和亚铁磁性物质。铁磁性物质是由于原子交换作用使其原子磁矩平行排列，而反铁磁性物质与铁磁性物质相反，原子磁矩反平行排列正好互相抵消。亚铁磁性物质是离子磁矩反平行排列，但由于离子磁矩不相等，所以只抵消了一部分。

铁磁性物质、亚铁磁性物质和反铁磁性物质，在一定温度以上表现为顺磁性。由于反铁磁性物质的涅耳温度很低，所以在通常室温情况下，也可把反铁磁性物质列入顺磁性物质一类。亚铁磁性物质的宏观磁性大体上与铁磁性物质相类似，从应用观点看，也可把它列入铁磁性物质一类。

从门捷列夫元素周期表的所有已知元素中，有 3 种元素（Fe、Ni、Co）有明显的铁磁性；有 55 种元素有顺磁性，其中的 32 种元素（Sc、Ti、V、Cr、Mn、Y、Mo、Tc、Ru、Rh、Pd、Ta、W、Re、Os、Ir、Pt、Ce、Pr、Nd、Sm、Eu、Gd、Tb、Dy、Ho、Er、Tm、Yb、U、Pu 和 Am）在它们所产生的化合物中也保存这一性质；另外有 16 种元素（Li、O、Na、Mg、Al、Ca、Ga、Sr、Zr、Nb、Sn、Ba、La、Lu、Hf 和 Th）在纯态时是顺磁性的，但在化合物状态时是逆磁性的；其余 7 种元素（N、K、Cu、Rb、Cs、Au 和 Ti）在化合物中是顺磁性的（N 和 Cu 在纯态时是微逆磁性的）。

典型的顺磁性、逆磁性和铁磁性物质的磁化强度和磁化场强度之间的关系如图 10-2 所示。顺磁性和逆磁性物质保持着简单的直线关系，而铁磁性物质的情况比较复杂，磁化强度开始变化很快，然后趋于平缓，最后达到饱和。当磁化强度相当小时，磁化强度就趋于饱和状态。

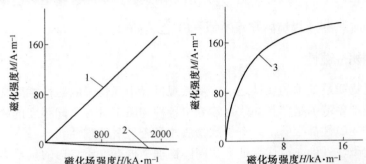

图 10-2   典型的顺磁性、逆磁性（石英）和铁磁性（磁铁矿）矿物的磁化强度曲线
1—顺磁性矿物；2—逆磁性矿物；3—铁磁性矿物

在磁选实践当中，矿物按工艺类法进行分类，其原因是磁选机不能回收逆磁性矿物和磁化率很低的顺磁性矿物。

根据磁性与比磁化率大小，可把所有矿物分成强磁性矿物、弱磁性矿物和非磁性矿物。

10.3.1.1   强磁性矿物

强磁性矿物的物质比磁化率 $\chi > 3.8 \times 10^{-5} \mathrm{m^3/kg}$（或 CGSM 制中 $\chi > 3 \times 10^{-3} \mathrm{cm^3/g}$），此类矿物可在磁场强度 H_0 达 120kA/m（约 15000Oe）的弱磁场磁选机中回收，属于这类矿物的主要有磁铁矿、磁赤铁矿（γ—赤铁矿）、钛磁铁矿、磁黄铁矿和锌铁尖晶石等。这类矿物大都属于亚铁磁性质物。

10.3.1.2   弱磁性矿物

弱磁性矿物的物质比磁化率 $\chi = 7.5 \times 10^{-6} \sim 1.26 \times 10^{-7} \mathrm{m^3/kg}$（或 CGSM 制中 $\chi = 6 \times 10^{-4} \sim 10 \times 10^{-6} \mathrm{cm^3/g}$），需磁场强度为 800～1600kA/m（10000～200000e）的强磁选机进行回收。属于这类的矿物数量最多，如大多数铁锰矿物：赤铁矿，镜铁矿，褐铁矿，菱铁矿，水锰矿，硬锰矿，软锰矿等；一些含钛、铬、钨矿物：钛铁矿，金红石，铬铁矿，黑钨矿等；部分造岩矿物：黑云母，角闪石，绿泥石，绿帘石，蛇纹石，橄榄石，石榴石，电气室，辉石等。这类矿物大都属于顺磁性物质，也有属于反铁磁性物质。

10.3.1.3   非磁性矿物

非磁性矿物的物质比磁化率 $\chi < 1.26 \times 10^{-7} \mathrm{m^3/kg}$（或 CGSM 制中 $\chi < 10 \times 10^{-6} \mathrm{cm^3/g}$），在目前的技术条件下，不能用磁选法回收。属于这类的矿物很多，如部分金属矿物：方铅矿，闪锌矿，辉铜矿，辉锑矿，红砷镍矿，白钨矿，锡石，金

等；大部分非金属矿物：自然硫，石墨，金刚石，石膏，萤石，刚玉，高岭土，煤等；大部分造岩矿物：石英，长石，方解石等。这类矿物有些属于顺磁性物质，有些属于逆磁性物质（如方铅矿、金、辉锑矿和自然硫等）。

其中，矿物的磁性受很多因素影响，不同产地不同矿床的矿物磁性往往不同，有时甚至差别很大。这是由于它们生成过程的条件、杂质含量和结晶构造不同等引起的。另外，各类磁性矿物和非磁性矿物，特别是弱磁性矿物和非磁性矿物的界限规定不是很严格，后者将随着磁选技术的发展，磁选机磁场力的提高会不断降低，所以上述分类是大致的。对于一个具体矿物，其磁性大小应通过矿物磁性测定才能确定其属类。

各种常见矿物的物质比磁化率值列于附表 1 中。

10.4 强磁性矿物的磁性

10.4.1 磁铁矿的磁性

磁铁矿、磁赤铁矿、钛磁铁矿和磁黄铁矿都属于强磁性矿物，它们都具有强磁性矿物在磁性上的共同特性。由于磁铁矿是典型的强磁性矿物，又是磁选的主要对象。本节就以磁铁矿为例，重点介绍磁铁矿的磁性特点。

10.4.2 磁铁矿的磁化过程

磁铁矿属于一种典型的铁氧体，属于亚铁磁性物质。铁氧体的晶体结构主要有 3 种类型，分别为尖晶石型、磁铅石型和石榴石型。尖晶石型铁氧体的化学分子式为 XFe_2O_4，其中 X 代表二价金属离子，常见的有 Fe^{2+}、Co^{2+}、Ni^{2+}、Ca^{2+}、Mg^{2+}、Zn^{2+}、Cd^{2+}、Mn^{2+} 等。磁铁矿的分子式为 Fe_3O_4，还可以写成 $Fe^{2+}Fe_2^{3+}O_4$，它是属于尖晶石型的铁氧体。

我国某矿山磁铁矿的比磁化强度、比磁化率与磁化场强度间的关系如图 10-3 所示。

从图中磁化曲线 $J = f(H)$ 可以看出，当磁铁矿在磁化场 $H = 0$ 时，比磁化强度 $J = 0$。随着磁化场强度 H 的增加，磁铁矿的比磁化强度 J 在开始时缓慢增加（见 0—1 段），随后便迅速增加（见 1—2 段），之后又变为缓慢增加（见 2—3 段）。直到磁化场增加而比磁化强度 J 不再增加时，比磁化强度 J 达到最大值。此最大值的始点称为磁饱和点，用 J_{max} 表示（$J_{max} \approx 135\text{A/m} \cdot \text{kg}$ 或 135Gs/g）。再降低磁化场强度 H，比磁化强度 J 也随之减小，但并不是沿着原来的曲线（0—1—2—3）下降，而是沿着高于原来的曲线（3—4）下降。当磁化场强度 H 减小到 0 时，比磁化强度 J 并不降为 0，而是保留一定的数值，这一数值称为剩磁，用 J_r 表示（$J_r \approx 5\text{A/m} \cdot \text{kg}$ 或 5Gs/g）。这种减小磁化场强度，磁化强度不

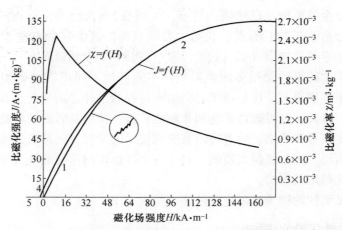

图 10-3　某磁铁矿的比磁化强度、比磁化率与磁化场强度关系图

沿原来曲线下降，而是沿高于原来曲线下降的现象称为磁滞。如要消除矿物的剩磁 J_r，需要施加一个反方向的退磁场。随着外加的反方向退磁场逐渐增大，比磁化强度 J 沿着曲线（4—5）段下降，直到 $J=0$。消除剩磁 J_r 所施加的退磁场强度称为矫顽力，用 H_c 表示（$H_c \approx 1.7 \mathrm{kA/m}$ 或 $21 \mathrm{Oe}$）。

从比磁化率 $\chi = f(H)$ 可以看出，磁铁矿的比磁化率 χ 不是一个常数，而是随着磁化场强度 H 的变化而变化。开始时，比磁化率 χ 随着磁化场强度 H 的增加迅速增大，在磁化场强度 H 达 $8 \mathrm{kA/m}$（或 $1000 \mathrm{Oe}$）时，χ 达最大值，$\chi \approx 2.5 \times 10^{-3} \mathrm{m^3/kg}$（或 $0.207 \mathrm{cm^3/g}$）；之后，再增加磁化场 H，比磁化率 χ 下降。不同的矿物，比磁化率 χ 不同，χ 达到最大值所需要的磁化场强度 H 不同，它们所具有的剩磁 J_r 和矫顽力 H_c 也不同。即使是同一种矿物，如都是磁铁矿，其化学组成都是 Fe_3O_4，但由于它们的生成特性（如晶格构造、晶格中有无缺陷、类质同象置换等）不同，它们的 χ、J_r 和 H_c 也不相同。附表 2 中列出了我国一些矿山处理的强磁性铁石性质的比磁化率实测数据，可供参考。

10.4.3　磁铁矿的磁化本质

磁铁矿属于亚铁磁性物质，它是由许多磁畴组成的。相邻磁畴的自发磁化方向不同，它们之间存在过渡层，该过渡层称为磁畴壁。磁化时磁畴和磁畴壁的运动是磁铁矿产生磁性的内在根据，因此磁铁矿在磁化过程中所表现出来的特性，可用磁畴理论加以解释。

磁铁矿在没有磁化场强度，即 $H=0$ 时，组成磁铁矿的各磁畴会无规则地排列（见图 10-4(a)），总磁矩等于零，此时 $J=0$，矿物不显示磁性（图 10-3 中曲线的原点 $H=0$，$J=0$）。当有磁化场作用，但磁化场强度 H 较低时，自发磁化方向与磁化场方向相近的磁畴因磁化场作用而扩大；自发磁化方向与磁化场方向相差很大的磁畴则缩小（见图10-4(b)）。这一过程是通过磁畴壁的逐渐移动实现的。这时矿物的总磁矩不等于零，此时 $J \neq 0$，矿物开始显出磁性（相当于图10-3中磁化曲线0—1段），J 缓慢增加，χ 迅速增大。当磁化场强度 H 增加到一定值时，磁畴壁就以相当快的速度跳跃式移动，直到自发磁化方向与磁化场方向相差很大的磁畴被吞并，产生一个突变（见图10-4(c)，相当于图10-3中磁化曲线1—2段），J 增加很快，χ 从迅速增加达到最大值后下降，开始时下降较快，后来下降缓慢。从表面上看1—2段曲线是光滑的，实际上 J 的增加是不连续的，是由许多跳跃式的突变组成的，因此它是一个不可逆过程。当再增大磁化场强度 H 时，磁畴方向便逐渐转向磁化场方向（见图10-4(d)），直到所有磁畴的方向都转向与磁化场方向相同为止。这时磁化达到饱和（相当于图10-3中磁化曲线2—3段），J 达到最大值。当降低磁化场强度 H 时，由于磁畴壁的不可逆跳跃移动，在它内部含有杂质及其组成不均匀性等因素对磁畴壁移动产生阻抗，磁畴不能恢复到原来位置，因而产生了磁滞现象。

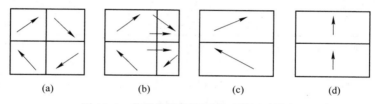

图10-4 在磁化场作用下磁畴的运动情况

从磁畴在磁化过程中的运动情况可知，在磁化过程中，磁化前期是以磁畴壁移动为主，后期是以磁畴转动为主。在一般情况下，图10-3中磁化曲线0—1—2段，磁畴壁移动起主要作用，2—3段则是磁畴转动起主要作用。磁畴在运动过程中，磁畴壁移动所需要的能量较小，磁畴转动所需要的能量较大。

10.4.4 磁铁矿的磁性特点

磁铁矿有如下磁性特点：

（1）磁铁矿的磁性不是来自其单个原子磁矩的转动，而是来自其磁畴壁的移动（逐渐移动或跳跃式移动）和磁畴的转动，且在很大程度上磁畴壁的移动起决定性作用。因此，磁铁矿的磁化强度和磁化率很大，存在磁饱和现象，且在较低的磁化场强度作用下就可达到磁饱和。

（2）由于磁畴运动的复杂性，使磁铁矿的磁化强度、磁化率和磁化场强度之间具有曲线关系。磁化率不是一个常数，是随着磁化场强度的变化而变化的。其磁化强度除了与矿物性质有关外，还与磁化场变化历史有关。

（3）磁铁矿存在着磁滞现象，当它离开磁场后，仍保留一定的剩磁。

（4）磁铁矿的磁性与其形状和粒度有关（以后详述）。

10.5 钛磁铁矿和焙烧磁铁矿的磁性

不同产地的磁铁矿和钛磁铁矿的精矿磁性特征见表 10-2。从表 10-2 可以看出，钛磁铁矿的比磁化率比磁铁矿的低，而其矫顽力比磁铁矿的高。这也被许多文献所证实。

表 10-2 由不同产地得到的磁铁矿和钛磁铁矿的磁性特征

产地	含量 （质量分数）/（%）					磁化强度 M /kA·m^{-1}		矫顽力 H_c/kA· m^{-1}	比磁化率 χ/m^3·kg^{-1}	相对比磁化率 χ/m^3·kg （%Fe$_3$O$_4$）$^{-1}$
	TFe	FeO	Fe$_3$O$_4$存在的铁	Fe$_3$O$_4$	TiO$_2$	最大	剩余			
俄罗斯[1]	69.9	28.6	66.8	92.3	—	80.5	20.0	3.84	6.85×10^{-4}	0.0743×10^{-4}
瑞典[2]	69.8	29.0	67.7	93.5	—	386.0	—	—	8.06×10^{-4}	0.0862×10^{-4}
中国[2]	67.8	26.3	61.5	85.0	—	86.5	16.4	2.67	7.42×10^{-4}	0.0908×10^{-4}
俄罗斯[1]	60.0	30.6	42.8	59.0	15.0	22.0	13.0	8.0	1.96×10^{-4}	0.0332×10^{-4}
中国[1]	60.5	30.2	57.4	79.25	7.0	37.3	12.3	4.32	3.28×10^{-4}	0.0415×10^{-4}

①磁化是在 H_{max} = 80kA/m 下进行的，而确定 M_{max} 是在 H = 24kA/m 进行的；②磁化是在 H_{max} = 96kA/m 下进行。

对人工磁铁矿和磁赤铁矿的磁性研究要比天然磁铁矿少。表 10-3 列出了天然磁铁矿和人工磁铁矿、磁赤铁矿样品的磁性特征。

从表 10-3 可看出，天然磁铁矿、人工磁铁矿和磁赤铁矿的比磁化率的差别不是特别明显。主要的差别是矫顽力。其中，人工磁铁矿的矫顽力最大，而天然磁铁矿的最小，磁赤铁矿的介于中间。

表 10-3 由不同产地得到的天然磁铁矿和人工磁铁矿、磁赤铁矿的磁性特征

样品名称	粒度 /mm	密度 ρ /kg·m^{-3}	含量 （质量分数）/%				磁化强度 M/kA·m^{-1}		矫顽力 H_c /kA·m^{-1}	比磁化率χ /m^3·kg^{-1}
			TFe	FeO	Fe$_3$O$_4$	γ-Fe$_2$O$_3$	最大	剩余		
天然磁铁矿[1]	-1.08+0.12	4.8×10^3	67.4	24.2	78.2	—	196.0	22.0	3.2	5.67×10^{-4}
※→人工磁铁矿[1]	-1.08+0.12	4.7×10^3	68.2	25.1	79.1	—	189.0	60.5	10.3	5.57×10^{-4}
菱铁矿→人工磁铁矿[1]	-1.08+0.12	4.0×10^3	60.8	微量		86.8	119.0	42.5	9.6	4.12×10^{-4}
天然磁铁矿[2]	-0.15	4.9×10^3	69.9	28.6	92.3	—	80.5	19.0	5.8	6.85×10^{-4}
褐铁矿→人工磁铁矿[2]	-0.15	4.2×10^3	57.8	19.5	62.8	—	45.7	23.0	10.4	4.52×10^{-4}
样5 氧化为磁赤铁#	-0.15	4.0×10^3	56.2	1.9	6.1	56.7	55.0	20.0	9.2	5.73×10^{-4}

①磁化是在 H_{max} = 72kA/m 下进行的；②最大磁化强度 M_{max} 和比磁化率 χ 是在磁化 H = 24kA/m 下得到的，而剩余磁化强度 M_r 和矫顽磁力 H_c 是在磁化场 H = 80kA/m 下得到的；③※ = 还原假象磁铁矿；④# = γ-Fe$_2$O$_3$。

　　人工磁铁矿矫顽力大会给焙烧矿石磨矿分级回路前的矿浆脱磁带来一定困难，且易在恒定磁场磁选机的磁场中形成稳定的磁链，磁性产品中容易夹杂一些非磁性颗粒。

10.6　磁黄铁矿和硅铁的磁性

　　磁黄铁矿（FeS_{1+x}；$0<x\leq1/7$）在自然界中以不同形态存在，按其磁性分类，磁黄铁矿属于弱磁性矿物，或属于强磁性矿物。根据研究资料介绍，六方硫铁矿（FeS）是弱磁性的，（FeS_{1+x}；$0<x\leq0.1$）形态的磁黄铁矿也是弱磁性的，而（FeS_{1+x}；$0.1<x\leq1/7$）形态的磁黄铁矿是强磁性的。

　　强磁性磁黄铁矿的磁化强度、比磁化率与磁场的关系如图 10-5 所示。磁黄铁矿的矫顽力 H_c（见图 10-5）高达 9.6kA/m（120.9Oe），而最大的和剩余的磁化强度很低，分别为 2.5kA/m 和 1kA/m。

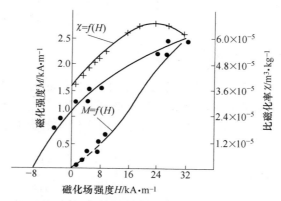

图 10-5　强磁性磁黄铁矿的磁化强度、比磁化率与磁化场强度关系图

　　磁黄铁矿的比磁化率在磁化场强度在 24kA/m 时最大，其值为 7×10^{-5} m^3/kg。实践证明，尽管磁黄铁矿的比磁化率比磁铁矿低很多，但它的纯颗粒也能被回收到弱磁场（80~120kA/m 或 1000~1500Oe）磁选机的磁性产品中。例如，在一般的弱磁场磁选机中能选别出富的硫化铜镍矿石（粒度−50+6mm），并把磁黄铁矿和与其共生的镍黄铁矿、黄铜矿分到磁精矿中。

　　硅铁的强磁性可作为重介质用于重介质选矿。研究表明，某厂生产的细磨硅铁的粒度为−0.38mm，Fe 含量（质量分数）约含 79%，Si 含量（质量分数）为 13.4%，Al 含量（质量分数）为 5%，Ca 含量（质量分数）为 2.5%。其中，硅铁的比磁化率 $\chi\approx4\times10^{-4}$ m^3/kg（$3.2\times10^{-2}cm^3/g$）。当 Fe 含量（质量分数）降低到 40%，相应 Si 含量（质量分数）提高到 53% 时，硅铁的比磁化率要降低很多，其值为 8×10^{-5} m^3/kg（$0.64\times10^{-2}cm^3/g$）。

研究表明，硅铁的磁化强度随 Si 含量的提高而显著下降（见图 10-6）。在 Si 含量（质量分数）不超过 30% 的条件下，硅铁在弱磁场磁选机中能得到很好地回收。硅铁的比磁化率和磁铁矿一样，也随其粒度的减小而降低（以后详细介绍）。

在场强近于 64kA/m（800Oe）磁场中磁化时，硅铁的矫顽力为 0.8 ~ 1.0kA/m（10 ~ 12.5Oe），而剩余磁化强度为 8 ~ 12A/m。

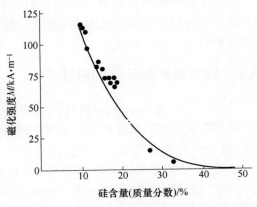

图 10-6　硅铁的磁化强度和其中硅含量关系图

粒状硅铁的退磁比细磨的硅铁困难得多，这是由于颗粒的形状为球形和其矫顽力大所致。

10.7　影响强磁性矿物磁性的因素

影响强磁性矿物磁性的因素有很多，其中主要有磁化场的强度、颗粒的形状、颗粒的粒度、强磁性矿物的含量和矿物的氧化程度等。关于磁化场的强度对磁性的影响可见本章第一节，下面着重介绍后几个因素的影响。这里仍以磁铁矿为对象进行介绍。

10.7.1　颗粒形状的影响

强磁性矿粒的磁性不仅取决于磁化场的强度和以前的磁化状态，还取决于它的形状。组成相同、含量相同而形状不同的磁铁矿的比磁化强度、比磁化率和其形状间的关系如图 10-7 所示。

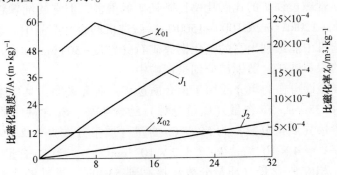

图 10-7　不同形状矿粒的比磁化强度、比磁化率与磁化场强度关系图

J_1, χ_{01} — 长条形；J_2, χ_{02} — 球形

从图 10-7 可以看出，长条形矿粒和球形矿粒在相同的磁化场中被磁化时，所显示出的磁性不同。长条形矿粒的比磁化强度和比磁化率都比球形的大，即 $J_1 > J_2, \chi_{01} > \chi_{02}$。此外，组成相同、含量相同但长度不同的同一种磁铁矿（圆柱形），在同一磁化场（80kA/m）作用下，比磁化强度和比磁化率也不相同。长度越大的矿粒，比磁化强度和比磁化率也越大（见表 10-4）。

表 10-4 磁铁矿的比磁化强度、比磁化率和其长度关系

样品长度/cm	2	4	6	8	28
比磁化强度 $J/\mathrm{A} \cdot (\mathrm{m} \cdot \mathrm{kg})^{-1}$	32.1	55.0	59.9	63.9	96.4
比磁化率 $\chi_0/\mathrm{m}^3 \cdot \mathrm{kg}^{-1}$	40.1×10^{-5}	63.8×10^{-5}	74.9×10^{-5}	79.9×10^{-5}	120.6×10^{-5}

由表 10-4 可知，组成相同、含量相同而形状不同的矿粒在相同的磁化场磁化时，会显示出不同的磁性。球形矿粒或相对尺寸小些的矿粒磁性较弱，而长条形或相对尺寸大些的矿粒磁性较强。由此可见，矿粒的形状或相对尺寸对矿粒的磁性有影响。

矿粒本身的形状或相对尺寸之所以对其磁性有影响，是因为它们在磁化时与本身产生的退磁场有密切关系。

将一个形状为椭圆体的磁铁矿石放入场强为 H_0 的均匀磁化场中时，磁铁矿石的两端产生磁极（虚构的磁量为 $+m$ 和 $-m$），这些磁极将产生自己的磁场（见图 10-8），称为附加磁场 H'。其满足一下关系式：

$$H = H_0 + H' \tag{10-15}$$

式中　H——空间各处的总磁场强度，A/m；

　　　H_0——磁化场强度，A/m；

　　　H'——矿石端面上的磁荷产生的附加磁场强度，A/m。

如图 10-8 所示，设磁化场 H_0 的方向是自左向右的，而附加磁场 H' 的方向是自右向左的。这样一来，矿石内部的总磁场 $H = H_0 + H'$ 的数值实际上是二者相减，即：

$$H = H_0 - H' \tag{10-16}$$

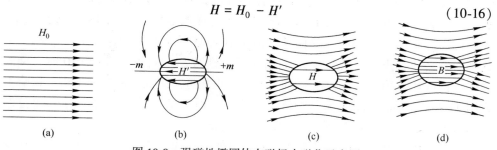

图 10-8　强磁性椭圆体在磁场中磁化示意图
（a）均匀磁化场；（b）退磁场；（c）总磁场；（d）磁感矢量场

当 $H < H_0$ 时，磁场被削弱。因此通常把矿石内部与磁化场 H_0 方向相反的附加磁场 H' 称为退磁场（或称为消磁场）。

如果退磁场 H' 大，则须增大外加的磁化场 H_0，这样才能在矿石内部产生同样大小的总磁场 H。也就是说，退磁场越大，矿石就越不容易磁化，退磁场总是不利于矿石磁化。下面进一步介绍影响退磁场大小的因素。

研究表明，矿粒在均匀磁场中磁化时，它所产生的退磁场强度 H' 与矿粒的磁化强度 M 成正比，即：

$$H' = NM \tag{10-17}$$

式中　　N——退磁因子（或退磁系数）。

不同形状物体的退磁因子数据见表 10-5。

表 10-5　椭圆体、圆柱体和棱柱体的退磁因子

尺寸比 m（$l/\sqrt{S}$）	退磁因子 N				
	椭圆体	圆柱体	棱柱体，其底为		
			1：1	1：2	1：4
10	0.020	0.018	0.018	0.017	0.016
8	0.033	0.024	0.023	0.023	0.022
6	0.051	0.037	0.036	0.034	0.032
4	0.086	0.063	0.060	0.057	0.054
3	0.104	0.086	0.083	0.080	0.075
2	0.174	0.127	—	—	—
1	0.334	0.279	—	—	—

表 10-5 中所示的数值是以 $l/\sqrt{S}$ 为函数的退磁因子 N 值。l 是与磁化场方向一致的物体长度，S 是垂直于磁化场方向的物体的断面积。$l/\sqrt{S}$ 称为尺寸比，用 m 表示。从表 10-5 中数据可以看出，随着尺寸比 m 的增加，退磁因子 N 逐渐减小。当物体的尺寸比 m 很小时，物体的几何形状对退磁因子 N 值有很大的影响，但这种影响会随着物体的尺寸比 m 的增大而逐渐减小。例如，当 $m > 10$ 时，椭圆体、圆柱体和各种棱柱体的退磁因子 N 值会很相近。因此，从广义上讲，影响退磁因子 N 值大小的因素首先是物体的尺寸比，而不是物体的形状。在 SI 单位制中，$0 < N < 1$；而在 CGSM 单位制中，$0 < N < 4\pi$。

实际上矿粒的几何形状是不规则的，另外，磁选设备的磁场不均匀，矿粒受不均匀磁场磁化，所以表中所列数据只能用近似值确定矿粒的退磁因子 N 值。生产中的矿粒或矿块，都是在某一方向稍长一些，它的尺寸比近似于 2，退磁因子 N 平均可取为 0.16（CGSM 制中为 2）。

　　对应于作用在矿粒上的磁化场（外磁场）和总磁场（内磁场）的概念，可把磁化率分成物体的和物质的两大类。具有一定形状的矿粒（或矿物）的磁性强弱，用物体体积磁化率 k_0 或物体比磁化率 χ_0 表示，即：

$$k_0 = \frac{M}{H_0} \tag{10-18}$$

$$\chi_0 = \frac{k_0}{\rho} \tag{10-19}$$

式中　k_0——物质体积磁化率；

　　　M——磁化强度，A/m；

　　　H_0——外磁场强度，A/m；

　　　χ_0——物体比磁化率，m³/kg；

　　　ρ——物体密度，kg/m³。

　　但由于矿粒形状或尺寸比对磁性的影响，使得同一矿物在形状或尺寸比不同，并在同等大小的外部磁化场中磁化时，具有不同的物体体积磁化率和物体比磁化率。为了便于比较和评定矿物的磁性，须消除形状或尺寸比的影响。此时表示矿物磁性的磁化率不能采用磁化强度与外部磁化场强度的比值，而是采用磁化强度与作用在矿粒内部的总磁场（内磁场）强度的比值。这一比值就是物质体积磁化率，即：

$$\kappa = \frac{M}{H} \tag{10-20}$$

$$\chi = \frac{\kappa}{\rho} \tag{10-21}$$

式中　κ——物质体积磁化率；

　　　H——总磁场强度，A/m；

　　　χ——物质比磁化率，m³/kg。

　　显然，只要组成和含量相同，不管形状或尺寸比如何，在同等大小的总磁场中磁化时，矿物就应具有相同的物质体积磁化率和物质比磁化率。一般在进行矿物磁化率测定时都将矿物样品制成长棒形，并使其尺寸比尽可能较大，以消除退磁因子 N 和退磁场 H' 的影响。这样作用在矿物上的总磁场 H 与已知外部磁化场 H_0 相等。只要知道外部磁化场 H_0、矿物的比磁化强度 M 和矿物的密度 ρ，就可以求出其物质体积磁化率和物质比磁化率。知道了矿物的物质比磁化率后，不同形状或尺寸比的矿物的物体磁化率就可以计算出来。由式（10-18）~ 式（10-21）可知：

$$\kappa_0 = \frac{M}{H_0} = \frac{M}{H + H'} = \frac{\kappa H}{H + N\kappa H} = \frac{\kappa}{1 + N\kappa} \tag{10-22}$$

$$\chi_0 = \frac{\kappa_0}{\rho} = \frac{1}{\rho}\left(\frac{\kappa}{1 + N\kappa}\right) = \frac{\chi\rho}{\rho(1 + N\chi\rho)} = \frac{\chi}{1 + N\rho\chi} \tag{10-23}$$

式中 N——退磁因子。

当物体的退磁因子 $N = 0.16$ 时，其物体体积磁化率 κ_0 与物质体积磁化率 κ 的关系如图 10-9 所示。

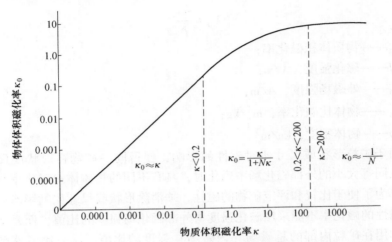

图 10-9 $N = 0.16$ 时物体体积磁化率 κ_0 与物质体积磁化率 κ 的关系图

从图 10-9 可以看出，当 κ 值小时（如 $\kappa \leqslant 0.2$），$\kappa_0 = f(\kappa)$ 曲线的倾斜度约为 45°，物体体积磁化率 κ_0 和物质体积磁化率 κ 几乎一样（$\kappa_0 \approx \kappa$）；当 κ 值较大时（$0.2 < \kappa < 200$），物体体积磁化率 κ_0 和物质体积磁化率 κ 之间存在复杂关系（$\kappa_0 = \kappa/(1 + N\kappa)$）；当 κ 值更大时（$\kappa > 200$），$\kappa_0 = f(\kappa)$ 曲线几乎平行于横坐标，物体体积磁化率 κ_0 接近于常数（$\kappa_0 \approx 1/N$）。

通常分选磁铁矿石是在场强 $0.8 \times 10^5 \sim 1.2 \times 10^5 A/m$（1000~1500Oe）的磁选机上进行的。当磁铁矿颗粒 $N = 0.16$，$\kappa = 4$ 时，该颗粒的物体体积磁化率 $\kappa_0 = 2.44$。

10.7.2   颗粒粒度的影响

矿粒的粒度对强磁性矿物的磁性有明显的影响。磁铁矿的比磁化率、矫顽力与其粒度的关系如图 10-10 所示。

从图 10-10 可以看出，粒度大小对磁性的影响比较显著。随着磁铁矿粒度的减小，其比磁化率也随之减小，矫顽力随之增加。这种关系在粒度小于 0.04mm

时表现得很明显，在粒度小于
0.02~0.03mm 时就更明显。

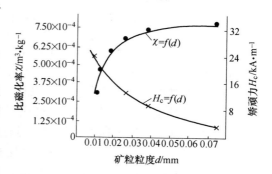

图 10-10　磁铁矿的比磁化率、矫顽力与粒度
关系图（磁化场强 160kA/m）

上述关系可用磁畴理论来解释。前面已经指出，磁铁矿的磁性来自其内部的磁畴运动。粒度大的矿粒的磁性是由于磁畴壁的移动和磁畴的转动产生，其中以磁畴壁移动为主。随着粒度的减小，每个矿粒中包含的磁畴数减少，磁化时，磁畴壁移动相对减少，磁畴转动逐渐起主导作用；当粒度减少到单磁畴状态时，磁畴壁移动消失，此时矿粒的磁性完全是由磁畴转动产生。磁畴转动所需要的能量比磁畴壁移动大得多，所以，随着粒度的减小，磁铁矿的比磁化率也减小，矫顽力增加。

10.7.3　强磁性矿物含量的影响

研究连生体的磁性对了解选矿厂入选矿石和精矿的磁性十分重要。连生体的磁性和其中强磁性矿物的含量、连生体中非磁性夹杂物的形状与排列方式、分选介质的种类以及磁化场强度等有关。

含有弱磁性或非磁性矿物的磁铁矿连生体的比磁化率实际上仅与磁铁矿的百分含量有关。其原因是弱磁性矿物的比磁化率比磁铁矿的小得多。例如，有较高比磁化率（$\chi \approx 9 \times 10^{-6} \mathrm{m^3/kg}$）的假象赤铁矿，其比磁化率都比磁铁矿的比磁化率（$\chi = 8 \times 10^{-4} \mathrm{m^3/kg}$）小几十倍，而其他弱磁性矿物的比磁化率更小，甚至小于几百倍。

磁铁矿连生体的比磁化率与其中磁铁矿含量间的关系如图 10-11 所示。从图 10-11 可以看出，连生体的比磁化率随其中的磁铁矿含量的增加而增加，但并不呈正比关系增加，而是开始时增大较慢，当磁铁矿含量大于 50% 以后增大很快。

一些研究者提出了计算磁铁矿连生体比磁化率的公式，在磁化场强为 0.8×10^5 ~ $1.2 \times 10^5 \mathrm{A/m}$（1000~1500Oe）时存在以下关系：

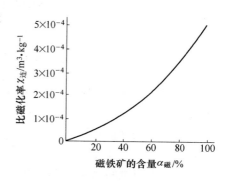

图 10-11　磁铁矿连生体的比磁化率与
其中磁铁矿含量间关系图

$$\kappa' = \frac{\kappa_{\text{连}}}{\kappa_0} = 10^{-4} \alpha_{\text{磁}}^2 \tag{10-24}$$

式中　κ'——连生体的相对体积磁化率；

　　　$\kappa_{\text{连}}$——连生体的体积磁化率；

　　　κ_0——纯磁铁矿颗粒的体积磁化率；

　　　$\alpha_{\text{磁}}$——连生体中磁铁矿的含量(质量分数)，%。

由式(10-24)可得出连生体的体积磁化率，即：

$$\kappa_{\text{连}} = 10^{-4} \alpha_{\text{磁}}^2 \kappa_0 \tag{10-25}$$

连生体密度和连生体中磁铁矿的含量间有如下关系：

$$\rho_{\text{连}} = 10^{-2} \alpha_{\text{磁}} (\rho_1 - \rho_2) + \rho_2 \tag{10-26}$$

式中　$\rho_{\text{连}}$——连生体的密度，kg/m^3；

　　　ρ_1——磁铁矿的密度，kg/m^3；

　　　ρ_2——脉石矿物(如石英、硅酸盐等)的密度，kg/m^3。

在多数磁铁矿石中，$\rho_1 \approx 5 \times 10^3 kg/m^3$，$\rho_2 \approx 2.8 \times 10^3 kg/m^3$，此时式(10-26)可写成：

$$\rho_{\text{连}} = 22 \times (127 + \alpha_{\text{磁}}) \tag{10-27}$$

由式(10-25)、式(10-27)和$\chi_0 = \frac{\kappa_0}{\rho_1} = 5 \times 10^{-4} (m^3/kg)$，可得出连生体的比磁化率，即：

$$\chi_{\text{连}} = \frac{\kappa_{\text{连}}}{\rho_{\text{连}}} = \frac{10^{-4} \alpha_{\text{磁}}^2 \kappa_0}{22 \times (127 + \alpha_{\text{磁}})} = \frac{10^{-4} \alpha_{\text{磁}}^2 \rho_1 \chi_0}{22 \times (127 + \alpha_{\text{磁}})}$$

$$\approx 1.13 \times 10^{-5} \times \frac{\alpha_{\text{磁}}^2}{127 + \alpha_{\text{磁}}} \quad (m^3/kg) \tag{10-28}$$

对于磁选机磁场中形成磁链的细粒和微细粒，它的$\chi_0 \approx \chi = 8 \times 10^{-4} m^3/kg$，连生体的磁化率为：

$$\chi_{\text{连}} \approx 1.8 \times 10^{-5} \frac{\alpha_{\text{磁}}^2}{127 + \alpha_{\text{磁}}} \quad (m^3/kg) \tag{10-29}$$

在磁化场强为$1 \times 10^4 \sim 2 \times 10^4 A/m (125 \sim 250 Oe)$时，可用下式求出连生体的比磁化率：

$$\chi_{\text{连}} = \left(\frac{\alpha_{\text{磁}} + 27}{127} \right)^3 \chi_0 = 2.44 \times 10^{-10} (\alpha_{\text{磁}} + 27)^3 \quad (m^3/kg) \tag{10-30}$$

上述公式与试验结果能够较好吻合，但是它们各有特殊的应用条件，因此只能作为应用时参考。

由图10-12可知，连生体中非磁性夹杂物的形状和排列方式不同时，磁铁矿连生体的相对体积磁化率和其中磁铁矿体积分数的关系。图 10-12 中曲线 1 夹杂物的形状为椭圆体，它的长轴平行于磁化场的方向；曲线 2 夹杂物的形状为球形；曲线 3 夹杂物的形状也为椭圆体，但它的长轴垂直于磁化场方向。在相同的磁铁矿体积分数下，连生体中的非磁性夹杂物的形状和排列情况对连生体的体积磁化率具有很大影响。这是因为非磁性夹杂物的形状与它们所在连生体中排列情况可以不同，因此应当实际测定所研究磁铁矿连生体在不同体积分数时的相对体积磁化率。

　　磁铁矿连生体的相对比磁化率（$\chi_{连}/\chi_0$）取决于磁化场强度和连生体的粒度。研究结果表明，随着磁化场强的提高和粒度的减小，磁铁矿连生体的相对比磁化率与其中磁铁矿质量分数的关系曲线弯曲程度变小。由图 10-13 可知，在不同磁化场强 48kA/m（600Oe，曲线 1）、4.8kA/m（60Oe，曲线 2）时，粒度为 -0.4+0.28mm 的磁铁矿连生体相对比磁化率与其中磁铁矿质量分数的关系。由图可以看出，随着磁化场强的提高，曲线变得不太弯曲。

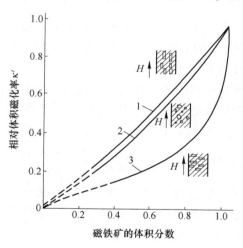

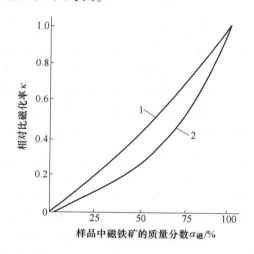

图 10-12　磁铁矿连生体的相对体积磁化　　　　图 10-13　粒度为 -0.4+0.28mm 的磁铁矿连生体
率与其中磁铁矿体积分数关系图　　　　　　　相对比磁化率与其中磁铁矿质量分数关系图

　　在实际分选介质中，分选强磁性矿物和非磁性矿物的混合物与连生体类似，整个被分选的混合物的磁化率不仅取决于强磁性矿物的含量，还取决于分选介质的种类。由图 10-14 可知，磁铁矿与石英混合物的比磁化率与磁铁矿体积分数间的关系。由图可看出，干选磁铁矿与石英混合物时，混合物的比磁化率与其中磁铁矿含量的关系类似于磁铁矿连生体的情况。而湿选磁铁矿与石英的混合物时，比磁化率和磁铁矿含量间的关系为直线关系，即为正比关系。

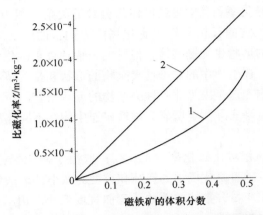

图 10-14   磁铁矿石英混合物的比磁化率和磁铁矿体积分数关系图

10.7.4   矿物氧化程度的影响

磁铁矿在矿床中经过长期氧化作用后，会局部或全部变成假象赤铁矿（结晶外形仍为磁铁矿，但化学成分已变成赤铁矿）。随着磁铁矿氧化程度的增加，矿物磁性也发生了较大变化，即磁铁矿的磁性减弱。

如果矿床的矿石物质组成较简单，铁矿石中硅酸铁、硫化铁、铁白云石等含量（质量分数）小于 3%，其主要的铁矿物又为磁铁矿、赤铁矿和褐铁矿，则可采用磁性率法，即用矿石中的 FeO 含量（质量分数）和全铁（TFe）含量（质量分数）$\left(\dfrac{w(\text{FeO})}{\text{TFe}} \times 100\%\right)$ 来反映铁矿石的磁性。纯磁铁矿的磁性率为 $\dfrac{56+16}{56 \times 3} \times$ $100\% = 42.86\%$。铁矿石的磁性率值低，说明其氧化程度高、磁性弱。工业上把磁性率大于 36% 的铁矿石划为磁铁矿石；把磁性率为 28%~36% 的铁矿石划为半假象赤铁矿石；把磁性率小于 28% 的铁矿石划为假象赤铁矿石。

对于矿石物质组成较复杂，矿石中硅酸铁、菱铁矿、硫化铁和铁白云石等含量较多的铁矿石，因不能正确反映其磁性，因此不能采用磁性率表示铁矿石的磁性。例如某些铁矿石中含有较多的硅酸铁矿物、菱铁矿，计算出来的磁性率很高，有时甚至大于纯磁铁矿的磁性率，但实际的磁选效果很差；又如铁矿石中含有较多的磁黄铁矿，计算出来的磁性率不高，但实际磁选效果却很好；再如某些矿石中的半假象赤铁矿在弱磁选时也可被选出，虽然其磁性率小于 36%，但磁选效果较好，所以可将它划属磁铁矿石类型之中。遇到组成复杂的铁矿石最好用矿石中磁性铁（mFe）对全铁（TFe）的占有率大小来划分铁矿石的类型，其划分标准为：（mFe/TFe）≥85% 为磁铁矿石；15%<（mFe/TFe）<85% 为混合矿石；（mFe/TFe）≤15% 为赤铁矿石。磁性铁对全铁的占有率可简称为磁铁率。

研究表明，对不同氧化程度的磁铁矿石的比磁化率与磁化场强，随着磁铁矿石氧化程度的增加，其比磁化率显著减小。此外，从 $\chi = f(H)$ 曲线的形状来看，随着氧化程度的增加，比磁化率的最大值越不明显，曲线越近于直线。这说明强磁性的磁铁矿在长期氧化作用下逐渐变成了弱磁性的假象赤铁矿。氧化过程是磁铁矿磁性由量变到质变的过程。

10.8　弱磁性矿物的磁性

自然界大部分天然矿物都呈现弱磁性，它们大都属于顺磁性物质，只有个别矿物（如赤铁矿）是反铁磁性物质。纯弱磁性矿物的磁性比强磁性矿物弱得多，且不具备强磁性矿物的一些特点，比如：

（1）弱磁性矿物的比磁化率为一常数，与磁化场强度、本身形状和粒度等因素无关，只与矿物组成有关；

（2）弱磁性矿物没有磁饱和现象和磁滞现象，它们的磁化强度与磁化场强度之间的关系呈一条直线关系。

如果弱磁性矿物中含有强磁性矿物，即使是少量也会对其磁性特点产生一定，甚至较大的影响。

对弱磁性矿物的磁性来说，目前只对弱磁性锰矿物和铁矿物的磁性有较多的研究。

锰矿石的特点是矿物组成比较复杂。例如氧化锰矿石的锰矿物包含硬锰矿（锂硬锰矿、钾硬锰矿）、软锰矿、锰土等，还包括褐铁矿和少量磁赤铁矿等，脉石矿物为大量黏土、石英、砂质灰岩等；碳酸锰矿石的锰矿物包含菱锰矿、锰方解石、含锰方解石、钙菱锰矿、铁磷锰矿和黄铁矿（或白铁矿）等，脉石矿物为黏土、石英、方解石和灰质页岩等。锰矿石的组成复杂使其磁性显出复杂特点。

某地氧化锰矿的比磁化率与其品位间的关系如图 10-15 所示。从图 10-15 可以看出，随着锰品位的提高，氧化锰矿石的比磁化率增加，锰品位增加 4～8 倍，比磁化率相应上升 1.78～3 倍。比较曲线可知，影响比磁化率变化的主要因素取决于锰矿物中含铁量的多少。

研究表明，当磁化场强大于 1.04×10^6 A/m （13000Oe）时，含铁（质量分数）>10% 和含铁（质量分数）<10% 的氧化锰矿石之间的比磁化率差值越小。因此，试图利用锰矿物间的比磁化率差异选别这种矿石，将含不同锰品位的矿物分离是无法实现的。

某地氧化锰矿中的锰矿物的比磁化率与磁化场强间的关系如图 10-16 所示。从图中可以看出，随着磁化场强度的增加，氧化锰矿中锰矿物的比磁化率在开始时下降速度快，之后下降速度变慢。这与矿石中含有强磁性矿物有密切关系。不过，从比磁化率和磁化场强度间的关系看（比磁化率波动范围不大），该矿物还显示出弱磁性矿物的磁性特点，这是由矿石中铁含量不高所致。

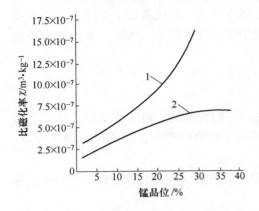

图 10-15 氧化锰矿的比磁化率与其品位
间关系图 （磁化场强 1.04×10^6 A/m）

1—含铁（质量分数）>10% 的氧化锰矿石；
2—含铁（质量分数）<10% 的氧化锰矿石

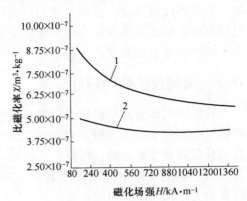

图 10-16 锰矿物的比磁化率与磁化时
场强间关系图

1—硬锰矿（锰品位为 54.26%）；2—软锰矿
[锰品位为 58.13%，含铁（质量分数）均小于 10%]

某地锰精矿的比磁化率与其颗粒形状和粒度的关系分别如图 10-17 和图10-18所示。从图中可以看出，锰矿物的比磁化率基本与颗粒的形状和粒度无关。

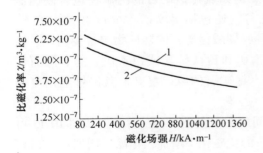

图 10-17 不同形状锰矿物的比磁化率
与磁化场强关系图

1—块状锰矿 [含锰（质量分数）38.08%]；
2—球状锰矿 [含锰（质量分数）20.11%]

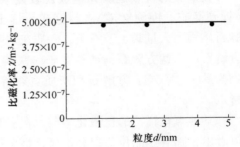

图 10-18 锰精矿比磁化率
与其粒度关系图

纯赤铁矿的磁性比较简单，如前所述，它不具有强磁性矿物的磁性特点。有些天然赤铁矿石中含有少量的磁铁矿或磁赤铁矿，使得天然赤铁矿石的磁性显现出某些特点。澳大利亚的 New-man、Hamersley、Gold-Worthy、巴西某地和中国东鞍山产的天然赤铁矿石的比磁化强度与磁化场强度的关系如图 10-19 所示。

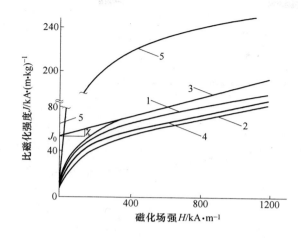

图 10-19   不同产地赤铁矿石的比磁化强度与磁化场强间关系图

1~3—澳大利亚的赤铁矿石；4—巴西的赤铁矿石；5—中国的赤铁矿石

从图 10-19 可以看出，在高场强的一侧，各地赤铁矿石的比磁化强度 J 约等于强磁性饱和比磁化强度 J_0 和同磁化场强成比例的比磁化率 χ 与磁化场强 H 的乘积的总值，即 $J \approx J_0 + \chi H$。各地赤铁矿石的 J_0 和 χ 值（根据高场强一侧的直线部分的外引线和纵坐标相交的点与直线部分的斜率求出的结果）见表 10-6。

表 10-6   各地赤铁矿的比磁化强度和比磁化率

试 样	品位/%		J_0/kA · (m · kg)$^{-1}$	χ/m^3 · kg^{-1}
	TFe	FeO		
澳大利亚（New-man）	61. 43	0. 44	53. 6	4.21×10^{-7}
澳大利亚（Hamersley）	61. 54	0. 31	40. 8	4.48×10^{-7}
澳大利亚（Gold-Worthy）	60. 97	0. 25	54. 4	5.19×10^{-7}
巴 西	69. 72	0. 56	44. 8	4.16×10^{-7}
中国（东鞍山）	31. 10	1. 30	212	4.02×10^{-7}

从表 10-6 可以看出，实验用的天然赤铁矿石的磁化表现总是服从于寄生强磁性的特征，即 $J = J_0 + \chi H$，而 J_0 值不仅可能是 Fe_2O_3 的寄生强磁性，还包括其他共存的强磁性矿物的磁化，χ 值接近于 $\alpha\text{-}Fe_2O_3$ 的 χ 值。

从表 10-6 中化学分析结果也可推断出天然赤铁矿都含有一些 FeO 和磁铁矿。

澳大利亚 Gold-Worthy 产的赤铁矿石中不同粒级的磁性测定结果如图 10-20 所示。从图中可以看出，比磁化率值几乎与粒度无关，而是一定值，但对于强磁性饱和比磁化强度值，如果粒度减小，则数值上升。

$\alpha\text{-}Fe_2O_3$ 的寄生强磁性产生的主要原因可能是在稠密的六方构造的 C 面内呈

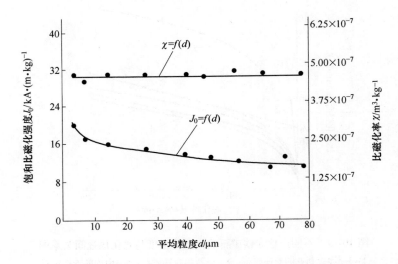

图 10-20　赤铁矿的强磁性饱和比磁化强度和比磁化率与粒度关系图

反铁磁性排列的 Fe^{3+} 的自旋磁矩不完全反平行，而在面内相互成 0.25°左右的角（自旋—交换的模型）。因此在异方性小的 C 面内的方向产生较 C 轴方向为大的强磁性成分，即为强磁性饱和比磁化强度值。

弱磁性和强磁性矿物连生体的比磁化率可近似地由式（10-28）~ 式（10-30）求出，而对于弱磁性和非磁性矿物连生体的比磁化率，因为它们的比磁化率不取决于磁化场强和颗粒形状，其计算式为：

$$\chi_{连} = \frac{\gamma_1 \chi_1 + \gamma_2 \chi_2 + \cdots + \gamma_n \chi_n}{\gamma_1 + \gamma_2 + \cdots + \gamma_n} = \sum_{i=1}^{n} \gamma_i \chi_i \qquad (10\text{-}31)$$

式中　γ_i——弱磁性或非磁性矿物的含量（质量分数），%（$i = 1 \sim n$）；

　　　χ_i——弱磁性或非磁性矿物的比磁化率，m^3/kg。

我国一些矿山所处理的弱磁性矿物的比磁化率测定数据列于附表 3 中，仅供参考。

10.9　矿物磁性对磁选过程的影响

矿物磁性对磁选过程有一定的影响。应回收到磁性产品中去的矿粒的磁化率决定磁选机（弱磁场或强磁场的）磁场强度的选择。

细粒或微细粒磁铁矿或其他强磁性矿物（如硅铁、磁赤铁矿、磁黄铁矿）进入磁选机的磁场时，沿着磁力线取向形成磁链或磁束。长而细的磁链的退磁因子比单个颗粒的小得多，而它的磁化率或磁感应强度却比单个颗粒高得多。在磁选机磁场中形成的磁链对回收微细粒磁性矿粒，特别是对湿选提高回收率有好处。这是因为磁链的磁化率高于单个磁性矿粒的磁化率，而且在磁场比较强的区域方向上，水介质对磁链的运动阻力小于单独颗粒的阻力。

生产实践中表明，磁铁矿粒在磁选过程中很少以单个颗粒出现，绝大多数是以磁链存在的。这可以由磁铁矿精矿的沉降分析结果来证实，分析结果见表10-7。

表 10-7　磁铁矿磁选精矿的沉降分析结果

粒级/mm	未经处理的磁选精矿（保留磁聚态）			经氧化处理的磁选精矿（矿粒单粒态）		
	产率/%	w(TFe)/%	铁分布/%	产率/%	w(TFe)/%	铁分布/%
+0.1	17.66	60.3	18.04	3.81	33.4	2.25
-0.1+0.075	21.45	54.3	20.18	9.36	36.2	5.89
-0.075+0.061	53.55	61.6	57.06	18.66	67.2	22.12
-0.061+0.054	0.89	40.7	0.63	9.70	61.2	10.47
-0.054+0.044	3.06	34.6	1.84	10.21	56.4	10.16
-0.044+0.020	1.62	30.4	0.88	30.11	56.4	29.96
-0.020+0.010	0.61	—		13.00	60.2	13.81
-0.010	1.16	32.3	0.99	5.15	57.7	5.25
合计	100.00	57.77	100.00	100.00	56.69	100.00

从表10-7可以看出，在未经处理的仍保留磁聚状态的精矿中，-0.061mm级别的产率占7.44%，且该粒级的铁品位较低；经过氧化处理的以单颗粒状态存在的精矿中，-0.061mm级别的产率则提高到68.17%，且该粒级的铁品位较高。这是由于细粒磁铁矿中剩磁相互吸引形成的磁团分布在粗粒级别中造成的。在磁选机的磁场中，磁场的磁化磁聚能力要比剩磁造成的磁聚能力更强。

形成的磁链对磁性产品的质量有坏的影响，这是因为非磁性颗粒，特别是微细粒非磁性颗粒容易被磁链所夹杂，使磁性产品品位降低。

磁选强磁性矿石（或矿物）时，除了颗粒的磁化率外，颗粒的剩磁和矫顽力还起着重要作用。正是由于它们的存在，使得经过磁选机或磁化设备磁场的强磁性矿石或精矿，从磁场出来后常常保存自己的磁化强度，使细粒和微细粒磁铁矿形成磁团或絮团。这种性质被应用于脱泥作业，从而加快强磁性矿粒的沉降。为了这个目的，在脱泥前把矿浆在专门的磁化设备中进行磁化处理，或在脱泥设备（如磁洗槽）中的磁场直接进行磁化。

磁团聚的不良作用除表现在影响磁性产品的质量外，还表现在磁选中间产品的磨矿分级上。在采用阶段磨矿阶段选别流程时，由于一部分强磁性矿物颗粒以磁链（或磁团）形式进入分级机溢流中，使分级粒度变粗，从而影响第二段磨矿分级作业分级效果，使分选指标下降。因此在第二段磨矿分级作业前应对先前经过磁选设备或磁化设备磁场的强磁性物料（中间产品）进行脱磁（用脱磁器）。在过滤前，对微细粒磁选精矿也须进行脱磁。对过滤前的磁选精矿进行脱磁，有利于提高过滤机的处理能力，降低水分。

细粒或微细粒弱磁性矿石（或矿物）进入磁选机的磁场时，由于其磁化率或磁感应强度较低，不能形成磁链（或磁束），因此强磁选回收率不高。使用高梯度强磁选机，磁选回收率有较大幅度提高。

磁铁矿石是由高比磁化率的强磁性磁铁矿和仅有1%左右的低比磁化率的脉石矿物（石英、角闪石、方解石等）所组成。当它们的单体都充分分离时，磁铁矿矿粒和脉石矿粒的比磁化率之比不小于400~800，其与磁铁矿的高比磁化率相结合，决定了强磁性磁铁矿石的磁选过程具有高效率，而磁铁矿与脉石矿物的连生体与相对纯净的磁铁矿粒分离时，效率就低得多，这是因为它们的比磁化率之比只是个位数。

按近似计算，连生体的比磁化率与连生体中磁铁矿的含量百分比成正比，连生体中脉石矿物的比磁化率与磁铁矿比较可以忽略不计。因此，若把纯净磁铁矿矿粒的比磁化率的相对值设为1，则不同磁铁矿含量连生体的磁化率对纯磁铁矿的比值（称为相对比磁化率）见表10-8。

表10-8   磁铁矿连生体比磁化率与纯净磁铁矿比磁化率（设为1）之比

连生体中磁铁矿含量（质量分数）/%	90	70	50	30	10
矿粒的比磁化率之比	0.909	0.714	0.5	0.303	0.1

从表10-8可以看出，当纯磁铁矿的磁化率设为1时，不同磁铁矿含量的连生体的相对磁化率均小于1，随着磁铁矿含量的降低，其磁性率也明显降低。当磁铁矿含量降为50%以下时，其比磁化率也降到0.5以下，并且随着磁铁矿含量的继续降低，而迅速下降；当磁铁矿含量降为10%时，其相对比磁化率降为0.1。尽管贫连生体的相对磁性率随着磁铁矿含量的降低而越小，但由于它们仍具有磁铁矿的磁性特点，即其磁性仍比脉石的磁性率高得多，因此它们绝大多数被回收进了磁选精矿中，这一点从表10-9中可以得到印证。

此外还对某厂磁选精矿进行了显微镜观察，结果见表10-9。

表 10-9 某厂磁选精矿进行的显微镜观察结果

-0.075mm /%	精矿品位 /%	单体磁铁矿 颗粒数/%	单体石英 颗粒数/%	>1/2 富连生体 颗粒数/%	<1/2 贫连生体 颗粒数/%	包裹体 颗粒数/%
85	64.08	43.78	8.36	19.60	22.56	5.70
85	63.94	58.90	5.90	—	总共35.2	—
71	58.35	55.79	5.89	—	总共38.32	—

由表 10-9 可以看出,不仅大于 1/2 的富连生体被回收进了磁选精矿中,就连小于 1/2 的连生体和包裹体也被回收到精矿中去了。部分单体石英被夹杂进磁选精矿中,颗粒数为 5.89%～8.36%。其原因是磁链(或磁团)具有夹杂、包裹裹挟非磁性矿粒的作用。

磁选实践证明,当单一弱磁选分选强磁性矿物时,获得不了高品位精矿,这是因为存在既分不出连生体,又存在单体脉石夹杂的问题。在恒定磁场的磁选机中,无论干选还是湿选,分离相对纯的磁铁矿矿粒和连生体的效率都不高。为了提高分离效率,采用旋转交变磁场的磁选机,或采用高效磁重选矿机——磁选柱,或结合其他选矿方法,如浮选法进行精选,从而除去磁选精矿中的连生体和单体脉石。

选别含少量假象赤铁矿的弱磁性矿石时,即使所用的强磁选机(如辊式磁选机)的磁场力分布很不均匀,被分离成分的比磁化率的最小比值也不得低于 0.25～0.2 (连生体的磁化率与纯磁铁矿磁化率的比值)。低于此值时,磁性产品将含有较多的连生体。如果磁选机的磁场力分布均匀,就能在被分离成分的比磁化率之比比较大的条件下 (0.33～0.4) 选别弱磁性矿石。

磁铁矿石受到氧化作用时磁性减弱,氧化程度越深,磁性越弱。对于磁铁率 (mFe/TFe) = 15%～85% 的混合矿石,应采用磁选结合其他选别方法处理;磁铁率 (mFe/TFe) ≤15% 的赤铁矿石,应采用磁选结合其他选别方法或采用单一浮选法处理。

11 弱磁场磁选设备

11.1 设备的分类

由于要选别的矿石多种多样，磁选设备也是多种多样的，分类因素和分类方法比较多，通常根据以下一些特征进行分类。

(1) 根据磁场强度或磁场力的强弱可分为：

1) 弱磁场磁选机。磁极表面的磁场强度 H_0 为 72～120kA/m，磁场力 $HgradH$ 为 $3×10^{11}～6×10^{11}A^2/m^3$，用于分选强磁性矿石。

2) 强磁场磁选机。磁极表面的磁场强度 H_0 为 $0.8×10^6～1.6×10^6A/m$，磁场力 $HgradH$ 为 $(3～12)×10^{13}A^2/m^3$，用于分选弱磁性矿石。

(2) 根据分选介质可分为：

1) 干式磁选机。该磁选机在空气中进行分选，主要用于分选大块、粗粒的强磁性矿石和细粒弱磁性矿石。当前也用于分选细粒强磁性矿石。

2) 湿式磁选机。该磁选机在水中（或磁性液体中）进行分选。主要用于分选细粒强磁性矿石和细粒弱磁性矿石。

(3) 根据磁性矿粒被选出的方式可分为：

1) 吸出式磁选机。被选物料给到距工作磁极或运输部件一定距离处，磁性物料从物料中被吸出，经过一定时间或距离才吸在工作磁极或运输部件上。这种磁选机一般精矿质量较好。

2) 吸住式磁选机。被选物料直接给到工作磁极或运输部件上，磁性矿粒被吸住在工作磁极或运输部件表面上。这种磁选机一般精矿产率和回收率较高。

3) 吸引式磁选机。被选物料给到距工作磁极表面一定距离处，磁性矿粒被吸引到工作磁极表面的周围，在本身的重力作用下排出成为磁性产品。

(4) 根据给入物料的运动方向和从分选区排出选别产品的方法可分为：

1) 顺流型磁选机。被选物料和非磁性矿粒的运动方向相同，而磁性产品偏离此运动方向。这种磁选机一般不能得到高的回收率。

2) 逆流型磁选机。被选物料和非磁性矿粒的运动方向相同，而磁性产品的运动方向与此方向相反。这种磁选机一般回收率较高。

3) 半逆流型磁选机。被选物料从下方给入，而磁性矿粒和非磁性矿粒的运动方向相反。这种磁选机一般处理精矿时，其质量和回收率都比较高。

（5）根据磁性矿粒在磁场中的行为特征可分为：

1）有磁翻动作用的磁选机。在这种磁选机中，由磁性矿粒组成的磁链在其运动时受到局部或全部破坏，有利于精矿质量的提高。

2）无磁翻动作用的磁选机。在这种磁选机中，磁链不受破坏，有利于回收率的提高。

（6）根据排出磁性产品的结构特征可分为圆筒式、圆锥式、带式、辊式、盘式和环式等等。

（7）根据磁场类型可分为：

1）恒定磁场磁选机。这种磁选机的磁源为永久磁铁和通直流电的电磁铁（或螺线管线圈）。磁场强度大小和方向不随时间变化。

2）交变磁场磁选机。磁选机的磁源为交流电磁铁。磁场强度的大小和方向随时间变化。

3）旋转磁场磁选机。磁选机的磁源为极性交替排列的永久磁铁，它绕轴快速旋转。磁场强度的大小和方向随时间变化。

4）脉动磁场磁选机。磁选机的磁源为同时通直流电和交流电的电磁铁。磁场强度的大小随时间变化，方向不变化。

磁选机最基本的分类是根据磁场或磁场力的强弱和排出磁性产品的结构特征进行的。

11.2 干式弱磁场磁选机

干式弱磁场磁选机有电磁的和永磁的两大类，由于后者有许多独特之处，如结构简单、工作可靠和节省电耗等，所以它应用广泛。下面介绍这种磁选机。

11.2.1 CT 型永磁磁力滚筒（磁滑轮）

11.2.1.1 设备结构

干式弱磁场磁选机的结构如图 11-1 所示。它的主要部分是一个回转的多极

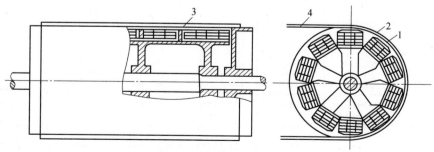

图 11-1 CT 型永磁磁力滚筒结构图

1—多极磁系；2—圆筒；3—磁导板；4—皮带

磁系，用不锈钢非导磁材料制套在磁系外面的圆筒，磁系包角360°。磁系和圆筒固定在同一个轴上，永磁滚筒与皮带配合使用，可单独装成永磁带式磁选机，也可装在皮带运输机的头部作为皮带头轮。

11.2.1.2　磁系和磁场特性

磁系的极性采用圆周方向 NS 交替排列。磁场特性如图 11-2 所示，磁选机的技术性能见表 11-1。

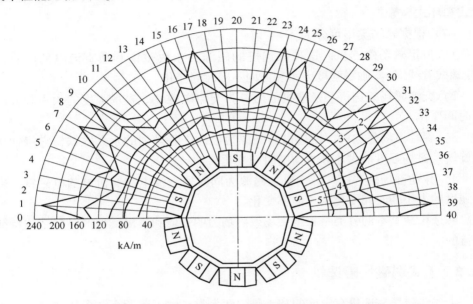

图 11-2　磁系圆周方向排列的磁场特性曲线（半圆周）

1—距离磁系表面 0mm；2—距离磁系表面 10mm；3—距离磁系表面 30mm；
4—距离磁系表面 50mm；5—距离磁系表面 80mm

表 11-1　CT 型永磁磁力滚筒的技术性能

型　号	筒体尺寸 $D \times L$ /mm×mm	相应皮带宽度 B/mm	筒表磁场强度 /kA·m^{-1}（Oe）	入选粒度 /mm	处理能力 /t·h^{-1}	质量 /kg
CT-66	630×600	500	120（1500）	10~75	110	724
CT-67	630×750	650	120（1500）	10~75	140	851
CT-89[①]	800×950	800	120（1500）	10~100	220	1600
CT-811[①]	800×1150	1000	124（1550）	10~100	280	1850
CT-814[①]	800×1400	1200	124（1550）	10~100	340	2150
CT-816[①]	800×1600	1400	124（1550）	10~100	400	2500

①应用钕铁硼磁性材料，筒体表面磁感应强度可达 240~480kA/m。

11.2.1.3 分选过程

矿石均匀地给在皮带上。当矿石经过磁力滚筒时，非磁性或磁性很弱的矿粒在离心力和重力作用下脱离皮带面；而磁性较强的矿粒受磁力作用被吸在皮带上，并由皮带带到磁滚筒的下部，当皮带离开磁力滚筒伸直时，由于磁场强度减弱而使得矿粒落于磁性产品槽中。

操作时，为了控制产品的产率和质量，需要调节装在磁力滚筒下面的分离隔板的位置，皮带速度应根据入选矿石的磁性强弱选定。当从强磁性矿石中选富矿时，皮带速度应大些，以保证脉石和中矿能够被快速抛离；当分选磁性弱些的矿石时，皮带速度应小一些，以保证中矿不被抛离。关于粒度小于 10mm 的矿石，应铺开成薄层，皮带速度也应小些。

11.2.1.4 设备应用

此类干式磁选机可用在磁铁矿选矿厂的粗碎或中碎作业中，并选出部分废石，以减轻下段作业的负荷，提高入磨矿石的磁性铁品位，从而降低选矿成本；当用在赤铁矿还原焙烧作业中时，可分离烧好和没烧好的铁矿石，将没有充分还原的矿石返回重烧，控制焙烧矿质量；可用在铸造行业从型砂中除铁、电力工业中的煤炭除铁，以及其他行业中夹杂铁磁物体的提纯。实践表明，这种磁选机不适于处理鞍山式类型的贫磁铁矿石，这是因为该机的磁系采用的是锶铁氧体磁铁，磁场强度达不到需要值，从而致使该类矿石的尾矿品位偏高。

11.2.2 CTDG 系列大块矿石永磁干选机

该机是一种上部给矿永磁筒带型块矿的干式磁选机。该机的外形类似于一台短皮带运输机，不同之处在于其内部装有永磁系的磁滚筒从而代替了传动滚筒，并采用驱动电机进行电磁调速，其中还设有磁系调整装置、分选漏斗和隔板。

11.2.2.1 CTDG 大块永磁干选机结构

CTDG 大块永磁干选机结构如图 11-3 所示。其主体是由不锈钢制圆筒及装在筒内的圆缺磁系构成。磁系包角大于 130°，磁系固定在主轴上不动，圆筒可以随物料承载皮带一起运动，磁系的极性是沿圆周方向交替布置，磁系在滚筒内的位置可以沿圆周 360°调整，运输皮带速度可在 1~2.5m/s 范围调整，分离隔板位置也可在一定范围调整。该机满足大处理量、低贫混合矿下保持良好指标的要求。该机结构如图 11-3 所示。

11.2.2.2 磁场特性

CTDG 大块永磁干选机的磁场特性如图 11-4 所示。

由图 11-4 可以看出，该机具有较高的磁场强度。该机铁氧体磁系（Y）型磁选机滚筒表面分选区平均场强在 16000e 以上；铁氧体—稀土钴复合磁系（X）型磁选机滚筒表面分选区平均磁场强度为 40000e；钕铁硼磁系磁选机滚筒表面

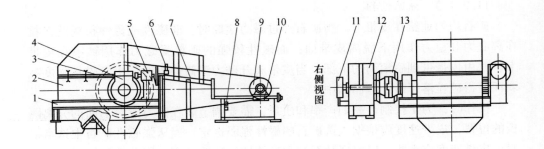

图 11-3　CTDG 永磁大块干选机结构示意图

1—头架；2—分矿漏斗；3—磁滚筒；4—磁系调整装置；5—减速机；
6—上调心托辊；7—中间支架；8—下调心托架；9—改向滚筒；
10—螺旋拉紧装置；11—轴承座；12—分选隔板；13—棘轮止退装置

分选区场强在 4000Oe 以上，最高可达 5000Oe。

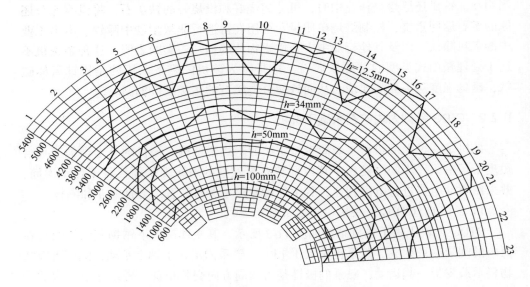

图 11-4　CTDG 大块永磁干选机磁场特性图

弓长岭矿采用的 CTDG-1214 型干式永磁筒磁选机的筒径为 1250mm、筒长为 1600mm、磁系长为 1200mm、磁系包角为 130°，筒面磁场强度为 2800Oe（224kA/m），处理能力为 800t/h，设备处理力度上限为 350mm，矿石品位提高 2% 以上，废石品位 ≤10.00%，废石产率 ≥10%。

11.2.2.3　主要技术性能

CTDG 大块永磁干选机的主要技术性能见表 11-2。

表 11-2　CTDG 大块永磁干选机的主要技术性能

筒径×筒宽 /mm×mm	输送带宽 /mm	带速 /m·s⁻¹	筒表磁场强度 /mT（分选区）	给矿最大 粒度/mm	台时能力 /t·h⁻¹	磁滚质量 /t	拖动功率 /kW
800×750	1600	1~2.5	300~400	150	110~220	1.1	7.5~11
800×1150	1000	1~2.5	300~400	150	180~350	1.8	11~15
800×1400	1200	1~2.5	300~400	150	220~450	2.1	11~18.5
800×1600	1400	1~2.5	300~400	150	260~550	2.5	11~22
1000×1000	800	1~2.5	300~400	250	300~700	2.3	11~18.5
1000×1200	1000	1~2.5	300~400	250	300~900	2.8	11~22
1000×1400	1200	1~2.5	300~400	250	400~1100	3.3	11~30
1000×1600	1400	1~2.5	300~400	250	400~1300	3.9	11~30
1000×1800	1600	1~2.5	300~400	250	500~1500	4.5	11~37
1250×1600	1400	1~2.5	300~400	350	600~1450	3.8	55
1250×1600	1400	1~2.5	300~400	350	700~1700	4.5	15~45
1250×2400	2000	1~2.5	300~400	350	1000~2400	6.5	45~110

11.2.2.4　设备用途

该机适用于大块强磁性矿石和混合矿的甩废，提高品位，适用于分选粗碎和中碎产物，给矿粒度 150~350mm，最大处理粒度为 350mm。

该机已在歪头山、弓长岭等铁矿选矿厂干选露天矿和井下矿的干式抛废和干选富矿过程中运用。

11.2.3　悬磁干选机

常规的磁力滚筒称为磁滑轮，其选分原理为吸住式。吸住式干选存在强磁性矿块压住非磁性矿粒或矿面，从而使其磁性产物中含有一些废石而使精矿品位和甩废产率偏低。鞍山金裕丰选矿科技有限公司根据需要研制出"吸出—吸住"式联合干选机——悬磁干选机。

悬磁干选机将吸出的磁性产品比较纯净，吸住式干选回收率较高，从而使干选的磁性产物品位提高，甩废产率提高 50% 至 100%。

11.2.3.1　设备结构

悬磁干选机的立体结构示意图如图 11-5 所示。

悬磁干选机由磁力滚筒、环形物料输送带、平料装置、预吸出装置和精选再吸出装置等构成。平料装置、预吸出装置及精选再吸出装置安装在磁力滚筒前的皮带上方。

11.2.3.2　干选原理

悬磁干选机的干选原理可用图 11-6 的干选过程原理加以说明。

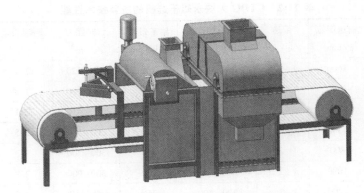

图 11-5　悬磁干选机立体结构示意图

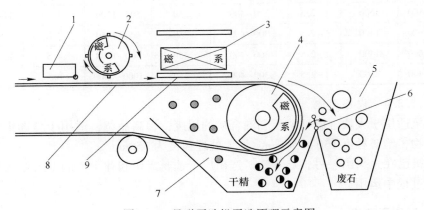

图 11-6　悬磁干选机干选原理示意图

1—平料装置；2—预吸出装置；3—再吸出装置；4—磁力滚筒；5—废石料斗；6—分离隔板；
7—精矿料斗；8—环形物料输送皮带；9—悬磁吸出装置环形皮带

被选物料给在平料装置 1 的前方，经平料装置将物料摊平，在进入预吸出装置时，将物料中的磁性矿粒吸到料层的上部。当进入吸出精选装置时，再吸出一次，从而达到精选目的。经精选吸出后，剩在皮带上的物料绝大部分是废石，只有少量磁性偏弱的磁性物料，当经过磁力滚筒时，会将剩下的磁性物料再吸住，随皮带运转进入皮带下方。当皮带伸直时，剩下的磁性物料卸到磁性物料漏斗中，从而完成整个干选过程。

11.2.3.3　磁系和磁场

悬磁干选机的预吸出装置为永磁磁系干选辊。磁系包角接近 200°，并采用中宽极面、小极隙的磁系匹配方案，磁极表面磁场强度在 30000e 以上，最高可达 40000e。

悬磁干选机的再吸出装置为宽极面中极隙的永磁磁系，并采用高性能钕铁硼和锶铁氧体磁块组合而成。磁极表面平均场强为 3500～4000Oe，最高可达 5000Oe。

根据被选物料中磁性矿物的磁性强弱，磁场强度可通过磁辊下辊面、再吸出装置磁系下表面至物料输送带上表面的距离加以调整。当再吸出装置一段不够时，根据物料中磁性矿量的多少，可再加一段或两段。

磁力滚筒的磁场强度可通过磁系偏角（磁力滚筒垂直中心线上段至磁系中心线之间的角度的大小加以调整，偏角增大可降低其磁场强度，否则加大磁场强度。

11.2.3.4　悬磁干选的调整因素

悬磁干选的调整因素有预吸出装置的磁场强度、再吸出装置的磁场强度、预吸出辊的转速、再吸出装置环形皮带的线速度、物料输送带的线速度和磁力滚筒下的分离隔板的角度或位置等。

预吸出装置和再吸出装置的磁场强度是通过改变下辊面或磁系下表面到物料输送带上表面的距离大小加以调整；预吸出装置、再吸出装置和物料输送带的线速度是通过变速装置加以改变。

物料输送带的速度决定磁力滚筒抛离废石的甩离力，试验和生产实践证明，物料输送带的线速度为 1.8～2.5m/s。当块状物料多速度可低些，块状物料少、粉矿多、物料湿度大时，物料输送带的速度应大一些。

11.2.3.5　设备应用

悬磁干选机适用于处理干选强磁性的磁铁矿石。其处理粒度应在 50mm 以下，最适宜的处理粒度为 30mm 以下，一般为 12mm 以下。通常处理细碎产物。

悬磁干选机已经在许多大、中、小型磁铁矿选矿厂应用。其分选效果较常规磁力滚筒优越，磁性产品品位比常规磁力滚筒干选高 1%～3%，干废产率高 50% 至 100%。某磁铁矿选矿厂常规磁滑轮与悬磁干选指标进行对比，结果见表 11-3。

表 11-3　悬磁干选与常规干选指标对比结果

产物	悬干产率/%	悬干 mFe品位/%	悬干 mFe回收率/%	磁滑产率/%	磁滑 mFe品位/%	磁滑 mFe回收率/%
精矿	89.65	28.82	99.68	93.30	26.07	99.66
尾矿	10.35	0.81	0.32	6.70	1.24	0.34
给矿	100.00	25.92	100.00	100.00	24.41	100.00
提高	-3.65	+2.75	+0.02	+3.65	-2.75	-0.02

由表 11-3 可知，悬磁干选比磁滑轮干选的尾矿产率高 54.48%，精矿品位提高 2.75%、干废产率提高 3.65%。由此可见，悬磁干选结果明显优于常规干选结果。

11.2.4　CTG 型永磁筒式磁选机

11.2.4.1　设备结构

CTG 型永磁筒干选机的结构如图 11-7 所示。其主要由辊筒（有单筒和双筒两种）、磁系、选箱、给矿机和传动装置组成。

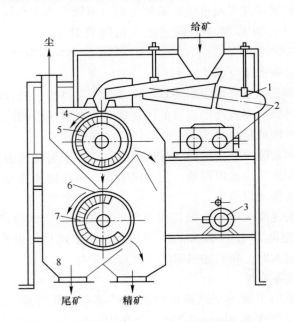

图 11-7　CTG 型永磁筒式干选机结构图
1—电振给矿机；2—无级调速器；3—电动机；
4—上辊筒；5，7—圆缺磁系；6—下辊筒；8—选箱

辊筒由 2mm 厚的玻璃钢制成，在筒面上粘上一层耐磨橡胶。为了防止由于涡流作用使辊筒发热和电动机功率增大，磁选机的筒皮不能用不锈钢制作，而是用玻璃钢制作。

磁系由锶铁氧体永久磁块组成。磁系的极数多，极距小（30mm、50mm 和 90mm），磁系包角为 270°，磁系的磁极沿圆周方向极性交替排列，沿轴向极性一致。

选箱用泡沫塑料密封。在选箱的顶部装有管道与除尘器相连，使选箱内处于负压状态工作，并有防尘作用。

单筒磁选机的选别带长度可通过挡板位置加以调整，双筒磁选机可通过磁系的定位角度（磁系偏角）调整，以适应不同选别流程需要（精选流程或扫选流程）。

11.2.4.2　性能和磁场特性

CTG 型永磁筒式磁选机的技术性能见表 11-4。

表 11-4　CTG 型永磁筒式磁选机技术性能

型号	极距/mm	选箱形式	给矿粒度/mm	给料湿度/%	筒表 H/kA·m^{-1}	筒转速/r·min^{-1}	处理量/T·h^{-1}	电机功率/kW	机重/t	外形尺寸/mm×mm×mm
CTG-69/3	30	两产品	0.5~0	≤1	84	①	3~5	2.2	2.52	2000×1650×1980
CTG-69/5	50	两产品	1.5~0	≤2	92	①	2~10	2.2	2.60	2000×1650×1980
2CTG-69/9	90	两产品	5~0	≤3	100	②	10~15	2.2	2.60	2000×1650×1980
CTG-69/3/3	30/30	两产品	0.5~0	≤1	84	①	3~5	2.2/2.2	4.0	2000×1650×2880
2CTG-69/5/5	50/50	两产品	1.5~0	≤2	92	①	5~10	2.2/2.2	4.1	2000×1650×2880
2CTG-69/9/9	90/90	两产品	5~0	≤3	100	②	10~15	2.2/2.2	4.1	2000×1650×2880
2CTG-69/3/5	30/50	三产品	0.5~0	≤1	84/92	①①	3~5	2.2/2.2	4.1	2000×1650×2880
CTG-69/5/9	50/90	三产品	1.5~0	≤2	92/100	①②	5~10	2.2/2.2	4.1	2000×1650×2880

①150~300；②75~150。

CTG 型永磁筒式磁选机的磁场特性如图 11-8 所示。

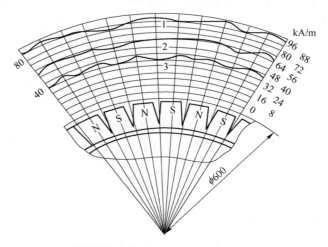

图 11-8　CTG 型永磁筒式磁选机的磁场特性（ϕ600mm×900mm）图
1—筒表面；2—距筒面 5mm；3—距筒面 10mm

11.2.4.3　分选过程

磨细的干矿粒由电振给矿机给到上辊筒进行粗选（见图 11-7）。磁性矿粒吸在筒面上被带到无磁区（磁系圆缺部分）卸下，从精矿区排出；非磁性矿粒和连生体因重力和离心力共同作用被抛离筒面，其后进入下辊筒进行扫精选，在此过程中非磁性矿粒进入尾矿槽，而富连生体和上筒选出的精矿全部进入精矿槽。

11.2.4.4 设备应用

CTG 型永磁筒式磁选机主要用于细粒强磁性矿石的干选。它和干式自磨机所组成的干选流程具有工艺流程简单、设备数量少、占地面积小、节水、投资少和成本低等优点。这种流程适合在干旱缺水和寒冷地区使用。

实践表明，该磁选机处理细粒浸染贫磁铁矿石时，不易获得高质量的铁精矿，这种磁选机也适用于从粉状物料中剔除磁性杂质和提纯磁性材料。在涉及冶金尤其是粉末冶金、化工、水泥、陶瓷、砂轮、粮食等领域，以及处理烟灰、炉渣等物料方面得到广泛应用。

11.3 湿式弱磁场磁选设备

湿式弱磁场磁选设备分为电磁和永磁两种。由于永磁弱磁场磁选设备有许多独特之处，所以被广泛应用。生产实践表明，增加圆筒直径有利于提高磁选机的比处理能力（每米筒长的处理能力）和回收率，并且节电节水。目前，随着选厂处理量的增加和磁性材料的发展，国内外都趋向于采用筒体直径为 1050mm 和 1200mm 以上的磁选机。北方重工集团有限公司矿山机械分公司已研制出规格为 ϕ1500mm×4000mm、ϕ1500mm×4500mm 的大型筒式磁选机，处理量可达 240t 以上。此外，国内一些磁选设备生产厂家对筒式磁选机进行改进，形成了各具特色的产品，如北京矿冶研究总院生产的 BK 系列预选、精选、尾矿再选等系列磁选机，包头稀土材料研究所生产的 BX 系列磁选机等。

一般场强磁选机磁系材料，采用单一锶铁氧体的高场强磁选机采用钕铁硼和锶铁氧体复合磁铁。

由于各传统筒式磁选机大体结构一样，本书不再单独进行介绍。

根据磁选机槽体结构形式的不同，磁选机可分为顺流型、逆流型和半逆流型三种。现在常用的槽体以半逆流型为最多，这里重点介绍半逆流型永磁筒式磁选机，对顺流型和逆流型的只作简单介绍。

11.3.1 CTB 型永磁筒式磁选机

11.3.1.1 设备结构

CTB 型永磁筒式磁选机（见图 11-9）是由圆筒、磁系和槽体（或底箱）等三部分组成。圆筒是由不锈钢板卷成，圆筒表面粘着一层耐磨橡胶。筒面这层耐磨橡胶不仅可以防止筒皮磨损，同时有利于磁性产品在筒皮上的附着，加强圆筒对磁性产品的携带作用。保护层的厚度一般是 2mm 左右。圆筒的端盖用铝铸成。圆筒各部分所采用的材料都是非导磁材料，以免磁力线与筒体形成磁短路而不能透过筒体进入分选区。圆筒由电动机经减速机带动旋转。

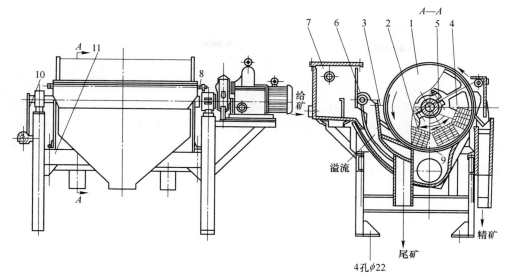

图 11-9　CTB 型永磁筒式磁选机结构图

1—圆筒；2—磁系；3—槽体；4—磁导板；5，11—支架；6—喷水管；7—给矿箱；
8—卸矿水管；9—底板；10—磁偏角调整装置

　　小筒径（如直径 600mm）磁选机的磁系为三极磁系；筒径大些的（如 ϕ750mm 或大于 ϕ750mm）磁选机的磁系为四至六极磁系；直径为 1500mm 的磁选机的磁系极数可达十极以上。每个磁极由锶铁氧体永磁块组成，用铜螺钉穿过磁块中心孔固定在马鞍状磁导板上。磁导板支架固定在圆筒体的轴上，磁系固定不旋转；有的磁系是用永磁块黏结组成，用黏结的方法固定在底板上，再用上述方法固定在轴上。磁极的极性是沿圆周交替排列，沿轴向极性相同。磁系包角与磁系极数、磁极面宽度和磁极极隙宽度有关，通常为 103°～135°，磁系偏角（磁系中线偏向精矿排出端与垂直线间的夹角）为 15°～20°。磁系偏角可以通过搬动装在轴的一端上的偏角转向装置调节。

　　磁选机的槽体为半逆流型。矿浆从槽体的下方给到圆筒的下部，非磁性产品移动方向和圆筒的旋转方向相反，磁性产品移动方向和圆筒旋转方向相同，具有这种特点的槽体称为半逆流形槽体。槽体靠近磁系的部位应当用非磁性材料加工，其余可用普通钢板制成，或用硬质塑料板制成。

　　槽体的下部为给矿区，该部位插有喷水管，用来调节选别作业的矿浆浓度，同时也可把矿浆吹散成较"松散"的悬浮状态进入分选区空间，有利于提高选别指标。

　　在给矿区的上部有底板（或称尾矿堰板），底板上开有矩形孔，从而使尾矿流出。底板和圆筒之间的间隙与磁选机的给矿粒度有关，当粒度小于 1～1.5mm

时，间隙为 20~25mm；当粒度上限为 6mm 时，间隙为 30~35mm。

11.3.1.2　磁场特性

图 11-10 示出了直径为 750mm 和 1050mm 磁选机的磁场特性。

图中分选区（Ⅰ）矿流沿尾矿堰板向后流，至尾矿堰板末端进入尾矿排出管，该区称为扫选区（因其将给矿区吸到筒皮表面附近的磁性矿粒顺矿流逆流向尾矿堰板的末端，有继续扫选的作用）；输送区（Ⅱ）称为粗选区（因其是由选箱下部给上来的原矿浆，在吹散水的作用及磁系中区磁场的吸引下，被吸向筒皮附近，有粗选的作用）；脱水区（Ⅲ）称为精选区（因其吸到筒皮上的磁性矿随筒皮旋转上提，有精选作用，同时也有脱水作用）。

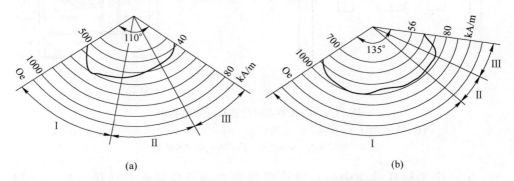

(a)　　　　　　　　　　　　　　(b)

图 11-10　离极面 50mm 处沿周向的磁选机磁场强度特性曲线图

Ⅰ—分选区；Ⅱ—输送区；Ⅲ—脱水区

（a）φ750mm 磁选机；（b）φ1050mm 磁选机

CTB 型永磁筒式磁选机的技术性能见表 11-5。

表 11-5　CTB 型永磁筒式磁选机的技术性能

型　　　号			筒体尺寸 $D \times L$/mm ×mm	场强距极表/kA·m⁻¹		电机功率 /kW	筒体转速 /r·min⁻¹	处理能力	
顺流	逆流	半逆流		50mm	10mm			T/h	m³/h
CTS-712	CTN-712	CTB-712	750×1200	56	127	3.0	35	15~30	约 48
CTS-718	CTN-718	CTB-718	750×1800	56	127	3.0	35	20~45	约 72
CTS-1018	CTN-1018	CTB-1018	1050×1800	80	135	5.5	22	40~75	约 120
CTS-1024	CTN-1024	CTB-1024	1050×2400	80	135	5.5	22	52~100	约 160
CTS-1030	CTN-1030	CTB-1030	1050×3000	80	135	7.5	22	65~125	约 200
CTS-1230	CTN-1230	CTB-1230	1250×3000	80	139	7.5	19	90~150	约 240

我国某研究院在常规排列的开路磁系的极隙中加入与主磁极极性相同的辅助磁极（见图 11-11），这不仅提高了磁场强度，还改变了磁场特性。新型磁极结

构的磁选机的筒表面平均场强可达 160kA/m（2000Oe），场强最高区不是磁极棱边，而是磁极间隙中心。实践表明，采用这种磁系的磁选机可获得良好的选别效果。

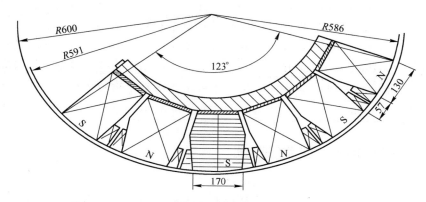

图 11-11   CTB1218 永磁筒式磁选机的 T 型磁极结构图

11.3.1.3 分选过程

矿浆经过给矿箱进入磁选机的槽体后，在喷水管喷出水（或称吹散水）的作用下，呈松散状态进入给矿区。磁性矿粒在磁系的磁场力作用下，被吸到圆筒的表面上，随圆筒一起移动。在移动过程中，磁系的极性交替使得磁性矿粒成链地进行翻动（称磁搅动或磁翻）。在翻动过程中，夹杂在磁性矿粒中的一部分脉石矿粒被清除出来，有利于提高磁性产品的质量。磁性矿粒随圆筒转到磁系边缘磁场弱处，在冲洗水的作用下进入精矿槽中。非磁性矿粒和磁性很弱的矿粒在槽体内矿浆流的作用下，从底板上的尾矿孔流进尾矿管中。

11.3.1.4 设备应用

该类磁选机矿浆是以松散悬浮状态从槽底下方进入分选空间，矿浆运动方向与磁场力方向基本相同。因此，矿浆可以到达磁场力很高的筒面上。另外尾矿是从有上翘弧度底板上的尾矿孔排出，这样，溢流面高度可保持槽体中的矿浆水平。通过以上的两个特点，决定了半逆流型磁选机可以得到较高的精矿质量和回收率。这种形式的磁选机适用于 0.5~0mm 的强磁性矿石的粗选和精选，尤其适用于 0.15~0mm 的强磁性矿石的精选。磁选厂应用该类磁选机的工作指标见表 11-6。

表 11-6   半逆流型筒式磁选机的工作指标

磁选厂	设备规格 /mm×mm	给矿粒度 -0.075mm	处理能力 /t·h⁻¹	品位/%			回收率 /%	备　注
				给矿	精矿	尾矿		
鞍山烧结总厂	φ780×1800	70~80	>20	53.06	59.32	16.34	95.51	—
	φ1200×1800	70~80	>60	52.49	58.55	15.52	95.84	T 型磁极结构

续表 11-6

磁选厂	设备规格 /mm×mm	给矿粒度 -0.075mm	处理能力 /t·h⁻¹	品位/%			回收率 /%	备　注
				给矿	精矿	尾矿		
石人沟铁矿	φ1200×1800	约37	115	31.65	54.23	4.77	93.12	T型磁极结构
水厂铁矿	φ1050×2400	约40	70~90	27.65	48.59	8.38	84.21	—
南芬选厂	φ1200×3000	约80	60	28.84	44.71	6.90	89.96	—
大孤山选厂二次	φ1050×2400	87.32	—	58.14	61.09	11.52	98.82	—
大孤山选厂三次	φ1050×2400	≥90	—	58.61	60.60	13.55	95.77	—
弓长岭一选二磁	φ1050×2400	—	>25	59.04	63.44	11.05	98.43	BX型磁选机

11.3.2　CTS 和 CTN 型永磁筒式磁选机

11.3.2.1　CTS 型永磁筒式磁选机

CTS 型永磁筒式磁选机的槽体结构形式为顺流型，其结构图如图 11-12 所示。

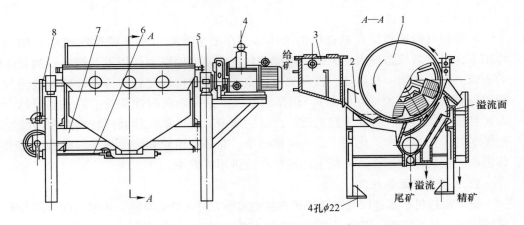

图 11-12　CTS 型永磁筒式磁选机结构示意图
1—圆筒；2—槽体；3—给矿箱；4—传动装置；5—精矿卸矿水管；
6—尾矿排放调节阀；7—机架；8—磁系偏角调整装置

该类磁选机的给矿方向和圆筒的旋转方向或磁性产品的移动方向一致。矿浆由给矿箱直接进入到圆筒的磁系下方，非磁性矿粒和磁性弱的矿粒由圆筒下方的两底板之间的间隙排出。磁性矿粒被吸在圆筒表面上，随圆筒一起旋转到磁系边缘的磁场弱处排出。磁选机的技术性能见表 11-5，这种磁选机适用于 6~0mm 的强磁性矿石的粗选和精选。

11.3.2.2　CTN 型永磁筒式磁选机

CTN 型永磁筒式磁选机的槽体结构形式为逆流型，其结构如图 11-13 所示。

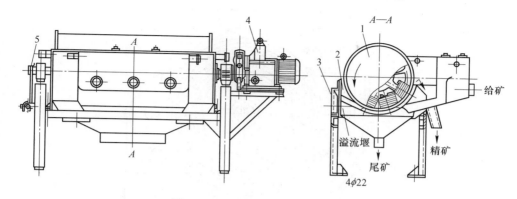

图 11-13 CTN 型永磁筒式磁选机

1—圆筒；2—槽体；3—机架；4—传动装置；5—磁系偏角调整装

该类磁选机的给矿方向和圆筒旋转方向或磁性产品的移动方向相反。矿浆由给矿箱直接给入圆筒的磁系下方，非磁性矿粒和磁性很弱的矿粒由磁系左边缘下方的底板上的尾矿孔排出，磁性矿粒随圆筒转动方向逆着给矿方向移动到精矿排出端，随后排入精矿槽中。这种磁选机的技术性能见表 11-5。该种磁选机适用于0.6～0mm 的强磁性矿石的粗选和扫选，以及选煤工业中的重介质回收。这种磁选机的精矿排出端距给矿口较近，磁翻作用差，所以精矿品位不够高。但是它的尾矿口距给矿口远，矿浆经过较长的分选区，从而增加了磁性矿粒被吸引的机会。另外尾矿口距精矿排出端远，磁性矿粒混入到尾矿中去的可能性小，所以这种磁选机的尾矿中流失的金属较少，金属回收率高。这种磁选机不适于处理粗粒矿石，这是因为粒度粗时，磁选机精矿爬坡段长而高，会沉积堵塞选别空间。

11.3.3 永磁旋转磁场磁选机

$\phi600mm\times320mm$ 湿式永磁筒式旋转磁场磁选机的结构见图 11-14 所示。它主要是由玻璃钢制作的圆筒、永磁旋转磁系、感应卸矿辊和底箱组成。永磁旋转磁系是由极性沿圆周交替排列的众多磁极组成，极距大，如图 11-14 所示，磁选机由 18 个磁极构成，极距为 104mm。极间隙充填反斥磁块（称反斥磁极），与相接极面极性相同而将磁力线反斥到分选空间，以增加分选空间的磁场强度和作用深度。圆筒和旋转磁系分别传动，可以相互以不同的速度向相反方向转动。由于这种磁系不能自动卸掉精矿，则需要通过感应棍卸掉精矿。该机采用半逆流槽体，在槽体的精矿排出端装有冲洗水管，以便提高精矿品位。

矿浆从圆筒下方给入选别空间后，强磁性矿粒即被吸到圆筒上，并随圆筒一起运动。由于圆筒和磁系反向转动，且磁系的转速较高（可达 174r/min），矿粒受磁场力作用的时间较长，又经受强烈的磁搅动作用，再加上精矿冲洗水的冲

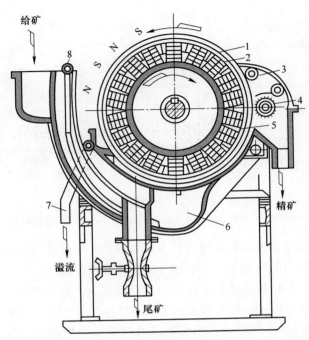

图 11-14　φ600mm×320mm 湿式永磁筒式旋转磁场磁选机结构示意图

1—圆筒；2—旋转磁系；3—冲洗水管；4—感应卸矿辊；

5—反斥磁极；6—槽体；7—溢流管；8—吹散水管

洗，使得该类磁选机的精矿品位较高。

　　该类磁选机的磁场力作用深度较大，磁场力比一般的弱磁场永磁磁选机大，再加上与半逆流槽体的配合，使得尾矿品位较低。用该类磁选机对一些磁选厂的矿石进行一些试验，试验表明在选别天然磁铁矿石时，使用该类磁选机可以得到较好的指标。例如试验机在选别大孤山磁铁矿时，在给矿量为 1.1t/h，给矿品位为 62.96% 情况下，能够得到品位为 64.93% 的精矿和 12.09% 的尾矿，铁回收率为 99.29%。但在选别焙烧磁铁矿时，就不如天然磁铁矿的效果显著。

　　这种磁选机的缺点是耗水、耗电量较大及磨损厉害。

11.3.4　浓缩磁选机

　　浓缩磁选机是近年来，在选矿工艺技术进展中发展起来的磁选设备。该设备能够提高矿浆浓度和品位。目前国内外使用的浓缩磁选设备大多为传统的逆流筒式磁选机，少数为带有压辊的筒式磁选机。

　　图 11-15 为一种高效浓缩磁选机的结构示意图。

　　该设备的特点在于磁场强度高，磁系包角大，一般为 180°~210°，磁极距

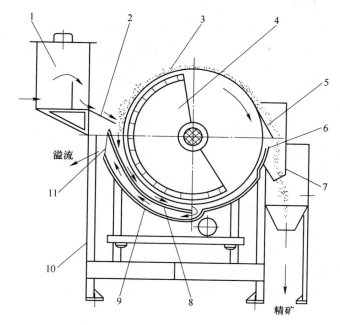

图 11-15　高效浓缩磁选机结构示意图

1—给矿箱；2—导流板；3—圆筒；4—极掌和永磁系；5—卸矿板；
6—阻尼板；7—集矿斗；8—分矿板；9—底箱；10—机架；11—溢流口

大，因而磁场作用深度大，对磁性物料的回收率高。试验表明，当待处理物料的浓度在 15%～30%，物料粒度−0.045mm 占 75%～85%时，经过该高效浓缩磁选机浓缩脱水后，浓度可达到 50%～75%。

11.4　磁重选矿机

磁重选矿机包含电磁磁重选矿机和永磁两种。早先磁重选矿机名字称叫"磁力脱水槽"或"磁力脱泥槽"。永磁脱泥槽是 20 世纪 70 年代（1964～1967 年）铁氧体磁块出现后研制出来的；20 世纪 80 年代（1985～1986 年）研制出永磁磁团聚重力选矿机；随后，90 年代（1992～1993 年）研制出电磁磁重选矿机——磁选柱。它们的性能逐步提高。

11.4.1　磁力脱泥槽

11.4.1.1　顶部磁系电磁磁力脱泥槽

上部磁系电磁磁力脱泥槽结构是由上部带溢流槽的锥形槽体、架在溢流槽外沿的电磁系、铁质空心筒、设在铁质空心筒外的给矿筒及精矿排矿装置等构成。结构简图如图 11-16 所示。

该设备为上部磁系电磁磁力脱泥槽。其磁源是架在溢流槽外绑上的四个铁芯（2），铁芯上套有四个直流励磁项线圈（5），通过四个铁芯将线圈产生的磁通导到铁质空心筒和槽体之间，形成磁场。其等磁场线是近垂直的，中心强而外围弱。磁性矿粒靠磁场的作用形成水平向的磁链，靠重力和磁力下沉，从下部排矿口排出精矿。在铁质空心筒的上部给水口引入给水和矿浆带来的水，形成上升水流并带出以矿泥为主的尾矿。

11. 4. 1. 2　顶部磁系永磁磁力脱泥槽

CS 型顶部磁系永磁磁力脱泥槽结构如图 11-17 所示，其磁场强度分布如图 11-18 所示。

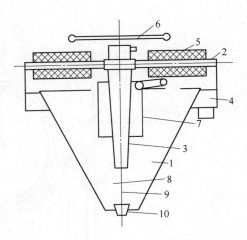

图 11-16　电磁磁力脱泥槽结构简图
1—槽体；2—铁芯；3—铁质空心筒；
4—溢流槽；5—线圈；6—手轮；7—给矿筒；
8—反水盘；9—丝杠；10—精矿排矿装置

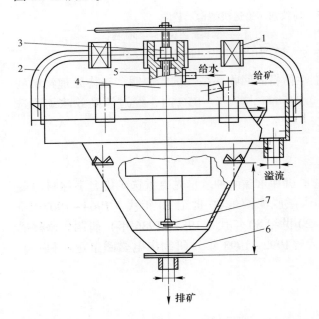

图 11-17　CS 型永磁磁力脱泥槽结构图
1—磁体；2—铁芯；3—精矿排矿装置；4—给矿筒；
5—空心筒；6—槽体；7—返水盘

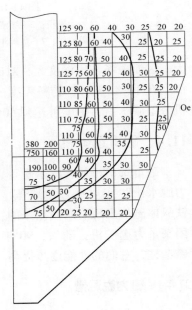

图 11-18　顶部磁系永磁
脱泥槽磁场强度分布图

由图 11-17 可知，CS 型永磁磁力脱泥槽是由平底倒置的由钢板制的锥形槽体（6）、上部带十字架的四个铁芯（2）及铁芯中间断开夹上两侧带钢板的铁氧体或钕铁硼磁铁（1）形成磁源；磁源通过铁芯和中心空心筒（5）和槽体之间形成磁场。返水盘是铜质的，精矿排矿装置是由带丝杠的中间为铜质或不锈钢质的钢棒（3）及胶砣（7）构成，丝杠中间加一段非磁材料目的是防止形成磁短路。给矿筒及其支架是用非磁性材料（如铝板、不锈钢板、塑料板等）制成。

由图 11-18 可知，其等磁场强度线上部大致垂直，下部是由外向内倾斜，磁场强度外弱内强。上部大致为 20~1250e，外部大致为 20~300e，下部大致为 30~200e。磁场总体上为外弱内强，上弱下强。但也不尽如此，在最高磁场中心铁棒的下端，其最高磁场强度为 7500e，中心钢棒下端周围约为 1000e 左右。

给矿是由给矿筒的上部向矿管切向给入，旋转下行，由给矿筒的下口喷撒而出分布于中下部中心空心筒的外围，被磁化成磁链形态，在重力和磁力作用下下沉至排矿口排出精矿。非磁性矿粒和弱磁性矿粒由中空铁棒上部引入的水经返水盘改向上行与给矿带进的水产生上升水流，将非磁性矿粒携带上行，最后从槽体上沿溢出形成尾矿。

CS 型永磁脱泥槽的技术性能见表 11-7。

表 11-7　CS 型永磁脱泥槽的技术性能

型号	槽口直径/mm	入选粒度/mm	磁场强度/kA·m⁻¹	原矿处理能力/t·h⁻¹
CS-12S	1200	1.5~0	≥24	25~40
CS-16S	1600	1.5~0	24~32	30~45
CS-20S	2000	1.5~0	24~32	35~50

11.4.1.3　底部磁系永磁脱泥槽

这种磁力脱泥槽结构如图 11-19 所示。其主要是由一个钢板制成的倒置平底圆锥形槽体、塔形磁系、给矿筒（或称拢矿圈）、上升水管和排矿装置（包括调节手轮、丝杠和排矿胶砣）等构成。底部磁系永磁磁力脱泥槽的磁场强度分布情况如图 11-20 所示。从图中可以看出，沿轴向的磁场强度是外部弱中间强，等磁场强度线（磁场强度相同点连线）大致与塔形磁系表面平行。

底部上升水管共有四根，上升水管顶部装有迎水帽，下部连在水圈上。迎水帽的目的是为了将水管喷出的水散开，以便产生均匀上升的水流。

由表 11-8 结果可知，顶部磁系脱泥槽指标较底部磁系四脱泥槽差一些。

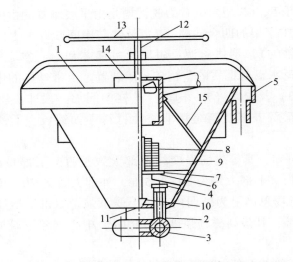

图 11-19 底部磁系永磁磁力脱泥槽结构示意图

1—平底锥形槽体；2—上升水管：3—水圈；4—迎水帽；5—溢流槽；6—支架；7—磁导板
8—塔形磁系；9—硬质塑料管；10—排矿胶砣；11—排矿口胶垫；12—丝杠；13—调节手轮；
14—给矿筒；15—支架

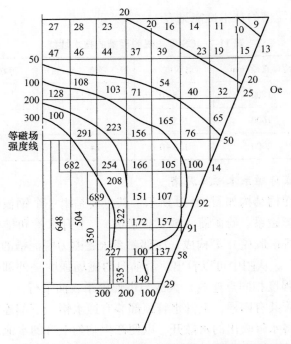

图 11-20 底部磁系永磁磁力脱泥槽的磁场强度分布图

表 11-8　底部磁系脱泥槽应用指标

厂名	规格 /mm	给矿粒度 /mm	处理能力 /t·h⁻¹	铁品位/%			回收率 /%
				给矿	精矿	尾矿	
鞍山烧结总厂	φ2200	0.1~0	>20（按原矿）	约46	>61.5	<18	—
	φ2500	0.1~0	>20（按原矿）	>27	53~55	<8	—
	φ3000	0.1~0	>25	>27	53~55	<8	—
大孤山选厂	φ2000	0.3~0	46.7	42.23	47.76	9.83	97.30
	φ3000	0.1~0	—	44.12	54.50	10.56	94.34
南芬选厂	φ1600①	—	—	29.61	39.96	7.36	92.20
	φ2000②	0.4~0	41.19	29.61	29.74	7.08	92.50

注：①、②为顶部磁系脱泥槽。

11.4.2　磁团聚重力选矿机

磁团聚重选法是利用不同颗粒的磁性核密度等多种性质差异，综合磁矩力、剪切力和重力等多种作用进行分选的方法。实现磁团聚重力分选的设备是磁团聚重力选矿机，图 11-21 为 φ2500mm 磁团聚重力选矿机的结构示意图。

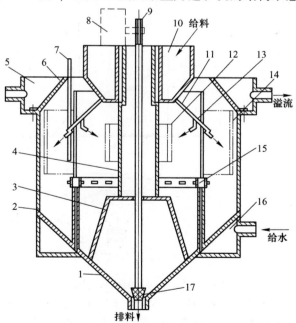

图 11-21　φ2500mm 磁团聚重力选矿机的结构示意图

1—底锥；2—筒体；3—支架；4—中心筒；5—溢流槽；
6—溢流锥；7—浓度监测管；8—自控执行器；9—升降杆；10—给料槽；11—给料管；
12—内磁系；13—中慈溪；14—外磁系；15—给水环；16—水包；17—排料阀

11.4.3　磁选柱

　　磁选柱（低弱磁场磁重选矿机）这一磁铁矿选矿精选设备是由刘秉裕教授原始发明，并以"磁选柱"命名，并注册了金裕丰商标。

　　使用弱磁场磁选机分选强磁性铁矿石时，其精矿存在磁性夹杂和非磁性夹杂中，因此精矿中存在部分磁铁矿与脉石的连生体和少量单体脉石，从而精矿品位不高。研制的电磁式磁重选矿机（磁选柱）是精选磁铁矿石的一种高效设备，该设备可以高效获得高品位磁铁矿精矿，使得精矿品位达到68%以上。

11.4.3.1　设备结构

　　以金裕丰磁选柱为例介绍磁选柱的情况，金裕丰磁选柱结构示意图如图11-22所示。

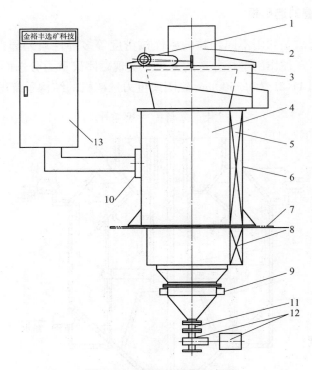

图 11-22　磁选柱结构示意图

1—给矿管；2—给矿斗；3—溢流槽；4—分选筒；5—上电磁系；6—外筒；7—支撑板；
8—下电磁系；9—给水装置；10—接线盒；11—传感器；12—智能排矿装置；13—供电控制系统

11.4.3.2　结构及特征

　　磁选实践表明，无论是筒式磁选机还是各种常规的磁重选矿机，其磁选过程均存在强大的磁团聚现象。由于磁团聚的裹挟、夹带常规磁选分不净矿泥和单体脉石，更不能分出连生体，就连贫连生体也分不出去，从而使常规磁选不能获得高品位磁铁矿精矿。

为什么磁铁矿磁选过程会存在磁团聚现象？应该定义一个新概念，即磁铁矿既是磁选对象，又是一种磁介质。磁铁矿是回收成铁精矿的目的矿物，当然是磁选对象。磁铁矿是一种强磁性物质，作为强磁性矿物的磁铁矿，当把它们磨至基本单体解离，它们在磁场作用下，每个小颗粒都会被磁化成具有 NS 极的磁偶极子，磁偶极子互相吸引就会形成磁链或磁团。而常规磁选磁场强度较高，分散又不好，从而存在上述情况。

磁选柱是一种电磁式低弱磁场磁重选矿机，它既能充分利用磁团聚又能充分分散磁团聚，可以解决上述问题。

11.4.3.3　分选原理

磨细的磁铁矿中的单体磁铁矿颗粒进入磁选柱的励磁线圈后，首先被磁化成磁偶极子，磁偶极子互相吸引成磁链，并把矿泥和单体脉石搁置在磁链的间隙，随着时间的推移磁性稍弱的细粒单体磁铁矿也会被吸持在磁链的尖部和浑身毛刺部分，接下来是连生体，包括贫连生体被吸持在磁链的周围，它们被持续向下的磁场力断续地往下拉，拉向精矿排矿口作为精矿排出。

被搁置在磁链间隙的矿泥、单体脉石由中下部引入的高速旋转上升水流冲带向上由上部溢流沿排出成为磁选柱的尾矿。当磁场强度调整合适，上升水流速度足够高时，磁性弱的连生体颗粒，特别是贫连生体颗粒，在断电时也会被冲带向上以中矿的形式从上部溢流沿排出。

磁链的形成过程是有选择性的。磁性强的粗颗粒磁铁矿首先形成磁链的核心，接下来核心磁链周身毛刺部分吸持磁性稍弱的细粒磁铁矿（→富连生体→贫连生体）。当该线圈断电时高速旋转上升水流打散磁链，并将搁置在磁链间隙的单体脉石、矿泥往上冲带形成尾矿或中矿。

当下一线圈通电时重复上述过程，这样的过程进行多次，每一次磁链的重新形成，都使磁链中的磁铁矿颗粒得到一次精选，每一次都将还没分出的矿泥单体脉石再分出一次，从而使下行的磁铁矿得到多次精选。

当磁场强度调整合适上升水速足够大时，该线圈断电时被松散吸持在磁链周围的贫连生体也会被冲带向上，由溢流以中矿的形式排出。根据入选物料的情况，品位提高幅度为 2%～15%。给矿品位高提高幅度小，给矿品位低提高幅度大。

金裕丰磁选柱的特点包括：

（1）结构简单、无运转部件，维护检修工作量几乎为零；

（2）操作方便，矿浆水流基本上垂直运动几乎无磨损；

（3）电耗低，仅为 0.1～0.2kWh/t；

（4）自动化程度高，可通过智能传感系统拾取来矿变化信号，系统发出指令由智能排矿装置完成自适应调节，实现合理的正确排矿出口开度，实现高度自动化控制；

（5）对给矿量波动的适应性强，选别指标高而稳定；

（6）人机界面的应用方便操控，电流强度、供电循环、底流排矿浓度、阀门开度等参数一并显示在显示屏上，一目了然，观察显示屏参数即可感知现场设备运转情况、操控方便简单。

金裕丰磁选柱的主要技术参数有 6 个，分别为磁场强度、磁场周期供电指令机制、供水机制、精矿排放机制、给矿浓度及给矿量。

11.4.3.4 磁选柱的磁场

磁选柱分选腔内的磁场变换由励磁线圈通断电产生，有限轴向高度的励磁线圈内的磁场强度沿轴向和径向各点是不均匀的，线圈轴向高度中点最强，离开中点向上和向下随距离的增加迅速降低；径向在线圈高度范围内由轴线向四周辐射随距离的增加磁场变强，线圈内壁处的磁场最强，在线圈上下端两侧往上或往下磁场随距离增加而降低，线圈半径之半处的磁场较高。

金裕丰磁选柱的等磁场线分布情况以 CZB60 磁选柱为例如图 11-23 所示。其他规格磁选柱磁场分布情况大致与 $\phi600mm$ 磁选柱类同，这里不一一列举。

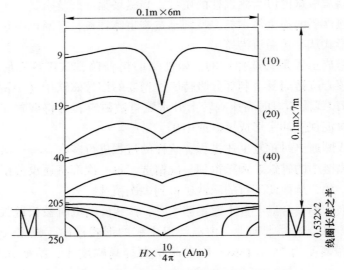

图 11-23 CZB60 磁选柱等磁场线群图

线圈轴线上各点的磁场以中点为界，上下对称，只要求出轴线中点往上的数十个磁场数值就可以了解其磁场分布情况。

磁场供电机制，即电流大小、供电时间周期的长短、供电波形等。多组线圈自上而下通断电一个周期所用的时间，以秒计，用 T 表示。T 的高低和磁选柱规格有关，大规格磁选柱周期长一些，小规格磁选柱周期短一些。

磁选柱由中下部给水装置供水。所谓供水机制即给水量的多少、供水点设置和出水机制等。给入磁选柱的水量分为两股，一股向上产生上升水速，一股向下随精矿一起由精矿排放阀门排出。总的供水量为上下两股之和。

磁选柱的处理量与给矿的粒度和磁性强弱有关。一般磁性强，粒度粗，处理量高；粒度细，磁性弱，处理量低。当磁选柱中矿须再磨再选时，该处理量还包括中矿返回量。

11.4.3.5 规格及选型

磁选柱选型应根据其用途选，一般粗选和粗精选的物料泥多、单体脉石多，要求产出合格尾矿时，选脱泥磁选柱为好；若矿泥少、单体脉石相对也较少的细磨磁选精矿以分出贫连生体为主的时候，选用精选磁选柱合适。粒度粗，磁性强的给矿单位处理量取高值，粒度细（$-0.075\text{mm} > 90\% \sim 95\%$）选中值，粒度微细（$-0.045\text{mm} > 70\% \sim 95\%$）选小值。

处理量的计算公式为：

$$Q_{处} = qs \qquad\qquad (11\text{-}1)$$

式中　$Q_{处}$——磁选柱的处理量（含中矿返回量），t/h；

　　　q——磁选柱的单位面积处理量，$t/(\text{cm}^2 \cdot h)$。

例如，某细磨磁选精矿，磁性中等，但粒度较细，$-0.075\text{mm} \geqslant 95\%$，小试磁选柱尾矿量为 10% 左右，当新给矿量为 30t/h 时，选用磁选柱的型号和规格台数分别是多少？

（1）由于给矿是细磨磁选精矿，粒度偏细，选用 CZB 型精选磁选柱；

（2）给矿量为 30t/h，考虑有中矿再磨再选返回量，根据小试中矿量为 10% 左右，由式（11-1）得：

$$Q_{处} = 30 \times 1.2 = 36(\text{t/h})$$

（3）规格台数的选定。由于粒度较细，磁性中等，确定 $q = 0.004\text{t}/(\text{cm}^2 \cdot h)$，则所需精选磁选柱断面积为：

$$S = Q_{处}/q = 36/0.004 = 9000(\text{cm}^2)$$

由于 $S = 9000\text{cm}^2$，且 $S = \pi R^2$，则 $D = 2R = 2 \times \sqrt{\dfrac{9000}{\pi}} = 107.08(\text{cm})$

根据所需磁选柱断面积，可供选用的磁选柱规格有两个方案：

（1）选用 1 台直径 $\phi 1200\text{mm}$ 的 CZB120 磁选柱，其断面积为 11304cm^2，是所需的 1.256 倍；

（2）选用 2 台直径 $\phi 800\text{mm}$ 的 CZB80 磁选柱，其断面积为 $5024 \times 2 = 10048$（cm^2），是所需的 1.12 倍。

（1）（2）方案均可。

金裕丰 CZB 精选磁选柱规格性能见表 11-9。

表 11-9 金裕丰 CZB 精选磁选柱规格性能

规格	有效内径 /mm	处理量 /t·h⁻¹	轴线中心场强/kA·m⁻¹	耗水量 /t·h⁻¹	给矿粒度 /mm	装机功率 /kW	主机高度 /mm
JYF-CZB 600	600	8~18	5~15	30~45	-0.3	4.0	3500
JYF-CZB 800	800	14~32	5~15	50~65	-0.3	6.5	4240
JYF-CZB 1000	1000	22~50	6~15	70~90	-0.3	7.22	4520
JYF-CZB 1200	1200	32~72	6~15	100~140	-0.3	12	4506
JYF-CZB 1400	1400	44~98	6~15	150~190	-0.3	14	(4000)
JYF-CZB 1600	1600	56~120	6~15	200~270	-0.3	15	(4097)
JYF-CZB 1800	1800	70~160	6~15	270~300	-0.3	14	(4030)
JYF-CZB 2000	2000	88~200	6~15	290~350	-0.3	22	(4600)

注：1. 处理量栏中，低值为给矿粒度微细时选用，高值为粒度粗时选用，粒度-0.075mm 85%左右时
选中间值；2. 括号内主机高度为矮化设计高度。

11.4.3.6 经济效益

自 2003 年以来各种规格金裕丰磁选柱的出现，其在工业生产中的应用已经超过 1000 台。通过磁选柱精选使低品位精矿变成高品位精矿和常规磨选易选磁铁矿，采用磁选柱精选通过放粗磨矿粒度的节电、节钢或多磨原矿多生产精矿，均为相关企业带来巨大的经济效益。据初步估算给各应用企业已经带来数十亿元人民币的经济效益。

精选常规磁选精矿获得高品位磁铁矿精矿见表 11-10。

表 11-10 精选常规磁选精矿获得高品位磁铁矿精矿

磁铁矿选厂编号	产物名称	产率 /%	品位 /%	回收率 /%	品位提高 /%
1	精矿	91.42	66.45	96.06	3.21
	尾矿	8.58	29.04	3.94	
	给矿	100.00	63.25	100.00	
2	精矿	85.31	68.40	96.89	8.05
	尾矿	14.69	13.60	3.11	
	给矿	100.00	60.35	100.00	
3（二段细筛上）	精矿	71.90	66.24	83.04	8.89
	尾矿	28.10	34.60	16.96	
	给矿	100.00	57.35	100.00	

磁铁矿选厂编号	产物名称	产率/%	品位/%	回收率/%	品位提高/%
4	精矿	92.60	70.29	95.68	
	尾矿	7.40	39.73	4.32	2.26
	给矿	100.00	68.03	100.00	
5	精矿	93.17	67.70	97.34	
	尾矿	6.83	25.24	2.66	2.90
	给矿	100.00	64.80	100.00	
6（反浮选）	精矿	86.62	69.93	89.47	
	尾矿	13.38	53.26	10.53	2.23
	给矿	100.00	67.70	100.00	

由精选易选磁铁矿精矿经磁选柱精选可获得品位为 71%~72% 的超级磁铁矿精矿。

图 11-24 为由现场高品位磁选柱精矿分级两段磁选柱精选中矿再磨再选，从而获得超级精矿的试验数质量流程。

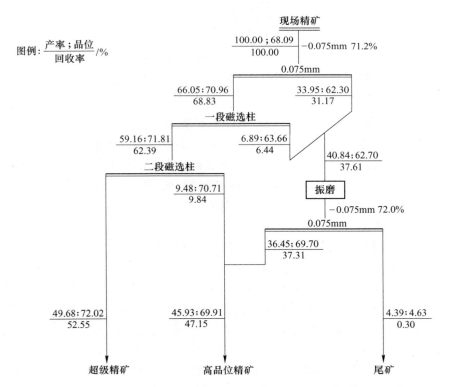

图 11-24 筛下两段磁选柱精选中矿再磨再选试验数质量流程图

11.4.4 Grade 品位分级机

Grade 品位分级机的结构示意图如图 11-25 所示。

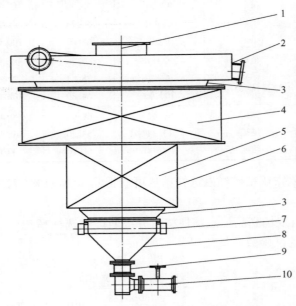

图 11-25　Grade 品位分级机的结构示意图

1—给矿筒及给矿管；2—溢流槽；3—分选筒；4—上励磁线圈；5—下励磁线圈；
6—外筒；7—给水管；8—底锥；9—传感器；10—电动阀门

Grade 品位分级机的分级过程原理为由给矿管旋流给入给矿筒旋转向下进入分级腔的中上部，由自上而下设置的多个励磁线圈产生的下移磁场力向下拉动磁性矿粒，在底部排矿口产出高浓度高品位的底流，在下部给水管引入的高速旋转上升水流作用下，将矿浆中的单体脉石和磁铁矿与脉石的连生体冲带至溢流。

溢流产物为单体脉石为主，磁铁矿与脉石的连生体为辅的需要再磨再选的中矿；底流为高品位的沉砂。

以下主要介绍 Grade 品位分级机和细筛的对比情况。

用细筛筛下获得高品位精矿的弊端为：细筛是一种按粒度分级的设备，在分级细磨磁铁矿磁选精矿时，其筛孔一般为 0.1～0.2mm，它兼有流膜重选的作用，可将小于筛孔的品位高的细粒磁铁矿筛到筛下，在磁铁矿选矿厂广泛应用。但其筛下产率仅为 35%～45%，筛上还有相当部分小于筛孔的细粒单体解离的磁铁矿未进入筛下，而是作为中矿与连生体一起进入再磨机再磨，使得大量已经单体解离的磁铁矿颗粒严重过磨，降低了真正需要再磨的连生体的磨矿效果，从而增加了精矿成本。

细筛上产物中尚含有大量小于筛孔的单体解离的细粒磁铁矿未进入筛下，这一结论可由对某厂一段细筛（筛孔 0.1mm）筛上产物进行的筛析试验结果加以证明，结果见表 11-11。

表 11-11　某选厂一段细筛上产物筛析结果

粒级/mm	产率/%	-∑产率/%	品位/%	-∑品位/%	铁分布/%	-∑铁分布/%
+0.2	4.00	100.00	56.36	55.28	4.08	100.00
-0.2+0.15	7.60	96.00	31.19	55.23	4.29	95.92
-0.15+0.1	16.60	88.40	29.87	57.30	8.97	91.63
-0.1+0.075	11.60	71.80	49.05	63.64	10.29	82.66
-0.075+0.063	6.20	60.20	61.81	66.46	6.93	72.37
-0.063+0.045	14.60	54.00	65.75	66.99	17.37	65.44
-0.045	39.40	39.40	67.45	67.45	48.07	48.07
合计	100.0	—	55.28	—	100.00	—

由表 11-11 可以看出：

（1）该细筛筛上（-0.075mm）产物中还有产率 60.2% 的品位 66.46% 的细粒磁铁矿没进入筛下，而是留在筛上；

（2）-0.106mm 以下，负累积品位 63.64%，负累积产率为 71.80%。也就是说占二磁精（筛给）的量还有大约 71.80×60% = 43.08% 没进入筛下，而是进入循环再磨。这不仅增加了循环再磨量，使大量已经单体解离的磁铁矿颗粒严重过磨，又增加了电耗、钢耗、检修维护工作量，从而增加了精矿泵本。

鞍山金裕丰选矿科技有限公司采用 Grade 品位分级机分选同样产物的试验发现，Grade 品位分级机下边产出的精矿产率高达 90% 以上，这比细筛下产率高出一倍以上，从而杜绝大量单体解离的磁铁矿去再磨，大大减少再磨磨矿量，经济效益显著。

对某选厂二次磨矿旋流器分级溢流进行 Grade 品位分级机分选，结果见表 11-12。

表 11-12　Grade 品位分级机分选二次旋流器溢流结果　　　　（%）

样号	产物	产率	品位	回收率	品位提高	条　件
3 号-1	精矿	69.50	62.34	94.62	16.55	$I_1 = 0.5A$, $I_2 = 1.5A$, $I_3 = 1.0A$, $W = 56mL/s$, $T = 3s$
	尾矿	30.50	8.08	5.38	—	
	给矿	100.00	45.79	100.00		
3 号-2	精矿	68.90	62.34	94.66	16.97	$I_1 = 0.5A$, $I_2 = 2.0A$, $I_3 = 1.0A$, $W = 62mL/s$, $T = 3s$
	尾矿	31.10	7.79	5.34	—	
	给矿	100.00	45.37	100.00		

由表 11-12 可知，Grade 品位分级机分级二次旋流器溢流中，在给矿平均品位 45.58%，尾矿平均品位 7.94% 情况下，其精矿平均品位为 62.34%，品位提高幅度 16.76%；现场流考磁力脱水槽给矿品位为 45.97%，与 Grade 品位分级机给矿品位相当情况下，磁力脱水槽的精矿品位仅为 59.04%，品位提高幅度为 13.17%，脱水槽尾矿品位为 9.87%。Grade 品位分级机精矿品位比脱水槽精矿品位高 3.3%，可以说 Grade 品位分级机在分出合格尾矿的情况下精矿品位也明显提高，分选效果大大好于磁力脱水槽。

某磁选厂二磁精矿的筛下产物为最终精矿或需再磁选的低品位精矿，但其筛下产率仅为 35% ~ 45%；Grade 品位分级机（相当于筛下）产率高达 85% ~ 95%，不仅精矿产率高而且品位也高，试验结果见表 11-13。

Grade 品位分级机分级二磁精试验结果见表 11-13。

表 11-13　Grade 品位分级机分级二磁精试验结果　　　　　　　（%）

样号	产物	产率	品位	回收率	品位提高	条件
1-1	精矿	90.30	67.24	97.40	4.90	$I_1 = 0.2$，$I_2 = 1.0$，$I_3 = 1.0$，$W = 60\text{mL/s}$，$T = 3\text{s}$
	尾矿	9.70	16.72	2.60		
	给矿	100.0	62.34	100.0		
1-2	精矿	91.60	67.05	98.25	4.51	$I_1 = 0.2\text{A}$，$I_2 = 1.5\text{A}$，$I_3 = 1.0\text{A}$，$W = 62\text{mL/s}$，$T = 3/\text{s}$
	尾矿	8.54	12.99	1.75		
	给矿	100.0	62.51	100.0		
2-1	精矿	94.60	68.30	98.85	2.93	$I_1 = 0.2\text{A}$，$I_2 = 2.0\text{A}$，$I_3 = 1.0\text{A}$，$T = 3\text{s}$，$W = 75\text{mL/s}$
	尾矿	5.40	13.95	1.15		
	给矿	100.0	65.37	100.0		
2-2	精矿	93.10	68.69	97.93	3.39	$I_1 = 0.2\text{A}$，$I_2 = 1.5\text{A}$，$I_3 = 1.0\text{A}$，$T = 3\text{s}$，$W = 80\text{mL/s}$
	尾矿	6.90	19.62	2.07		
	给矿	100.0	65.30	100.0		

分析表 11-13 结果可知：

（1）Grade 品位分级机分选二磁精，精矿品位平均为 67.82%，精矿产率平均为 92.4%；现场流考的一段细筛下品位为 67.16%，一段细筛筛下对二磁精的产率仅为 45.1%，细筛下拿精的产率不到 Grade 品位分级机的一半。

（2）Grade 品位分级机具有高效按品位分级的作用。它可以取代细筛或当给矿中有大颗粒矿粒时将筛孔放大，组成放大筛孔（如由 0.1 ~ 1.2mm 放大至 0.4mm）的细筛与 Grade 品位分级机的新的分级组合。

Grade 品位分级机分选某厂二磁精的结果，经分析认为可以取代二磁以后一二段细筛、二三段脱水槽和三段磁选，五台再磨机可减为一台。

　　某选厂现磨分选工艺流程结构复杂，作业环节共 16 个，三段磨分、三段脱水槽、两段细筛、四段磁选、一段过滤、九段泵。致使选厂电、钢、水耗、备品备件消耗均较高，检修维护工作量大，致使精矿成本高、效益低。

　　为了简化该工艺流程，进行了二次分级溢流的 Grade 品位分级机、放粗筛孔的细筛、精选磁选柱以及细筛上产物加精选磁选柱尾矿（实质是中矿）的磁选再磨磁选的组合流程试验。试验结果如图 11-26 所示。

　　图 11-26 中源头给矿是三个二分溢 Grade 品位分级机分选的加合精矿。加合精矿经二磁、放粗筛孔的细筛，再经精选磁选柱精选得柱精，筛上加柱尾混合中矿再经再磨磁选得再磨精矿，两个精矿加合为综合精矿，其品位为 68.24%，对二分溢的产率为 70.18%；尾矿由三个磁选尾矿构成，其产率为 29.82%，品位为 10.91%，这个品位与流考几个尾矿加合品位相当，但试验综合精矿品位比流考最终精矿品位高 0.44%。

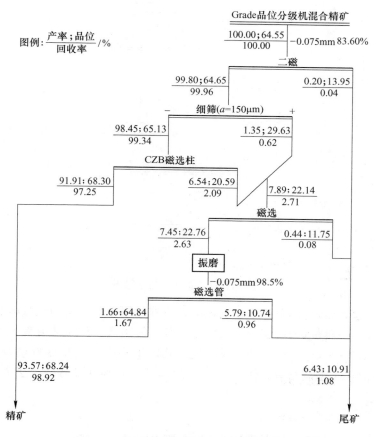

图 11-26　二旋溢 Grade 柱精混合样磁选柱精选试验数质量流程图

推荐简化工艺流程如图 11-27 所示。

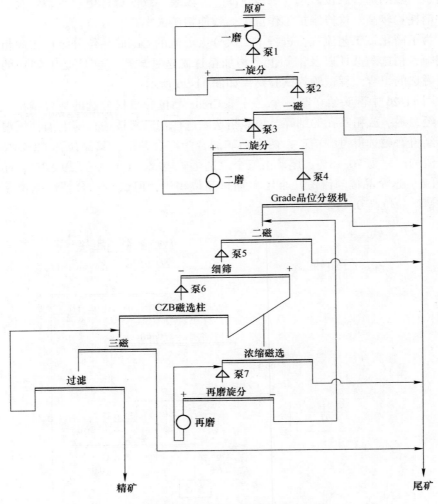

图 11-27　简化工艺流程图

原流程再磨机在用台数 5 台，而推荐流程只用 1 台，泵的段数减少 2 段，去掉了一、二、三段永磁脱水槽、二段细筛和三段磁选，从而使流程大大简化。从而给选厂带来巨大的节电、节钢等效益，其每年的效益可达 2300 余万元。

推荐简化工艺流程中，作业总数减为 14 个，比原作业数减少 2 个。

11.4.5　磁场筛

分磁场筛选机选腔内原理如图 11-28 所示。

磁场筛选机与传统的磁选机的最大区别在于磁场筛选机不是靠磁场直接吸

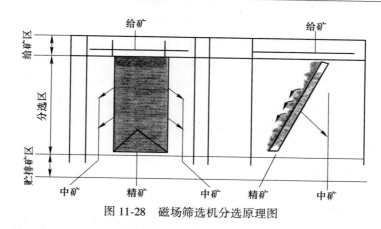

图 11-28　磁场筛选机分选原理图

引，而是在只有常规弱磁场磁选机的磁场强度几十分之一的磁场中，利用单体解离的强磁性磁铁矿颗粒与脉石及贫连生体颗粒的磁性差异，使前者实现有效磁团聚，增加它们与脉石及贫连生体颗粒的尺寸和密度差，然后利用安装在磁场中、筛孔比给矿中最大颗粒尺寸大许多倍的专用筛分装置，使形成链状磁团聚体的强磁性铁矿物沿筛面运动，从而进入精矿箱中；不能形成磁团聚体的单体脉石和贫连生体颗粒透过筛面，经尾矿排出装置排出。经生产实践表明，磁场筛选机能有效分离夹杂于磁铁矿选别精矿中的连生体，对已解离的单体磁铁矿颗粒可以实现优化回收，提高铁精矿品位。

11.4.6　盘式回收磁选机

盘式回收磁选机由主机磁盘、卸矿装置、集矿槽、溜槽及机架五大部分组成，如图 11-29 所示。每个磁盘分为磁力区和非磁力区，磁力区范围为 250°~280°，

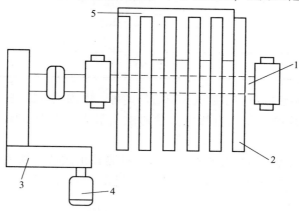

图 11-29　盘式回收磁选机的结构示意图

1—中轴；2—磁盘；3—传动机构；4—电动机；5—集矿槽与溜槽

非磁力区范围为 80°~110°。磁体由底盘及磁块组成，磁体与旋转外壳之间的间隙为 5mm。磁盘数量可根据实际应用进行调整。

盘式磁选机的工作原理为：主机磁盘装在磁选尾矿的溜槽里，矿浆从溜槽的一端流入，从另一端流出。磁盘由电机驱动旋转从溜槽中吸取尾矿中流失的磁铁矿，吸到磁盘上的磁性矿粒由设在相邻磁盘间的集矿溜槽收集排出。

盘式回收磁选机主要用于从强磁性矿物磁选尾矿中回收跑掉的磁性较弱的磁铁矿贫连生体。

11.4.7　预磁和脱磁设备

11.4.7.1　预磁器

为了提高磁力脱泥槽的分选效果，在入选前将矿粒预先进行磁化，使矿浆经过一段磁化磁场的作用，矿粒（细矿粒）经磁化后彼此团聚成磁团，这种磁团在离开磁场以后，由于矿粒具有剩磁和较大的矫顽力，仍然保存下来。进入磁力脱泥槽内，磁团所受磁力和重力要比单个矿粒大得多，从而对磁力脱泥槽的分选效果能起到良好的作用。产生此磁场的设备称为预磁器。

根据生产实践，不同的矿石预磁效过不同。例如，未氧化的磁铁矿石的剩磁值小，预磁效果不显著，而焙烧磁铁矿石和局部氧化的磁铁矿石的剩磁和矫顽力比未氧化磁铁矿石大，其预磁效果较好。焙烧铁矿石的预磁效果见表 11-14。

表 11-14　焙烧铁矿石的预磁效果

指标	预磁/%	不预磁/%
原矿品位	33.18	33.18
精矿品位	44.52	44.94
尾矿品位	5.67	6.09
回收率	95.00	94.45

目前应用的预磁器包含永磁的和电磁的两种。电磁预磁器是在非磁性管道上套上圆柱形多层线圈，通入直流电。管内磁场最大一般为 32kA/m（400Oe 左右）。

永磁预磁器包含∏型和 O 型两种。∏型预磁器由磁铁（铁氧体磁块）、磁导板和工作管道（硬质塑料或橡胶管）组成（见图 11-30），管道内平均磁场强度为 40kA/m（500Oe 左右）。

O 型预磁器的中心磁铁是三个 LNG-4 合金的圆环和铁质端头构成的（见图 11-31），它在外面套一铁管，其磁场强度为 80kA/m（1000Oe）。

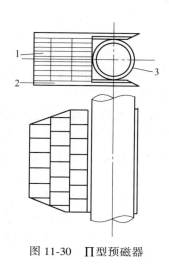

图 11-30 Ⅱ型预磁器

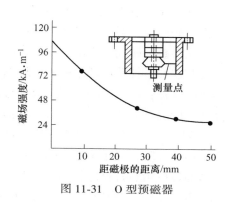

图 11-31 O 型预磁器

11.4.7.2 脱磁器

脱磁是在脱磁器中进行的，过去常用的脱磁器结构如图 11-32 所示。它是套在非磁性材料管上的塔形线圈，并通有交流电来工作的。

脱磁器的原理为：根据在不同的外磁场作用下，强磁性矿物的磁感应强度 B（或磁化强度 J）和外磁场强度 H_0 形成形状相似而面积不等直到为零的磁滞回线进行脱磁。当脱磁器通入交流电后，在线圈中心线方向时时变化，而大小逐渐变小的磁场。矿浆通过线圈时，其中的磁性矿粒受到反复脱磁，最后失去剩磁（见图 11-33）。

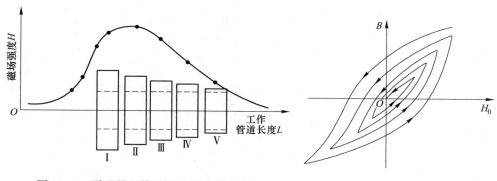

图 11-32 脱磁器和其磁场分布（沿轴线）

图 11-33 脱磁过程

目前国内普遍使用的脱磁器为脉冲脱磁器，其属于间歇脉冲衰减震荡的超工频脱磁器。它是利用 LC 震荡的基本原理，用并联电容与脱磁线圈组成并联谐振电路，使脱磁器线圈产生衰减振荡的脉冲波，由此产生衰减震荡的脉冲磁场，使磁性物料在线圈里受到高频交换的退磁场作用，最终使剩磁消失。

11.5　除铁器

除铁器属于安全设备，是用来预防意外的铁物随被处理的物料（或矿石）一起进入破碎设备或其他设备中而损坏设备。如铁条、铁块等。

除铁器根据磁场产生的方式分为电磁和永磁两种；根据结构和用途可分为悬挂自动卸铁和悬挂手动卸铁两种；根据物料的种类可分为磁性物料除铁器和非磁性物料除铁器；根据磁场强度可分为普通磁场除铁器和超强磁场除铁器。对于电磁除铁器的冷却方式有自冷、风冷和油冷等形式。

图 11-34 是常见悬吊磁铁式除铁器。当铁物量少时，则采用一般式除铁器；当挡铁物量多时，则采用带式除铁器。一般式除铁器通过断电排除铁物，而带式除铁器通过胶带装置排除铁物。RCDA 系列风冷电磁除铁器的主要技术参数见表 11-15，RYC 系列永磁除铁器主要技术参数见表 11-16。

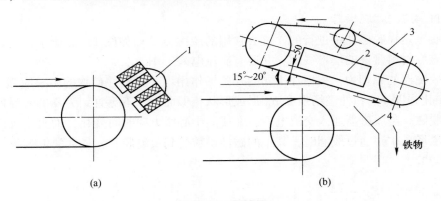

（a）　　　　　　　　　　　　　　　（b）

图 11-34　除铁器

（a）一般式除铁器；（b）带式除铁器

1—电磁铁；2—吸铁箱；3—胶带装置；4—接铁箱

表 11-15　RCDA 系列风冷电磁除铁器的主要技术参数

型号	适用带宽/mm	风机功率/kW	悬挂高度 H/mm	励磁功率/kW	整机质量/kg
HCDA-5	500	0.17	150	≤2	470
HCDA-6	650	0.17	200	≤3	640
HCDA-8	800	0.55	250	≤4.5	1300
HCDA-10	1000	0.55	300	≤6	1690
HCDA-12	1200	1.1	350	≤8.5	2435
HCDA-14	1400	1.1	400	≤9.5	3535
HCDA-16	1600	1.5	450	≤14	5170

表 11-16   RYC 系列永磁除铁器的主要技术参数

型号	适用带宽/mm	电机功率/kW	悬挂高度/mm	磁感应强度/mT	质量/kg
RYC-5	500	1.5	150	≥70	650
RYC-6	650	1.5	200	≥70	870
RYC-8	800	2.2	200	≥70	1450
RYC-10	1000	3.0	200	≥70	2350
RYC-12	1200	4.0	200	≥70	3700
RYC-14	1400	4.0	200	≥70	5000
RYC-16	1600	5.5	200	≥70	6900
RYC-18	1800	5.5	200	≥70	9000

12　强磁场磁选设备

选别弱磁性矿物需要在强磁场磁选机中进行。强磁场磁选机有干式和湿式两种。

12.1　干式强磁选机

12.1.1　干式强磁盘式干选机

目前生产中应用的干式强磁场盘式磁选机有单盘（ϕ900mm）、双盘（ϕ576mm）和三盘（ϕ600mm）3种。ϕ576mm 干式强磁选机为系列产品，应用较广泛。

12.1.1.1　设备结构

ϕ576mm 干式强双盘强磁选机结构如图 12-1 所示。

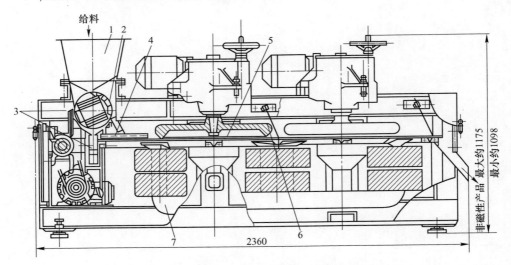

图 12-1　ϕ576mm 干式强磁场双盘磁选机

1—给料斗；2—给料圆筒；3—强磁性产品接料斗；4—筛料槽；5—振动槽；6—圆盘；7—磁系

磁选机的主体部分由"山"字形磁系、悬吊在磁系上方的旋转圆盘和振动槽（或皮带）组成。磁系和圆盘组成闭合磁系。圆盘像一个翻扣的带有尖边的碟子，旋转圆盘直径比振动槽或皮带宽度约大一半。圆盘用专用的电动机通过蜗轮蜗杆减速箱传动。转动手轮可使圆盘垂直升降（调节范围 0~20mm），用来调节圆盘和振动槽或磁系之间的距离，调节螺栓可使减速箱连同圆盘一起绕心轴转动一个不大的角度，使圆盘边缘和振动槽之间的距离沿原料前进方向逐渐减小。

为了预先分出给料中的强磁性矿物，防止强磁性矿物堵塞圆盘边缘和振动槽之间的间隙，在振动槽的给料端装有弱磁场磁选机（现场称为给料圆筒）。

ϕ576mm 干式强磁场双盘磁选机的技术特性见表 12-1。

表 12-1 ϕ576mm 干式强磁场双盘磁选机技术特性

性　能	数　值
处理能力/t·h^{-1}	0.2~1
给料粒度上限/mm	2
处理原料的极限比磁化率/m^3·kg^{-1}	5×10^{-7}（40×10^{-6}cm^3/g）
在额定电流工作间隙 2mm 时的磁场强度/A·m^{-1}	1.512×10^6（1900000Oe）
圆盘数量/个	2
圆盘直径/mm	576
圆盘转数/r·min^{-1}	39
振动槽宽度/mm	390
振动槽冲次/次·min^{-1}	1200、17000
振动槽冲程/mm	0~4
给料筒转数/r·min^{-1}	34
激磁线圈数量/个	6
激磁线圈额定电流/A	1.7
激磁电流连续工作温升/℃	60
硒整流器电压/V	220
硒整流器电 L 流/A	7
圆盘电动机功率/kW	1
振动槽电动机功率/kW	0.6
给料圆筒电动机功率/kW	0.25
磁选机外形尺寸/mm×mm×mm	2320×800×1081
磁选机质量（包括整流器）/kg	1650

12.1.1.2 分选过程

将原料装入给料斗中均匀地给到给料圆筒上，此时原料中的强磁性矿物被给料圆筒表面的磁力吸住，并被带到下方磁场弱的地方，在重力和离心力作用下脱离圆筒表面落到接料斗中，未被给料筒吸出的部分进入筛料槽的筛网，筛下部分进入振动槽，筛上部分（少量）送去堆存。振动槽将筛下部分输送到圆盘下面工作间隙，其中弱磁性矿物受到不均匀强磁场的作用被吸到圆盘齿尖上，并随圆盘转到振动槽外，由于此处的磁场强度急剧下降，在重力和离心力作用下落入振动槽两侧的磁性产品接料斗中。非磁性矿物则由振动槽的尾端排入非磁性产品接料斗中。

12.1.1.3　应用和指标

这种磁选机多用于含稀有金属矿物的粗精矿（如粗钨精矿、钛铁矿、锆英石和独居石等混合矿）的再精选。

某精选厂双盘磁选机（皮带给料）分选粗钨精矿的指标见表 12-2，双盘磁选机（振动槽给矿）分选锆英石精矿的指标见表 12-3。

表 12-2　某精选厂处理粗钨精矿的磁选指标

产　品	品位/%		实际回收率（WO$_3$）/%
	WO$_3$	Sn	
精矿	65.25	0.11	78.51
次精矿	27.88	—	3.64
尾矿	10.29	—	17.85
给矿	32.65	—	100.000

表 12-3　某精选厂粗处理锆英石精矿的磁选指标

产品	产率/%	品位/%				回收率（ZrO$_2$）/%
		ZrO$_2$	Fe	TiO$_2$	P	
精矿	95.19	63.87	0.08	0.68	0.11	99.38
尾矿	4.81	7.85	0.56	1.56	14.86	0.62
给矿	100	61.18	0.14	0.73	0.60	100

处理锆英石精矿时，若给矿品位为 62.5%～63%（ZrO$_2$），精矿品位可达 65%（ZrO$_2$），回收率可达 98%以上（ZrO$_2$）。

12.1.1.4　操作调节

磁选机的操作调节主要包括给料层厚度（给矿量）、振动槽的振动速度、磁场强度和工作间隙的操作调节等。

（1）给料层厚度，它与被处理物料的粒度和磁性矿物的含量有关。处理粗粒原料一般比细粒物料要厚些。处理粗级别时，给料厚度以不超过最大粒度的 1.5 倍为宜；处理中粒级别给料厚度可达 4 倍左右；处理细粒级别可达 10 倍左右。原料中磁性矿物含量不多时，给料层应薄一些。如果过厚，则处在最下层的磁性矿粒不但受到的磁力较小，而且除本身的质量外，还要受到上面非磁性矿粒的压力，降低磁性产品的回收率。磁性矿物含量多时，给料层厚度可适当厚些。

（2）磁场强度和工作间隙，它同被处理的原料粒度、磁性和作业要求密切相关。工作间隙一定时，两磁极间的磁场强度决定于线圈的安匝数，匝数是不可调节的，所以要利用改变电流的大小来调节磁场强度。

该磁选机的磁场强度与工作电流和工作间隙的关系见表 12-4。

表 12-4　ϕ576mm 双盘磁选机磁场强度与工作电流和工作间隙关系

电流/A	工作间隙/mm				
	2	3	5	7	9
1.3	1314	1240	1012	900	754
1.5	1491	1380	1106	1091	929
1.7	1536	1418	1224	1196	1049

磁场强度的大小决定于被处理的原料和作业要求。当处理磁性强的矿物和精选时，应采用较弱的磁场强度；当处理磁性较弱的矿物和扫选作业时，则应采用较强的磁场强度。

电流一定时，改变工作间隙的大小可以使磁场强度和磁场梯度发生变化。改变电流和工作间隙的作用不完全相同，减小工作间隙会使磁场力急剧增加。工作间隙的大小决定于被处理原料的粒度大小和作业要求。处理粗级别时工作间隙大些；处理细级别时工作间隙小些。扫选时尽可能把工作间隙调节到最小限度，以提高回收率。精选时，工作间隙调大些，减小两极间磁场分布的非均匀程度和加大磁性矿粒到盘齿尖的距离，以增加分离的选择性，提高磁性产品的品位。但同时要适当增加电流来补偿由加大工作间隙所降低的磁场强度。

（3）振动槽的振动速度，它决定矿粒在磁场中停留的时间和所受机械力大小。振动槽的振动频率和振幅的乘积愈大，振动速度愈大，矿粒在磁场中停留时间愈短。

作用在矿粒上的机械力以重力和惯性力为主。重力是一个常数，惯性力与速度的平方成正比地增减。弱磁性矿物在磁场中所受的磁力不多，因此，振动槽的速度如果超过某一限度，由于惯性力剧增，磁力就不足以把它们很好地吸起，因此弱磁性矿物在磁选机磁场中的运动速度应低于强磁性矿物的运动速度。

一般来说，在精选过程中，原料中的单体矿物多，它们的磁性较强，振动槽的振动速度可以高些；在扫选过程中，原料中含连生体较多，而连生体的磁性又较弱，为了提高回收率，振动槽的速度应低些。处理细粒原料，振动槽的频率应稍高些（有利于分散矿粒），振幅小些；处理粗粒原料，频率应稍低些，振幅应大些。

适宜的操作条件应根据原料性质和分选要求经过实践来加以决定。通常在强磁选机干选稀有金属矿石之前对原料要进行筛分和干燥。根据通常对稀有金属矿石精选的经验证明，原料筛分级别愈多，分选指标愈高。我国一些精选厂将原料筛分成三级：-2+0.83mm、-0.83+0.2mm 和-0.2mm。干选时各种原料的允许水分是不同的，对于每种具体原料应通过实践来决定。一般干选 3mm 以下的稀有金属矿石水分不超过 1%。

为了减少矿粒互相黏着的有害作用，提高分选指标，除了对原料进行干燥外，还可采用振动给料机，破坏矿粒的黏着性，从而增加松散性。

12.1.2　干式强磁场辊式磁选机

我国研制质的 80-1 型电磁感应辊式磁选机主要用于粗粒（最大粒度为20mm）铁、锰矿石的预选。通过对粗粒锰矿石的预选工业试验和生产实践证明，该机分选效果较好。

12.1.2.1　设备结构

该机结构如图 12-2 所示。全机由电磁系统、选别系统和传动系统 3 部分组成。

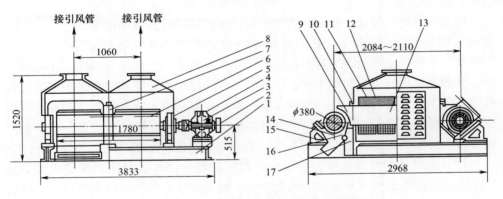

图 12-2　80-1 型电磁感应辊式强磁选机图

1—机架；2—皮带轮；3—减速机；4—联轴器；5—轴承；6—感应辊；7—中轴承；8—通风罩；
9—极头；10—压板；11—激磁线圈；12—隔板；13—铁芯；14—接矿斗；15—底座；16—分矿板；17—基梁

（1）电磁系统，是该设备的主要组成部分，用以产生分选区的强磁场。它包括激磁绕组（有 8 个激磁线圈）、铁芯、极头和感应辊，并组成"口"形闭合磁路。极头与感应辊的间隙即为分选区。绕组导线采用双玻璃丝包扁铜线，并用真空浸漆达到 B 级绝缘，线圈允许最高温度为 130℃。全机共有 2 个铁芯，每个铁芯纵向端面上紧装着 2 个极头，铁芯和极头均采用工业纯铁。

（2）选别系统，包括给矿、选别和接矿 3 部分。该设备配置 4 台自制DZL$_1$-A型电磁振动给矿器，以达到均匀给矿和稳定便于调整的目的。全机共有 2个感应辊，它是直接分选矿物的部件，感应辊两端各有一套双列向心球面滚子轴承支撑。为弥补强磁场吸力造成过大的弯曲变形，在辊子中部设置中间滑动轴承。为尽可能减小涡流损失，辊体采用 29 片纯铁片叠加而成，其齿沟直径自辊两端向中间逐步递增，以保证各辊齿磁力分布均匀。接矿斗由矿斗和分矿板组成，分矿板可调节高低和不同角度，以适应不同分选角度与高度的需要。

（3）传动系统是由两台 JO2-61-6 三相异步电机通过三角皮带各驱动 1 台 PM-400 三级圆柱齿轮减速机传动左、右感应辊，在减速机和感应辊之间由十字滑块联轴器联结。机架由型钢焊接而成。

设备主要技术参数见表 12-5。

表 12-5 设备主要技术参数

选矿方式	干式
给矿方式	上部
处理粒度范围	5~20mm
处理能力	8~10t/h
分选间隙	≥30mm
最大磁场强度（当激磁电流为125A时）	
分选间隙 30mm 时	$1.27×10^6 A/m$
分选间隙 35mm 时	$1.215×10^6 A/m$
传动功率	$2×13=26kW$
冷却风机功率	3kW
感应辊	
数量	2
直径	380mm
转数	35r/min（0.7m/s）
激磁电流	125A
激磁线圈允许温度	130℃
设备总质量	15t
外形尺寸	3833mm×2968mm×1530mm

12.1.2.2 分选过程

矿石由电磁振动给矿器均匀给到感应辊上，非磁性矿物在重力作用下直接落入尾矿斗排出成为尾矿。磁性矿物受磁力作用被吸在感应辊的齿尖上，随着感应辊一起转动。由于感应辊转角的改变，磁场强度逐渐减弱，在机械力（主要为重力和离心力）的作用下，磁性矿物离开感应辊落于精矿斗排出成为精矿。根据矿石性质和粒度大小通过调整磁场强度、感应辊转数以及挡板位置来达到较好的指标。

12.1.2.3 应用与选别指标

该设备投入生产后，先后对碳酸锰矿石、氧化锰矿石和赤铁矿进行工业性探索试验，都得到了良好的效果。该机处理八一锰矿堆积氧化锰矿石时，当原矿为含锰品位 25.03% 的锰精矿时，锰回收率为 86.10%；广西屯秋铁矿含铁品位

44.04%的赤铁矿石，经该机一次选别，可获得含铁品位45.65%的精矿，铁回收率为99.13%，尾矿含铁品位为8.79%。

12.1.3　干式强磁场对辊磁选机

我国制造的CQYφ560mm×400mm干式强磁场对辊磁选机，在某锡矿进行工业试验和应用，效果较好。

12.1.3.1　设备结构

该设备是用装有永磁材料（锶铁氧体）并通过良导磁体（电工纯铁）构成闭合磁路的两个磁辊而产生高磁场区的干式磁选机，其结构如图12-3所示。其主要是由给矿漏斗、弱磁给矿筒、可调给矿漏斗、永磁强磁辊、可调分矿挡板和接矿漏斗等部分组成。

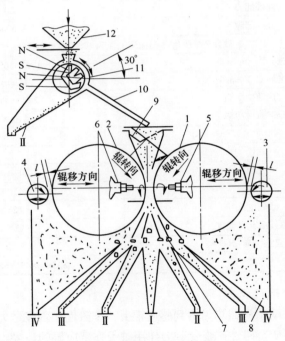

图12-3　永磁对辊式磁选机

1，2—强磁辊；3，4—感应卸矿辊；5，6—极距调节装置；7—可调分矿挡板；8—接矿斗；
9—可调给矿斗；10—分矿槽；11—弱磁给矿筒；12—给矿斗

弱磁给矿筒由电动机通过三角皮带和涡轮轴承箱带动，永磁强磁辊分别由电动机通过蜗轮减速机进行驱动，并相对旋转。

弱磁给矿筒筒面磁场强度为8×10^4A/m（1000Oe）。强磁辊由两个盘状端磁极、两个磁块组和一个盘状磁铁组成。两个磁辊构成了闭合磁路。磁辊的磁场强度沿轴向，在两磁极 200mm 和 100mm 两段给矿带区最强。磁辊的磁场强度沿径向，在两辊的对应点的最近点磁场强度最大，随着相对点的远离（磁辊角改变），则磁场强度逐渐下降。在转角为 60° 以后磁场强度最低，并趋于稳定，其值为 $5.3×10^4 ~ 6.3×10^4 A/m$。极距小，磁场强度高，随着极距逐渐变大，磁场强度逐渐下降。当极距为 3mm 时，在 200mm 宽的磁辊间磁场强度最高达 $2.06×10^6 A/m$，平均磁场强度为 $1.96×10^6 A/m$；当极距为 6mm 时，磁场强度最高达 $1.54×10^6 A/m$，平均磁场强度为 $1.5×10^6 A/m$。

CQYϕ560mm×400mm 干式强磁场对辊磁选机的技术特性见表 12-6。

表 12-6　CQYϕ560mm×400mm 干式强磁场对辊磁选机的技术特性

处理能力/t·h^{-1}	1.5~2
处理原料粒度/mm	<3
直强磁辊径/mm	560
强磁辊转数/r·min^{-1}	26
强磁辊给矿带宽度/mm	400
强磁辊工作间隙/mm	2~30
强磁辊磁场强度/A·m^{-1}	$0.4×10^6 ~ 2.06×10^6$
弱磁筒数量/个	1
强磁辊直径/mm	200
强磁辊给矿宽度/mm	400
强磁辊转数/r·min^{-1}	34.5
强磁辊磁场强度/A·m^{-1}	$8×10^4$
弱磁筒电动机功率/kW	0.6
强磁辊电动机功率/kW	2.2
外形尺寸/mm×mm×mm	1700×1550×2460
机器总质量/kg	3762

12.1.3.2　分选过程

矿砂由上部给矿斗给到转动着的弱磁给矿筒，先将强磁性矿物选出，未被选出的部分再通过分矿槽和可调给矿漏斗把矿砂送到两强磁辊中间的三段高磁场区，非磁性矿物不受磁力作用而在重力作用下直接落入接矿漏斗中间 I 室里，磁性矿粒因受磁力作用被吸在转动着的磁辊上，随着磁辊一起转动，由于磁辊转角的改变，磁场强度逐渐减弱，又因矿物的比磁化率不同，在可调挡板的截取下，磁性最弱的矿物首先离开辊面，在重力作用下落入接矿斗 II 中。接着磁性稍强的矿物也离开辊面落入漏斗 III 中，磁性更强一些的矿物最后离开辊面落入接矿斗 IV 中，吸附在强磁辊上的微量强磁性矿物，被感应卸矿辊拉入 IV 室中。

　　根据被选原料中矿物的性质，通过改变分矿挡板的角度和磁辊的间距来达到所需要的分选指标。

　　磁场强度的调节靠装在两强磁辊轴承座中间的极距调节机构来改变极距大小从而改变磁场强度。

12.1.3.3　应用和工作指标

　　该磁选机适用于分选（粗选、精选和扫选）含有多种矿物（两种或两种以上）的稀有金属和有色金属矿石。曾在某锡矿进行试验，分选砂矿、海滨沙矿、锡、钨、锆、钍、磷钇矿，其效果较好。

12.1.4　Rollap 永磁筒式强磁选机

12.1.4.1　设备结构

　　法国 FCB 公司研制成功一种稀土永磁筒式强磁选机，其结构如图 12-4 所示。

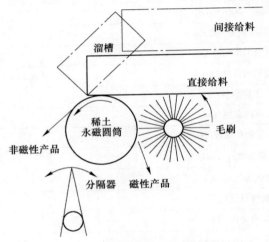

图 12-4　Rollap 永磁筒式强磁选机

12.1.4.2　工作原理

　　给料速度可调的振动给料器直接或通过溜槽间接地把分选物料给到永磁圆筒上，给料速度与永磁圆筒的圆周速度相等。非磁性物料在离心力和重力作用下抛离永磁圆筒；磁性物料被吸在永磁圆筒上，由与永磁圆筒同向旋转的毛刷刷下，永磁圆筒转速连续可调。根据产品的磁化率和粒度选择最佳转速。

12.1.4.3　特点

　　Rollap 永磁圆筒强磁选机包含以下技术特点：

（1）稀土永磁圆筒表面涂上一层几微米厚的电熔陶瓷耐磨层；

（2）磁辊长 1000mm（实验室型 200mm）；

（3）永磁圆筒磁极间距与被处理的物料粒度相适应；

（4）永磁圆筒通过柔性联轴器用变速齿轮电动机驱动；

（5）分选产品的量用可调角度分隔器调整。

这种设计可以组成多段分选设备。

12.1.5 DPMS 系列永磁筒式强磁选机

DPMS 系列永磁筒式强磁选机分为 DPMS 型干式永磁筒式强磁选机和湿式永磁筒式强磁选机。其中湿式永磁磁选机又分为广义分选空间湿式永磁强磁选机和传统型湿式永磁强磁选机。以下介绍干式永磁筒式强磁选机。

12.1.5.1 设备结构

DPMS 型干式永磁筒式强磁选机主要由给矿装置、磁体、分选圆筒、分矿板、耐磨胶带、精矿斗、中矿斗、尾矿斗和传动电动机等组成，其结构示意如图 12-5 所示。

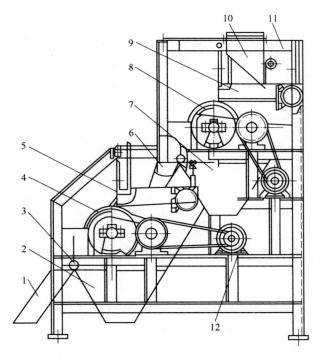

图 12-5 DPMS 系列永磁筒式强磁选机

1—尾矿斗；2—中矿斗；3—分矿板；4—圆筒；5—挡矿橡皮；6—一段尾矿斗；7—精矿斗；
8—磁体；9—振动斗；10—给料斗；11—机架；12—传动电动机

12.1.5.2 工作原理

当物料从料斗中均匀给到正在旋转的圆筒面上时，由于圆筒内扇形磁场区 N-S 多磁极交替，磁性物料在扇形磁场区内形成多次磁翻滚，夹杂在磁性物中的非磁性物因受离心力作用被全部抛离圆筒。

12.1.5.3 应用范围

DPMS 型干式永磁筒式强磁选机适合于分选 -45mm 赤铁矿、褐铁矿、锰矿、钛铁矿、钨矿、石榴子石、铬矿以及非金属物料,已在马钢姑山铁矿、海南铁矿及全国各锰矿得到应用。

马钢姑山铁矿于 1996~1999 年采用 DPMSϕ300×1000mm 双筒干式永磁强磁选机取代 1200mm×2000mm×3600mm 梯形跳汰机进行分选 -12mm+6mm 赤铁矿的试验及生产改造。工业试验流程为一次粗选、一次扫选,并获得较好的粗粒精矿并抛尾的分选效果。与梯形跳汰机相比,精矿品位相当,但尾矿品位下降了 4%~9%。进而于 2001 年采用 DPMSϕ600mm×1000mm 单筒干式永磁强磁选机从细碎作业循环闭路贫矿中提前拿出粒度为 -30mm+16mm、铁品位 54.00%~55.00% 的合格块矿。

DPMS 系列单筒干式永磁强磁选机主要技术性能见表 12-7。

表 12-7 DPMS 系列单筒干式永磁强磁选机主要技术参数

规格/mm×mm	ϕ300×500	ϕ300×1000	ϕ300×1200	ϕ600×1000	ϕ600×1200
圆筒转速/r·min^{-1}	20~100	20~100	20~100	20~100	20~100
处理量/t·(台·h)$^{-1}$	1~3	5~10	6~12	15~50	15~50
传动功率/kW	0.55	1.5	1.5	2.2	3.0
筒表磁感应强度/T	≥0.8	≥0.8	≥0.8	≥0.8	≥0.8
入选颗粒度/mm	0~45	0~45	0~45	0~45	0~45
S设备总质量/t	0.25	0.8	1.2	1.5	2.0
外形尺寸/mm×mm×mm	1200×550×1110	1700×550×1110	1900×550×1110	1954×1614×1650	2154×1614×1650

12.1.6 永磁辊(带)式强磁选机

12.1.6.1 设备结构

国内与国外多家研究单位和生产厂家都可生产永磁辊(带)式强磁选机,其形式差别不大。这类强磁选机磁系,采用新型高性能稀土永磁材料,磁系为挤压式设计(见图 12-6)。

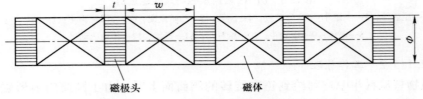

图 12-6 永磁辊(带)式强磁选机磁系结构图

YCG 型粗粒永磁辊式强磁选机由永磁强磁辊、永磁种磁辊、高强度超薄皮带、张紧辊、分矿板、给矿斗、精矿斗、尾矿斗、传动装置及机架等组成，其结构如图 12-7 所示。

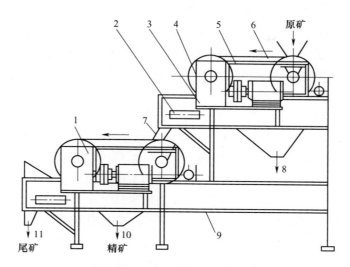

图 12-7　YCG 粗粒永磁辊式强磁选机

1—永磁强磁辊；2—分矿板；3—传动装置；4—永磁中磁辊；5—高强度超薄皮带；
6—整体轴承座架；7—中磁辊尾矿斗；8—中磁辊精矿漏斗；9—机架、槽体；
10—强磁辊精矿斗；11—前次辊尾矿斗

12.1.6.2　分选过程

原矿给到中磁场磁选机上，矿石开始分离，磁性较强的矿石被吸在中磁筒外表的运输带上，被带入中磁机精矿斗；磁性较弱的矿石不能被中磁场磁选机所吸引，进入粗粒辊式强磁选机上。在永磁辊强磁场力作用下，弱磁性矿物被吸附在紧贴永磁辊外表的薄型运输带上，排入强磁辊的精矿斗；脉石或磁性极弱的连生体被抛入强磁辊的尾矿斗。

12.1.6.3　适用范围

该设备应用范围非常广泛，既可粗粒抛尾，也可取得合格精矿。不仅能适应赤铁矿、菱铁矿、锰矿、钨矿、钽铌铁矿等弱磁性矿物的选别，同时也适用于石英砂、长石矿、耐火材料陶瓷原料、金刚石等非金属矿物的提纯。

宝钢集团上海梅山矿业有限公司选矿厂-20+2mm 粒级矿石原先采用跳汰机选别精矿，其产率仅为 18.71%，尾矿品位为 25%。采用 YCGφ350mm×1000mm 粗粒永磁辊式强磁选机预选该粒级尾矿品位保持在 10%～12%，粗精矿作业产率达 70% 以上。改造后的工艺流程具有设备配置紧凑，操作控制简单，基本无须耗水，选别指标稳定等优点。

12.2　湿式强磁场磁选机

12.2.1　CS-1型电磁感应辊式强磁选机

1979年我国研制的CS-1型电磁感应辊式强磁选机是大型双辊式强磁选机。目前该机已较成功地用于锰矿石的生产，对于其他中粒级的弱磁性矿物如赤铁矿、褐铁矿、镜铁矿、菱铁矿以及钨锡分离、锡与褐铁矿的分离等，也有着广泛的使用前景。

12.2.1.1　设备结构

该设备的结构如图12-8所示，它主要由给矿箱、分选辊、电磁铁芯和机架等组成。磁选机主体部分是由电磁铁芯、磁极头与感应辊组成的磁系。感应辊和磁极头均由工业纯铁制成。两个电磁铁芯和两个感应辊对称平行配置，四个磁极头连接在两个铁芯的端部，感应辊与磁极头组成口字形闭合磁路，两个感应辊与四个磁极头之间构成的间隙就是四个分选带。由于没有非选别用的空气隙，磁阻小，磁能利用率高。磁场特性如图12-9所示。从图12-9(a)可以看到，点A_6是感应辊齿尖上与水平线成50°角的一点，是感应辊齿尖上场强最高点，该点的场强与激磁电流的关系由图12-9(b)和表12-8示出。当电流低于70A时，磁场随着电流的增加上升得很快；当电流超过70A时，场强随着电流的增加上升得较慢；当电流表达到110A后，磁路开始趋近饱和，其磁场强度值为1488kA/m（18700Oe）。

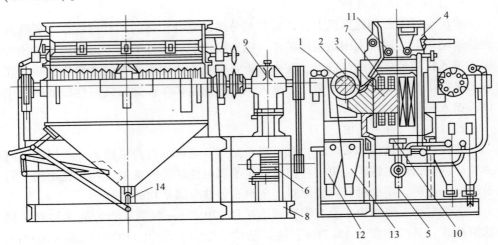

图12-8　CS-1型电磁感应辊式强磁选机

1—辊子；2—座板（磁极头）；3—铁芯；4—给矿箱；5—水管；6—电动机；7—线圈；8—机架；9—减速箱；10—风机；11—给料辊；12—精矿箱；13—尾矿箱；14—球形阀

表 12-8 点 A_6 平均磁场强度

激磁电流/A	分选间隙/mm	
	14	18
30	1136	941
50	1285	1182
70	1413	1336
90	1437	1421
110	1483	1428
125	1519	1507

磁场强度沿轴向的分布如图 12-9(c) 所示。靠近辊齿上的磁场强度稍高,

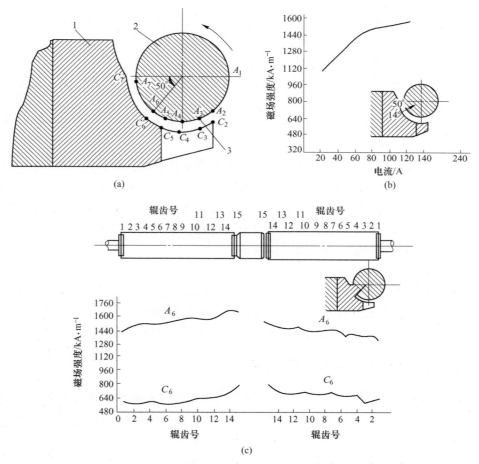

(a) (b)

(c)

图 12-9 CS-型感应辊式磁选机磁场特性

(a) CS-1 型磁选机测点示意图;(b) CS-1 型磁选机与电流关系曲线;

(c) 各辊齿点 A_6、C_6 磁场强度分布曲线

辊两端辊齿上磁场强度略低，场强差别不太悬殊，基本是均匀的。但点 A_6 和点 C_6 的磁场强度差值较大，形成较大的磁场梯度。因此该设备对比磁化率小、粒度粗的贫氧化锰矿石有较好的选别效果。

设备的主要技术特性见表 12-9。

表 12-9　设备的主要技术特性

选别方式	湿式
给矿粒度	5~0mm
感应辊直径	375mm
感应辊数量	2
感应辊转数	40（或 45 或 50）r/min
分选间隙	14~28mm
磁场强度	$0.8×10^6$~$1.488×10^6$ A/m（10000~18700Oe）可调
传动功率	13×2kW（场强 1488kA/m）
线包允许温度	130℃
线包冷却方式	间断风冷（风机功率 0.34kW）
机重	14.8t
外形尺寸	2350mm×2374mm×2277mm

12.2.1.2　分选过程

原矿进入给矿箱，由给料辊将其从箱侧壁桃形孔引出，沿溜板和波形板给入感应辊和磁极头之间的分选间隙后，磁性矿粒在磁力作用下被吸到感应辊齿上并随感应辊一起旋转。当离开磁场区时，在重力和离心力等机械力的作用下，脱离辊齿卸入精矿槽中；非磁性矿粒随矿浆流通过梳齿状的缺口流入尾矿箱内，然后分别从精矿箱、尾矿箱底部的排矿阀排出。

12.2.1.3　应用与分选指标

该设备 1979 年投产后，对中粒氧化锰矿石和碳酸锰矿石有较好的选别效果。处理广西八一锰矿 5~0mm 氧化锰矿石时，原矿含锰量为 22%~24%，给矿量为 8~10t/h，经一次选别可获得含锰 27%~29% 的精矿，锰回收率为 88%~92%。

12.2.2　琼斯（Jones）型强磁场磁选机

琼斯（Jones）型强磁场磁选机是分选细粒弱磁性铁矿石较为成功的一种湿式磁选机，已经在许多国家大规模生产上得到使用。其中 DP-317 型琼斯磁选机的转盘直径为 3170mm，处理能力高达 100~120t/h。

我国使用的 SHP 型湿式强磁选机是在其基础上进行了某些改进而研制成功的。SHP-1000 型、SHP-2000 型和 SHP3200 型三种规格的双盘强磁选机在我国许多铁矿选矿厂曾得到成功应用，在部分选厂仍在应用。

12.2.2.1 设备结构

琼斯型强磁选机类型很多，但其基本结构相同。DP-317 型强磁场磁选机结构如图 12-10 所示，它包含一个钢制门形框架，在框架上装有两个 U 形磁轭，在磁轭的水平部位上安装四组激磁线圈，线圈外部有密封保护壳，用风扇进行空气冷却（有的线圈冷却已由风冷改为油冷）。垂直中心轴上装有两个分选圆盘，转盘的周边上有 27 个分选室，内装有不锈导磁材料制成的齿形聚磁极板，极板间距一般在 1~3mm 左右。两个 U 形磁轭和两个转盘之间构成闭合磁路，与一般具有内外机头的磁选机相比，减少了一道空气隙，即减少了空气的磁阻，有利于提高磁场强度。分选室内放置了齿版聚磁介质可以获得较高的磁场强度，同时大大提高了生产能力。分选间隙的最大磁场强度为 $0.64 \times 10^6 \sim 1.6 \times 10^6 \mathrm{kA/m}$ （8000～20000Oe）。转盘和分选室由安装于顶部的电动机通过蜗杆传动装置和垂直中心轴带动在 U 形磁极间转动。

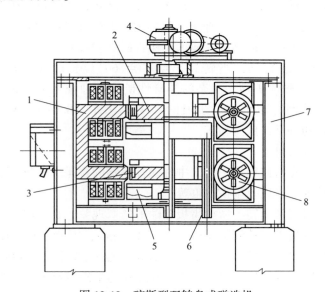

图 12-10　琼斯型双转盘式磁选机

1—"C"型磁系；2—分选圆盘；3—铁磁性齿板；4—传动装置；5—产品接收槽；
6—水管；7—机架；8—扇风机

DP-317 型磁选机主要技术参数见表 12-10。

表 12-10　DP-317 型磁选机主要技术参数

转盘直径	3170mm
转盘数量	2
转盘转数	3.6~4r/min
给矿方式	湿式

给矿粒度上限	1mm
磁场强度	$0.64×10^6 \sim 1.6×10^6 A/m$（8000~200000e）
线圈总安匝数	4×106000 安匝
激磁总功率	67kW
冲水压	
中矿	0.2~0.5MPa
精矿	0.4~1MPa
水耗（1t 原矿）	约 $1.8m^3/t$
长×宽×高/mm×mm×mm	6300×4005×4250
机重	96t

12.2.2.2　分选过程

电动机通过传动机构使转盘在磁轭之间慢速旋转，矿浆自给矿点（每个转盘有两个给矿点）给入分选箱，随即进入磁场内。非磁性颗粒随着矿浆流通过齿板的间隙流入下部的产品接矿槽中，成为尾矿；磁性颗粒在磁力作用下被吸在齿板上，并随分选室一起转动，当转到离给矿点 60°位置时受到压力水（0.2~0.5MPa）的清洗，磁性矿物中夹杂的非磁性矿物被冲洗下去，成为中矿；当分选室转到 120°位置时，即处于磁场中性区，用压力水（0.4~0.5MPa）将吸附在齿板上的磁性矿物冲下，成为精矿。

12.2.2.3　影响因素

主要影响因素有给矿粒度、给矿中强磁性矿物的含量、磁场强度、中矿和精矿冲洗水压、转盘速度以及给矿浓度等。

为保证磁选机正常运转，减少齿板缝隙的堵塞现象，必须严格控制给矿粒度上限。琼斯强磁选机采用的缝隙宽度一般为 1~3mm，因此处理粒度上限为 1mm（粒度上限=1/2~1/3 缝隙宽度）。为此，在琼斯强磁选机前必须配置控制筛分，以除去大颗粒和木屑等杂物。对于小于 0.03mm 的微细粒级弱磁性铁矿石，尽管减少缝隙宽度和提高磁场强度，在工业生产中也难回收。因此，琼斯强磁选机的选别粒度下限一般认为是 0.03mm 左右。

给矿中强磁性矿物含量不得大于 5%，若超过 5%，则必须在琼斯强磁选机前配置弱或中磁选作业，预先除去强磁性矿物。磁场强度可根据入选矿物的性质和粒度大小进行调节。

精矿冲洗水和中矿清洗水的压力和耗量在生产过程中可以调节。精矿冲洗水主要为了保证有一定的压力，在通常情况下精矿冲洗水压为 0.4~0.5MPa，同时不定期用 0.7~0.8MPa 或更高水压的水冲洗，以消除齿板堵塞现象。中矿清洗水的压力高低直接影响中矿量和精矿质量，水压较高，水量过大，中矿量增加，磁性产品回收率下降，品位提高，同时中矿冲洗水量过大，中矿浓度必然大为降低，中矿在处理前就必须增加浓缩作业。反之，若水压不够，水量较小，则清洗效果不显著，通常水压为 0.2~0.4MPa。精矿和中矿冲洗水压的大小必须通过试验确定。

12.2.2.4 应用与分选指标

琼斯湿式强磁选机主要用于选别细粒嵌布的赤铁矿、假象赤铁矿、褐铁矿和菱铁矿等矿石，也可用作稀有金属矿石的处理。该设备的主要优点为：

（1）采用齿板做聚磁介质，不仅提高磁选机的磁场强度和磁场梯度而且增加了磁选机的分选面积，提高了磁选机的处理能力；

（2）带有多分选室的转盘和磁轭之间形成闭合磁路，形成较长的分选区，有利于回收率的提高；

（3）分选室与极头之间只有一道很小的空气隙，减小了磁阻，提高了磁场强度；

（4）齿板深度达 220mm，配合压力水的清洗，使精选作用较强，在保证回收率较高的情况下，可以获得较高品位的精矿；

（5）精矿用高压冲洗水清洗，减轻了分选室的堵塞现象。

但该机对于小于 0.03mm 的微细粒级的弱磁性矿石回收效果很差；机器笨重，单位机重的处理量较小（1.1~1.3t）。

DP-317 型琼斯强磁选机用于分选巴西多西河赤铁矿的指标为：原矿含铁48%~53%，粒度小于 0.8mm（其中小于 0.07mm 的占 50%），给矿浓度 56%，经一次选别得到含铁品位 67%的精矿，回收率 95%。

采用 SHP-1000 型湿式强磁选机选别大宝山矿的褐铁矿尾泥时，当原矿含铁品位为 37.65%，经一粗一扫流程，获得含铁品位 50%~55%的铁精矿，铁回收率为 70%~75%。

采用 SHP-3200 型强磁选机选别酒钢粉矿也取得了一定效果。酒钢铁矿石的金属矿物以镜铁矿、褐铁矿和菱铁矿为主，尚含有少量磁铁矿、黄铁矿等。该矿石粉矿经 SHP-3200 型强磁选机分选（采用一粗一扫流程），得到如下结果：原矿含铁品位 29.90%，精矿品位 47.20%，尾矿品位 14.18%，铁回收率为75.15%，处理量为 42~46 吨/（小时·盘）。

12.3 高梯度磁选机（HGMS）

高梯度磁选机是在强磁场磁选机的基础上发展起来的一种新型强磁选机。其特点是通过整个工作体积的磁化场是均匀磁场。这意味着不管磁选机的处理能力大小，在工作体积中任何一个颗粒经受同在任何其他位置的颗粒所受到的同等的力，磁化场均匀的通过工作体积，介质被均匀地磁化，在磁化空间的任何位置，梯度的数量级是相同的。但与一般磁选机相比，磁场梯度大大提高（对钢毛介质而言），提高了 10~100 倍（琼斯强磁选机齿板介质的最高梯度为 $10^9 A/m^2$），这样为磁性颗粒提供了强大的磁力来克服流体阻力和重力,使微细粒弱磁性颗粒可以得到有效地回收(回收粒度下限最低可达1μm),介质所占的空间大幅度降低,高梯度磁选机介质充填率仅为5%~12%(一般强磁选机的介质充填率为50%~70%),因而提高了分选区的利用率。介质轻,传动负载轻,处理量大。由于高梯度磁选机具有上述这些特点,因此受到各国的重视。近十几年,在理论研究、设备研制等方面都得到较快的发展。目前,除高岭土提纯和水处理已实现工业生产外,矿物加工等其他领域已进入工业试验和实用阶段。

高梯度磁选机分为周期式和连续式两种类型,以下将详细介绍这两种类型。

12.3.1 周期式高梯度磁选机

周期式高梯度磁选机又称磁分离器或磁滤器。第一台工业用的周期式小型高梯度磁选机于1969年由瑞典萨拉(Sala)磁力公司研制成功,在美国一家高岭土公司应用,其主要用于高岭土提纯。目前各国生产的周期式磁选机种类繁多,但其基本结构相同,主要用于高岭土提纯和水处理。

12.3.1.1 设备结构

周期式高梯度磁选机结构如图12-11所示,它主要由铁铠装螺线管、带有不锈钢毛介质的分选箱以及出口、入口、阀门等部分组成。螺线管由空心扁铜线绕成,导线通水冷却,铁磁性介质主要是金属压延网或不锈钢毛。

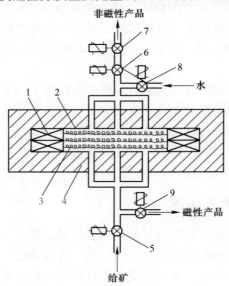

图 12-11 周期式高梯度磁选机

1—螺线管;2—分选箱;3—钢毛;4—铠装铁壳;5—给料阀;
6—排料阀;7—流速控制阀;8,9—冲洗阀

该机背景场强可达 1600kA/m（20000Oe），磁场梯度为 $8 \times 10^{10} A/m^2$。

PEM-84 型周期式高梯度磁选机的技术特性见表 12-11。

表 12-11　PEM-84 型周期式高梯度磁选机的技术特性

分选箱直径	2.14m
磁场强度	$1.6 \times 10^6 A/m$
给料粒度	<0.5mm
处理能力	100t/h
磁系激磁功率	400kW（最大）
泵功率	400kW（最大）

12.3.1.2　分选过程

周期式高梯度磁选机工作时分为给矿、漂洗和冲洗三个阶段。料浆（浓度一般为 30% 左右）由下部以相当慢的速度进入分选区，磁性颗粒被吸附在钢毛上，其余的料浆通过上部的排料阀排出。经一定时间后停止给料（即钢毛达到饱和吸附），打开冲洗阀，清水从下面给入并通过分选室钢毛，把夹杂在钢毛上的非磁性颗粒冲洗出去。然后切断直流电源，接通电压逐渐降低的交流电使钢毛退磁后，打开上部的冲洗水阀，给入高压冲洗水，吸附在钢毛上的磁性颗粒被冲洗干净，由下部排料阀排出。上述过程称为一个工作周期。完成一个周期后即可开始下一个周期的工作，整个机组的工作可以自动按程序进行，操作时完成一个周期需 10~15min。

12.3.1.3　应用与分选指标

从高岭土中脱除铁杂质（如赤铁矿颗粒）是该设备应用的突出例子。美国生产的高岭土产品中很大一部分是经高梯度磁分离处理的产品，英国、捷克和波兰等国的高岭土洗选厂也采用了这种磁分离新技术，美国佐治亚州主要的黏土公司都采用这种周期式高梯度磁选机提高黏土的质量。

ZJG-200-400-2T 型周期式高梯度磁分离装置处理我国苏州青山白泥矿高岭土的指标为：当原泥含 Fe_2O_3（质量分数）2.6% 左右，分选室单位截面积处理能力为 0.4~0.7kg/cm^2 时，通过 1 次分离可得到产率为 80%~90%，以及含 Fe_2O_3（质量分数）为 0.20%~0.65% 的精泥。

12.3.2　连续式高梯度磁选机

连续式高梯度磁选机是在周期式高梯度磁选机的基础上发展的，它的磁体结构和工作特点与周期式高梯度磁选机相近。设计连续式高梯度磁选机的主要目的在于提高磁体的负载周期率，以适应细粒的固—固颗粒分选。该设备主要应用于工业矿物、铁矿石和其他金属矿石的加工，固体废料的再生以及选煤等方面。

12.3.2.1 设备结构

萨拉型连续式高梯度磁选机的结构如图 12-12 所示，它主要是由分选环、马鞍形螺线管线圈、铠装螺线管铁壳以及装有铁磁性介质的分选箱等部分组成。

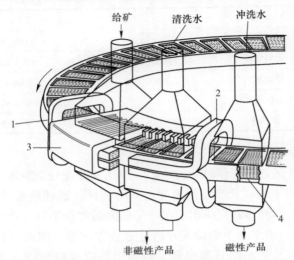

图 12-12　萨拉型连续式高梯度磁选机
1—旋转分选环；2—马鞍形螺线管线圈；3—铠装螺线管铁壳；4—分选箱

分选环安装在一个中心轴上，由电动机经减速机转动，根据选别需要确定其转数大小。环体由非磁性材料制成，分选环分成若干个分选室，分选室内装有耐腐蚀软磁聚磁介质（金属压延网或不锈钢毛）。分选环的直径、宽度、高度根据选别需要设计出不同的规格，铠装螺线管磁体是区分其他湿式强磁选机的主要部分。该螺线管磁体的示意图如图 12-13 所示。

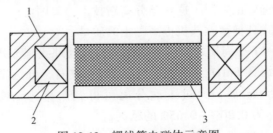

图 12-13　螺线管电磁体示意图
1—铁铠回路框架；2—磁体线圈；3—介质

为了在环式磁选机中产生均匀磁场，磁体由两个分开的马鞍形线圈组成，以便使装有介质的环体通过线圈转动。铁铠回路框架包围螺线管电磁体并作为磁极，马鞍形螺线管线圈一般可采用空心方形软紫铜管绕成，通以低电压大电流，通水内冷，使导线的电流密度提高数倍，以便在限定的空间范围内能满足设计的安匝数。索菲（Cloffi）把铠装螺线管内腔中产生磁场源分为两部分，一部分是由线圈励磁产生；另一部分是由铁壳磁化后，其内部原子磁矩取向而贡献的，这部分的场强为：

$$H = M_s \int \frac{(1 + 3\cos^2\theta)^{\frac{1}{2}}}{r^3 \mathrm{d}V}$$ （12-1）

式中　M_s——铁铠的饱和磁化强度；

θ——原子磁矩取向与螺线管轴线的夹角；

r——原子磁偶极子到螺线管中心的距离。

应用式(12-1) 时，必须使铁壳磁化达到饱和，否则磁偶极子的取向（θ 角）不易确定。但对铠装螺线管并不希望它磁化到饱和，因为磁饱和后磁阻增加，会使磁势在磁路中的损失增加。

12.3.2.2　介质

一般采用金属压延网或不锈导磁钢毛。常用的几种分选介质见表 12-12。理论研究表明，当一根原断面钢毛的直径与磁性颗粒的直径相匹配时，即钢毛的直径是颗粒直径 2.69 倍时，作用在钢毛附近颗粒上的磁力最大。因此，处理粗颗粒物料时应选择粗钢毛，细颗粒时应选择细钢毛。介质的最大充填率随介质尺寸的减少而显著减小，合适的充填率要通过试验确定。

表 12-12　常见的几种分选介质

介质型号	代　号	尺寸/μm	充填率/%
粗压延金属网	EM1	700（600~800）[①]	12.3
中压延金属网	EM2	400（250~480）[①]	9.7
细压延金属网	EM3	250（100~330）[①]	15.9
粗钢毛	SW1	100~300	4.8
中钢毛	SW2	50~150	4.9
细钢毛	SW3	25~75	6.6
极细钢毛	SW4	8.2	1.9

①为测定值。

12.3.2.3　分选过程

矿浆由上导磁体的长孔中流到处在磁化区的分选室中，弱磁性颗粒被捕集到被磁化的聚磁介质上，非磁性颗粒随矿浆流通过介质的间隙流到分选室底部排出，成为尾矿。捕集在聚磁介质上的弱磁性颗粒随分选环转动，被带到磁化区域的清洗段，进一步清洗掉非磁性颗粒，然后离开磁化区域，被捕集的弱磁性颗粒在冲洗水的作用下排出，成为精矿。

12.3.2.4　应用与分选指标

萨拉磁力公司已制造出各种中间规模和生产规模的连续式高梯度磁选机。其中 SALA-HGMS Model480 型连续式高梯度磁选机是目前较大的一种连续高梯度磁选机，该机外径为 7.5m，一个机上可配四个磁极头，每个磁极头生产能力高达 200t/h。

据报道，用 SALA 型高梯度磁选机处理巴西多西河股份公司的镜铁矿，矿样使用琼斯型湿式强磁选机处理的粗、细粒物料和被废弃的矿泥，试验结果如下：矿样为含铁品位 51.6% 的镜铁矿，经两段选别，精矿产率为 75.0%，精矿含铁品位 68.6%，铁回收率 97.6%，每个磁极头的处理能力为 100t/h，每台机器的能力为 200t/h。含铁品位 45.5%，粒度 30μm 的矿泥，经选别指标如下：铁回收率 75.0% 时含铁品位 65.0%；铁回收率 63.0% 时含铁品位 67.35%；铁回收率 48.0% 时含铁品位 67.9%。

萨拉连续式高梯度磁选机也能降低煤的灰分和含硫量。萨拉磁力公司对磨到 -0.9+0.075mm 的煤进行试验，去掉大部分灰分（>52%）和硫分（>72%），BTV（英国热单位）的回收率超过 90%。

12.3.3　Slon 型立环脉动高梯度磁选机

20 世纪 80 年代初开始研制的 Slon 型脉动高梯度磁选机，到目前已有 Slon-500、Slon-750、Slon-1000、Slon-1250、Slon-1500 和 Slon-2000 多种型号，并已在工业上得到应用。

12.3.3.1　设备结构

Slon-1500 型立环脉动高梯度磁选机的结构示意图如图 12-14 所示。该机主要是由脉动机构、激磁线圈、铁轭、转环和各种料斗、水斗组成。立环内装有导磁不锈钢棒介质（也可以根据需要充填钢毛等磁介质），转环和脉动机构分别由电机驱动。

12.3.3.2　分选过程

分选物料时，转环作顺时针旋转，浆体从给料斗给入，沿上铁轭缝隙流经转环，其中的磁性颗粒被吸在磁介质表面，由转环带至顶部无磁场区后，被冲洗水冲入磁性产物斗中。同时，当给料斗中有粗颗粒不能穿过磁介质堆时，它们会停留在磁介质堆的上表面，当磁介质堆被转环带至顶部时，被冲洗水冲入磁性产物斗中。

当鼓膜在冲程箱的驱动下作往复运动时，只要浆体液面高度能浸没转环下部的磁介质，分选室的浆体便做上下往复运动，从而使物料在分选过程中始终保持松散状态，有效地消除非磁性颗粒的机械夹杂，提高磁性产物的质量。此外，脉动也能防止磁介质的堵塞。

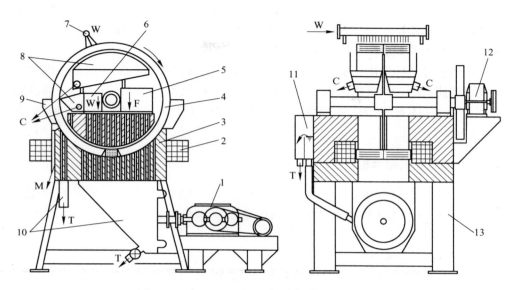

图 12-14　Slon-1500 型立环脉动高梯度磁选机

1—脉动机构；2—激磁线圈；3—铁轭；4—转环；5—给料斗；6—漂洗水；7—磁性产物冲洗水管；
8—磁性产物料斗；9—中间产物斗；10—非磁性产物斗；11—液面斗；12—转换驱动机构；13—机架；
F—给料；W—清水；C—磁性产物；M—中间产物；T—非磁性产物

　　为了保证良好的分选效果，使脉动充分发挥作用，维持浆体液面高度至关重要，该机的液位调节可通过调节非磁性产物斗下部的阀门、给料量或漂洗水量来实现。该机还有一定的液位自我调节能力，当外界因素引起液面升高时，非磁性产物的排放由阀门和液位斗溢流面两种通道排出；当液面较低时，液位斗不排料，非磁性产物只能经阀门排出。此外，液面较低时液面至阀门的高差减小，压力降低，非磁性产物的流速自动变慢。液位斗的液面与分选区的液面同样高，它既有自我调节液位的作用，也能供操作者随时观察液位高度。该机的分选区大致分为受料区、排料区和漂洗区三部分。当转环上的分选室进入分选区时，主要是接受给料，分选室内的磁介质迅速捕获浆体中的磁性颗粒，并排走一部分非磁性产物；当它随转环到达分选区中部时，上铁轭位于此处的缝隙与大气相同，分选室内的大部分非磁性产物迅速从排料管排出；当分选室转至左边漂洗区时，脉动漂洗水将剩下的非磁性产物洗净；当它转出分选区时，室内剩下的水分及其夹带的少量颗粒从中间产物斗排走，中间产物可酌情排入非磁性产物、磁性产物或返回给料，选出的磁性产物一小部分借重力落入磁性产物小斗中，大部分被带至顶部被冲洗至磁性产物大斗。

12.3.3.3　应用与分选指标

　　该设备已成功应用，在马鞍山铁矿选矿厂用来分选细粒赤铁矿。给料为

350mm 旋流器的溢流，其铁品位为 28.13%，磁性产物的铁品位为 56.09%，非磁性产物的铁品位为 16.52%，作业回收率为 58.49%。与采用卧式离心分选机相比，磁性产物的铁品位和回收率分别提高 4% 和 10% 左右。

在鞍钢弓长岭铁矿选矿厂，把 Slon-1500 型高梯度磁选机用在弱磁—强磁—重选工艺流程中，代替粗选离心分选机。当给料的铁品位为 28.44% 时，选出的磁性产物的铁品位为 35.71%，非磁性产物的铁品位为 9.85%，回收率为 90.26%。

12.3.4　双立环式磁选机

我国研制的 φ1500mm 双立环强磁磁选机，最初用于稀有矿物的磁选，经改进后多用于弱磁性赤或褐铁矿石的磁选。该机的特点是：分选圆环为立式的。

12.3.4.1　设备结构

φ1500mm 双立环强磁选机的结构如图 12-15 所示，它是由给矿器、分选环、磁系、尾矿槽、精矿槽、供水系统和传动装置等部分构成。

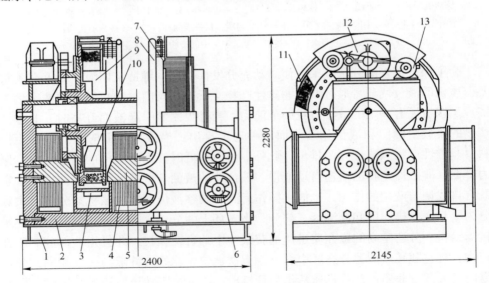

图 12-15　φ1500mm 双立环式磁选机

1—机座；2—磁轭；3—尾矿槽；4—线圈；5—磁极；6—风机；7—分选圆环；8—冲洗水管；
9—精矿槽；10—给矿器；11—球介质；12—减速箱；13—电动机

磁系由磁轭、铁芯和激磁线圈组成。磁轭和铁芯构成"日"字形闭合磁路，线圈为单层绕组散热片结构，用 4mm×230mm 的紫铜板焊接而成。每匝间用 4mm 的云母片隔开，中间的线圈为 48 匝，两边各为 24 匝。三个线圈共 96 匝，串联使用，采用低电压大电流（电压为 12.5V，电流为 2000A）激磁，线圈用 6 台风机进行冷却。铁芯用工程纯铁制成，横断面积为 16cm×100cm，极头工作面积为 8cm×100cm，极距为 275mm。该设备磁系磁路较短，漏磁较小，磁场强度可达 $1.6×10^6$ A/m（20000Oe）。磁系兼作机架，下磁轭为机架底座，上部磁轭即是主轴，两侧磁轭是主轴支架，因此节省了钢材，减轻了机重，设备结构也较为紧凑。

分选圆环有两个。分选圆环垂直安装在同一水平轴上，即双立环式。环外径为 1500mm，内径为 1180mm，有效宽度为 200mm。环壁由 8 块形状和尺寸相同的纯铁板和相同数量的隔磁板组装而成。嵌入隔磁板的目的是为了减少漏磁，并使磁性产品的卸矿区的磁场强度降到最小，以便磁性产品顺利卸出。在环体内外周边装有不锈钢筛箅，以防粗粒矿石及杂物进入分选室。整个分选环用非导磁材料分隔成 40 个分选室，内装直径为 6~22mm 的球介质，充填率为 85%~90%。ϕ1500mm 双立环磁选机的主要技术性能见表 12-13。

表 12-13 ϕ1500mm 双立环磁选机主要技术性能

分选圆环直径/mm	1500
分选圆环转数/r·min^{-1}	3.5~6.5
磁场强度/A·m^{-1}	$1.6×10^6$
给矿粒度	
上限/mm	1
下限/mm	0.2
给矿浓度/%	35~50
处理能力/t·(h·台)$^{-1}$	14~17
冲洗水压/kg·cm^{-2}	1~3
最大激磁功率/kW	25
传动功率/kW	3
外形尺寸/mm×mm×mm	2400×2145×2280
机重/t	16.5

ϕ1500mm 双立环磁选机的磁场特性如图 12-16 所示。当两个分选环的总运转间隙为 10mm，分选室内放置 ϕ6~12mm 纯铁球介质（充填率为 85%~90%）时，极头与分选环外壁之间的间隙中点处的磁场强度随激磁电流增加而急剧加强。增到 $1.44×10^6$ A/m 时，趋近磁饱和。当激磁电流为 2000A 时，场强可达 1600kA/m。

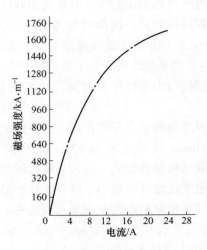

图 12-16 φ1500mm 双立环磁选机的场强与电流的关系

球介质的磁场特性如图 12-17 所示。由图 12-17 可以看出，两球接触点附近的磁场强度很高，随着离接触点距离的增加，磁场强度急剧下降。

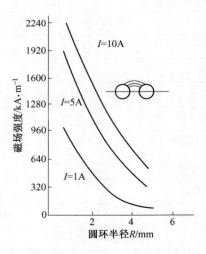

图 12-17 球介质间的场强与离球接触点距离的关系

12.3.4.2 分选过程

装球介质的分选圆环在磁场中慢速旋转。矿浆经细筛排除粗粒和杂质后，沿整个圆环宽度给入处于磁场中的分选室中。非磁性矿粒在重力的作用下，随矿浆穿过球介质间隙流到尾矿槽中排出；磁性矿粒被吸在球介质磁力很大的部分表面上，并随着分选环一起转动离开磁场区，当运转到环体最高位置时，受到压力水的冲洗流入精矿槽中。

该设备的特点是球介质随分选圆环的垂直运转可得到较好松动，解决了介质的堵塞问题。有退磁作用，容易卸矿，因此精矿冲洗时用常压水 （$1 \sim 3 kg/cm^2$）即可。

12.3.4.3 应用与分选指标

该设备适应性强，选别粒度较宽，因此应用范围较广，可用于黑色、有色和稀有金属矿石的分选。根据实践表明，给矿粒度不能大于球隙内接圆直径的 $\frac{1}{2} \sim \frac{1}{3}$，一般最大给矿粒度为球径的 0.05~0.08 倍。回收粒度下限也与球径大小有关，当用 6mm 的球介质时，回收粒度下限为 20μm。

该设备分选广东大宝山铁矿褐铁矿洗矿尾泥和堆存粉矿时的指标为：给矿含铁品位 46%，经一粗、一精和一扫选别流程，获得含铁品位 55% 以上、含二氧化硅 5% 以下的精矿，铁回收率在 85% 以上。

12.3.5 气水联合卸矿双立环高梯度磁选机

在现有的高梯度磁选机上，精矿卸矿都采用单独的水冲洗来进行精矿卸矿，由于聚磁介质由多层比较致密的棒、网组成，在冲洗时只能采用大水量的办法来提高其卸矿效果。尽管如此仍有部分磁性颗粒黏附于聚磁介质上而没法冲洗干净，而这部分未冲洗干净的精矿又占据着聚磁介质的有效表面，同时采用大量冲洗水使卸下的精矿矿浆浓度变得很稀，这不仅浪费水资源，也给地下作业带来难度，在浓度达不到要求时还必须进行浓缩。最主要的是，当设备大型化采用细磁介质回收微细粒级弱磁性矿物时，这种问题就会表现得突出，大型设备中所采用的聚磁介质的层数更多，厚度更大，而要使精矿冲洗干净，除了增加冲洗水量之外，还需降低分选环转数，而分选环转数的降低意味着设备的处理量也随之降低。

针对上述问题，广州有色金属研究院研制出了气水联合卸矿装置，其风量（约 3300m³/h）要比冲洗水的水量（约 100m³/h）大几十倍，这样流量的混合水气大大加快了冲洗速度（见图 12-18），使磁性物的冲洗率大大提高。采用气水混合冲洗技术可使冲洗率从 67.29% 提高到 85.83%，精矿浓度从 4.49% 提高到 11.79%，增加了 7.3%。

气水联合卸矿双立环高梯度磁选机如图 12-19 所示。

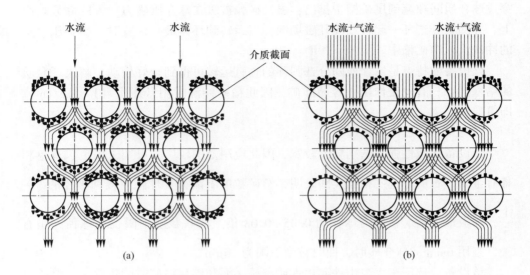

图 12-18　气水联合卸矿与普通卸矿对比图

（a）普通卸矿；（b）气水联合卸矿

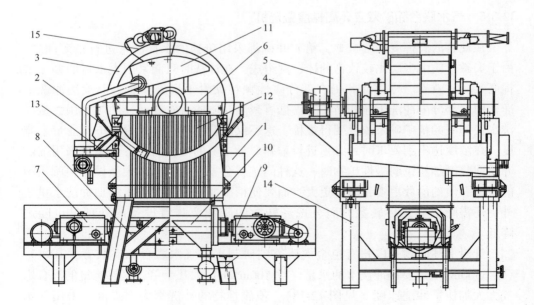

图 12-19　气水联合卸矿双立环高梯度磁选机

1—激磁线圈；2—介质；3—分选环；4—减速机；5—齿轮；6—给矿斗；7—中矿脉冲机构；
8—中矿斗；9—尾矿脉冲机构；10—尾矿斗；11—精矿斗；12—上磁极；
13—下磁极；14—机架；15—气水卸矿装置

附　　录

附表 1　各种矿物的物质比磁化率

矿物名称	粒度/mm	比磁化率 $\chi/m^3 \cdot kg^{-1}$	颜色
磁铁矿：$w(Fe)=68.6\%$	0.2~0	1156×10^{-6}	钢灰色
含钒磁铁矿：$w(Fe)=69.6\%$； $w(V_2O_5)=0.59\%$	0.15~0	1181×10^{-6}	钢灰色
含钒钛磁铁矿：$w(Fe)=63.7\%$； $w(TiO_2)=6.90\%$； $w(V_2O_5)=0.90\%$	0.4~0	917×10^{-6}	钢灰色
含稀土元素磁铁矿： $w(Fe)=67.3\%$	0.15~0	729×10^{-6}	钢灰色
磁黄铁矿	—	57×10^{-6}	—
假象赤铁矿：$w(Fe)=66.7\%$； $w(FeO)=0.60\%$		6.0×10^{-6}	
假象赤铁矿：$w(Fe)=67.15\%$； $w(FeO)=0.70\%$	—	$6(7.5,\ 12.7,\ 21.6)\times10^{-7}$	红色
鲕状赤铁矿：$w(Fe)=60.3\%$	0.7~0.25	4.9×10^{-7}	粉红色
镜铁矿	1~0	3.7×10^{-6}	闪光铁青色
菱铁矿	1~0	12.3×10^{-7}	
菱铁矿	—	$7(10\sim15)\times10^{-7}$	—
褐铁矿	—	$3.1\sim4\ (10)\times10^{-7}$	黄褐色
水锰矿	0.13~0	10.2×10^{-7}	黑色
水锰矿	0.83~0	3.5×10^{-7}	褐色
软锰矿	0.83~0	3.4×10^{-7}	黑色
硬锰矿	—	$3\ (6.2)\times10^{-7}$	—
褐锰矿	0.83~0	15×10^{-7}	
菱锰矿	—	$13.1\ (16.9)\times10^{-7}$	
锰土	—	10.7×10^{-7}	
含锰方解石	—	$8.3(11.8)\times10^{-7}$	—

矿物名称	粒度/mm	比磁化率 $\chi/\mathrm{m^3 \cdot kg^{-1}}$	颜色
铬铁矿	—	$(6.3 \sim 8.1) \times 10^{-7}$	—
钛铁矿	—	$3.4~(14.2,~50) \times 10^{-7}$	—
黑钨矿	—	$(4.9 \sim 23.7) \times 10^{-7}$	黑褐色
石榴石	—	$7.9~(20) \times 10^{-7}$	淡红色
黑云母	$0.83 \sim 0$	$5~(6.5) \times 10^{-7}$	—
蛇纹石	—	$(62.8 \sim 125.7) \times 10^{-7}$	暗
角闪石	—	$3.8~(28.9) \times 10^{-7}$	—
辉石	—	8.2×10^{-7}	—
绿泥石	—	$(4.9 \sim 23.7) \times 10^{-7}$	绿色
千枚岩	—	$(6.3 \sim 12.6) \times 10^{-7}$	—
白云岩	—	3.4×10^{-7}	—
铁白云岩	—	4.3×10^{-7}	—
滑石	—	3.5×10^{-7}	—
电气石	$0.15 \sim 0$	43.4×10^{-7}	深灰（带黄）
锆英石：$w(\mathrm{ZrO_2}) = 63.7\%$	$0.15 \sim 0$	4.8×10^{-7}	白色
金红石：$w(\mathrm{TiO_2}) = 90.7\%$	$0.15 \sim 0$	1.8×10^{-7}	红褐色
独居石	—	1.8×10^{-7}	—
方解石	—	3.8×10^{-9}	—
白云石	—	25×10^{-9}	—
长石	—	62.8×10^{-9}	—
磷灰石	—	50×10^{-9}	—
萤石	$0.83 \sim 0$	60.3×10^{-9}	无色
石膏	$0.83 \sim 0$	54×10^{-9}	黄白色
刚玉	$0.13 \sim 0$	1.3×10^{-7}	浅蓝色
石英	—	$(2.5 \sim 125.7) \times 10^{-9}$	—
锡石	—	$(25.1 \sim 100.5) \times 10^{-9}$	深褐色
黄铁矿	—	$0(94.2) \times 10^{-9}$	—
白铁矿	—	0	—
砷黄铁矿	—	0	—
斑铜矿	—	$62.8(175.9) \times 10^{-9}$	—
辉铜矿	—	$0(107) \times 10^{-9}$	—

矿物名称	粒度/mm	比磁化率 χ/m³·kg⁻¹	颜色
孔雀石	—	1.9×10^{-7}	—
蓝铜矿	0.83~0	2.4×10^{-7}	绿青色
方铅矿	—	0	—
闪锌矿	—	1.1×10^{-7}	红褐色
菱锌矿	0.83~0	17.6×10^{-9}	灰色
菱镁矿	0.13~0	1.9×10^{-7}	白色
红砷镍矿	0.83~0	47.8×10^{-9}	粉红色

附表 2　强磁性铁石的物质比磁化率 χ

样品名称	物质比磁化率 χ （×10⁻⁶）/m³·kg⁻¹							剩余比磁化强度 /kA·m³·kg⁻¹	矫顽力 /kA·m⁻¹
	40 /kA·m⁻¹	60 /kA·m⁻¹	80 /kA·m⁻¹	100 /kA·m⁻¹	120 /kA·m⁻¹	140 /kA·m⁻¹	160 /kA·m⁻¹		
眼前山 81m 西部石英磁铁矿（精矿）：$d=0.2\sim0$mm；$\Delta=2.77$；$w(SFe)=67.99\%$；$w(SFeO)=31\%$	1671	1412	1212	1077	945	854	779	768	4.63
眼前山 93m 中部阳起石、石榴石磁铁矿（精矿）：$d=0.074\sim0$mm；$\Delta=2.56$；$w(SFe)=67.99\%$；$w(SFeO)\approx28.4\%$	1480	1231	1068	961	867	764	703	640	1.55
眼前山 93m 西部半氧化石英磁铁矿（精矿）：$d=0.2\sim0$mm；$\Delta=2.42$；$w(SFe)=67.75\%$；$w(SFeO)=21.4\%$	969	858	785	727	654	622	565	680	6.29

样品名称	物质比磁化率 χ $(\times 10^{-6})/m^3 \cdot kg^{-1}$							剩余比磁化强度 /kA $\cdot m^3 \cdot kg^{-1}$	矫顽力 /kA $\cdot m^{-1}$
	40 /kA $\cdot m^{-1}$	60 /kA $\cdot m^{-1}$	80 /kA $\cdot m^{-1}$	100 /kA $\cdot m^{-1}$	120 /kA $\cdot m^{-1}$	140 /kA $\cdot m^{-1}$	160 /kA $\cdot m^{-1}$		
东鞍山焙烧磁铁矿（精矿）: $d=0.074\sim0$mm; $\Delta=2.38$; $w(SFe)=69.10\%$; $w(SFeO)\approx38.2\%$	823	783	661	649	572	543	496	1160	10.93
齐大山焙烧磁铁矿（精矿）: $d=0.2\sim0$mm; $\Delta=2.49$; $w(SFe)=70.64\%$; $w(SFeO)=29.8\%$	999	961	881	796	724	663	603	1760	12.91
北台子石英磁铁矿（精矿）: $d=0.2\sim0$mm; $\Delta=2.83$; $w(SFe)=71.2\%$; $w(SFeO)\approx30.6\%$	1910	1596	1381	1206	1062	955	854	800	3.60
弓长岭磁铁矿（富矿）: $d=0.2\sim0$mm; $\Delta=2.85$; $w(SFe)=70.92\%$	1802	—	1387	—	1035	—	847	360	1.69
弓长岭磁铁矿（精矿）: $d=0.15\sim0$mm; $\Delta=2.90$; $w(TFe)=68.15\%$; $w(FeO)=27.19\%$	1314	—	1004	—	830	—	672	约880	6.04

样品名称	物质比磁化率 χ $(\times 10^{-6})/m^3 \cdot kg^{-1}$							剩余比磁化强度 $/kA \cdot m^3 \cdot kg^{-1}$	矫顽力 $/kA \cdot m^{-1}$
	40 $/kA \cdot m^{-1}$	60 $/kA \cdot m^{-1}$	80 $/kA \cdot m^{-1}$	100 $/kA \cdot m^{-1}$	120 $/kA \cdot m^{-1}$	140 $/kA \cdot m^{-1}$	160 $/kA \cdot m^{-1}$		
南芬磁铁矿（精矿）：$d=0.15$ ~0mm；$\Delta=2.75$；$w(TFe)=68.90\%$；$w(FeO)=30.77\%$	1558	—	1146	—	918	—	737	约880	4.40
南芬磁铁矿（富矿）：$d=0.15$ ~0mm；$\Delta=2.75$；$w(TFe)=68.90\%$；$w(FeO)=31.49\%$	1755	—	1318	—	1026	—	820	约640	2.30
歪头山磁铁矿（精矿）：$d=0.2$ ~0mm；$\Delta=3.02$；$w(TFe)=67.60\%$；$w(SFeO)=26.10\%$	1236	—	946	—	787	—	662	约1200	7.45
北京铁矿磁铁矿（精矿）：$d=0.2\sim0mm$；$\Delta=2.70$；$w(SFe)=67.58\%$；$w(SFeO)=23.71\%$	1143	—	883	—	716	—	617	约760	6.58
邯郸磁铁矿（精矿）：$d=0.4$ ~0mm；$\Delta=2.56$；$w(TFe)=67.65\%$；$w(FeO)=15.36\%$	515	—	443	—	377	—	334	约600	7.16

续附表 2

样品名称	物质比磁化率 χ（$\times 10^{-6}$）/$m^3 \cdot kg^{-1}$							剩余比磁化强度 /$kA \cdot m^3 \cdot kg^{-1}$	矫顽力 /$kA \cdot m^{-1}$
	40 /$kA \cdot m^{-1}$	60 /$kA \cdot m^{-1}$	80 /$kA \cdot m^{-1}$	100 /$kA \cdot m^{-1}$	120 /$kA \cdot m^{-1}$	140 /$kA \cdot m^{-1}$	160 /$kA \cdot m^{-1}$		
双塔山磁铁矿（精矿）：$d = 0.4 \sim 0$mm；$\Delta = 2.93$；$w(TiO_2) = 6.86\%$；$w(TFe) = 63.68\%$；$w(FeO) = 25.5\%$；$w(V_2O_5) = 0.90\%$	1244	—	922	—	732	—	603	约 1200	7.00
某铁矿山磁铁矿（精矿）：$d = 0.074 \sim 0$mm；$\Delta = 2.65$；$w(TiO_2) = 13.64\%$；$w(TFe) = 58.1\%$；$w(V_2O_5) = 0.54\%$	672	—	578	—	487	—	414	约 1120	19.89
南山 87m 磁铁矿（精矿）：$d = 0.15 \sim 0$mm；$\Delta = 2.55$；$w(TFe) = 69.57\%$；$w(FeO) = 23.51\%$；$w(V_2O_5) = 0.64\%$	1382	—	1030	—	810	—	437	约 1320	6.76
南山 J727 号 79.58 ~ 82.86m 磁铁矿（精矿）：$d = 0.15 \sim 0$mm；$\Delta = 2.94$；$w(TFe) = 69.28\%$；$w(FeO) = 26.74\%$；$w(V_2O_5) = 0.61\%$	1734	—	1213	—	942	—	760	1480	6.76

续附表 2

样品名称	物质比磁化率 χ（$\times10^{-6}$）/$m^3 \cdot kg^{-1}$							剩余比磁化强度 /$kA \cdot m^3 \cdot kg^{-1}$	矫顽力 /$kA \cdot m^{-1}$
	40 /$kA \cdot m^{-1}$	60 /$kA \cdot m^{-1}$	80 /$kA \cdot m^{-1}$	100 /$kA \cdot m^{-1}$	120 /$kA \cdot m^{-1}$	140 /$kA \cdot m^{-1}$	160 /$kA \cdot m^{-1}$		
南山 J726 号 76.84～79.58m 磁铁矿（精矿）：$d=$ 0.15～0mm；$\Delta=$ 2.82；$w(TFe)=$ 69.65%；$w(FeO)$ $=25.03\%$；$w(V_2O_5)$ $=0.49\%$	1784	—	1231	—	949	—	828	1040	3.29
南山 725 号 74.37～76.84m 磁铁矿（精矿）：$d=$ 0.15～0mm；$\Delta=$ 2.98；$w(TFe)=$ 69.87%；$w(FeO)$ $=27.02\%$；$w(V_2O_5)$ $=0.64\%$	1759	—	1249	—	955	—	792	1200	3.18
包头磁铁矿（精矿）：$d=0.15$ ～0mm；$\Delta=2.73$；$w(FeO)=20.75\%$；$w(TFe)=67.30\%$；	955	—	729	—	594	—	503	约1400	7.56

附表 3　弱磁性铁石的物质比磁化率 χ

样品名称	比磁化率 /$m^3 \cdot kg^{-1}$	样品名称	比磁化率 /$m^3 \cdot kg^{-1}$
假象赤铁矿	约 7.8×10^{-6}	水锰矿	0.62×10^{-6}
含大量赤铁矿的假象赤铁矿	4.4×10^{-6}	黑锰矿	0.72×10^{-6}
云母赤铁矿-镜铁矿	约 3.9×10^{-6}	土状变种的硬锰矿	0.65×10^{-6}
赤铁矿	0.88×10^{-6}～2.2×10^{-6}	致密硬锰矿	0.80×10^{-6}～0.85×10^{-6}
褐铁矿	0.4×10^{-6}～2.2×10^{-6}	疏松硬锰矿	1.0×10^{-6}～1.2×10^{-6}
针铁矿	0.3×10^{-6}	菱锰矿和锰方解石	1.72×10^{-6}
钛铁矿	2.3×10^{-6}～10.7×10^{-6}	锆英石	0.48×10^{-6}
黑钨矿	0.49×10^{-6}～1.65×10^{-6}	金红石	0.15×10^{-6}
软锰矿	0.38×10^{-6}	电气石	4.34×10^{-6}

参 考 文 献

[1] 张强. 选矿概论 [M]. 北京：冶金工业出版社，2012.

[2] 印万忠，丁亚卓. 铁矿选矿新技术与新设备 [M]. 北京：冶金工业出版社，2010.

[3] 袁致涛，王常任. 磁电选矿（第二版）[M]. 北京：冶金工业出版社，2011.

[4] 《现代铁矿石选矿》编委会. 现代铁矿石选矿 [M]. 合肥：中国科学技术大学出版社，2009（10）.

[5] 张永坤，郑为民，等. 司家营铁矿选矿工艺改进及生产实践 [J]. 金属矿山，2010（9）.

[6] 郑为民，王玉纯. 司家营铁矿选别工艺流程演变及技术改造 [J]. 现代矿业，2011（2）.

[7] 张春舫，路超，刘桂林. 司家营铁矿原生矿工艺流程现状及优化研究 [J]. 金属矿山，2014（3）. 马鞍山：金属矿山杂志社增刊，2011（9）.

[8] 刘秉裕. 多用途电磁铁的设计研究 [J]. 矿山技术，1991（2）.

[9] 刘秉裕. 磁选柱的研制与应用 [J]. 金属矿山，1995（7）.

[10] 刘秉裕. 磁选柱及其工业应用 [J]. 第三届全国选矿设备学术会议论文集，2009.

[11] 刘秉裕. 磁选柱的磁场、上升水流及其对分选过程的影响 [J]. 中国矿业，1996（3）.

[12] 张云海，等. 内蒙古某超频铁矿干式磁选预先抛尾试验研究 [J]. 2014年全国低品位矿开发利用技术维技术交流会论文集，2014.

[13] 韩翠香，刘永生. 司家营低品位磁铁矿提铁降硅实践 [J]. 2014年全国低品位矿开发利用技术维技术交流会论文集，2014.

[14] 刘秉裕，裕丰磁选柱拓展应用研究核工业实践 [J]. 第九届中国选矿大会论文集，2009.

[15] 段志毅，吴金鑫. 磁选柱在磁铁矿选矿中的应用研究 [J]. 第九届中国选矿大会论文集，2009.

[16] 徐宗恩，任智，等. 歪头山铁矿节能降耗探索与实践 [J]. 第九届中国选矿大会论文集，2009.

[17] 刘阳，王英杰，等. 磁重选矿机进展及裕丰磁选柱分选原理和应用 [J]. 《全国选矿学术高层论坛》学术会论文集，2011（9）.

[18] 刘秉裕. 抓两头，带中间——加强"预选"和"精选"[J].《洲际矿山》论文集，2014.